PHLego plus를 이용한

공압 시뮬레이션

남상엽 · 권윤중 · 이효영 공저

도서출판 상학당

Preface

공압 기술은 공기를 압축하여 이와 같은 유체 에너지를 만들고 이것을 기계적인 에너지나 파워로 변환하는 기술을 말한다. 공압이 산업분야에 본격적으로 이용되기 시작한 것은 1950년대부터이고 최근에는 조립기계, 포장기계, 식품기계, 단조기계, 용접기계, 철강설비, 반송설비, 인쇄기계를 비롯하여 거의 모든 분야에 이용되고 있을 정도로, 단순한 장치에서부터 고도의 산업용 로봇이나 의료기기에 이르기까지 폭넓게 이용되고 있다. 이와 같이 공압이 자동화, 성력화에 폭넓게 사용되고 있는 이유는 다른 구동방식에 비하여 구조가 간단하고 가격이 싸며 보수가 용이할 뿐만 아니라, 손쉽게 사용할 수 있다는 이점이 있기 때문이다. 공압은 압축 공기의 이점을 적절히 이용하고 전기와 조합하여 원격조작을 할 수 있다는 등의 유연성이 있어 앞으로 산업분야에서 그 역할이 증대될 것으로 보인다. 공압 시스템은 저가로 장치를 구성할 수 있다는 특징과 함께 현재 사용하고 있는 장치나 기계를 쉽게 자동화, 성력화할 수 있어서 그 경제적 효과가 매우 크다.

특히 요즘 로봇화나 FA화가 추진되는 과정에서 공압 기술도 소형, 경량화의 요구에 일익을 담당하며 신뢰도가 높은 시스템을 구축하고 있다. 이러한 유비쿼터스 시대에 맞추어 적용될 요소의 기초 공압제어 기술이 필요해짐에 따라 《PHLego plus를 이용한 공압 시뮬레이션》을 구성하여 발간하게 되었다.

이 교재에서는 공압 시스템은 현대의 생산 플랜트와 제조설비에 많이 사용되고 있으며 그 적용 범위가 확대되고 있다. 최근 들어서는 단순한 저가형 오토메이션 장비뿐만 아니라 일렉트로닉스와 결합한 메카트로닉스 기기나 혹은 로봇, FA를 구성하는 기기로서도 중요한 역할을 담당하고 있다. 이러한 유용성이 있는 반면 공압 장비의 교육에 많은 비용과 노력이 투입되어야 하는 것이 현실이다. 따라서 공압 시스템 관련 요소의 지식을 전달하는 것과 동시에 시뮬레이션이 가능한 소프트웨어의 개발이 필요하다.

공압 시뮬레이터(PHLego plus)는 공압 시스템을 효과적으로 교육하고 시뮬레이션하기 위해서 개발되었다. PHLego plus는 공압 시스템 회로실습을 웹상에서 구현해 볼 수 있도록 하기 위한 시뮬레이션 소프트웨어이다. 윈도우즈 시스템에서 웹 브라우저를 통한 가상학습 시스템의 콘텐츠로서 제공되기 위해 자바 애플릿(Java Applet)으로 구성되었으며, 동적 객체연결을 통해 임의로 구성된 공압 회로의 동작을 소프트웨어적으로 실험할 수 있다. PHLego plus는 공압 시스템을 시뮬레이션하기 위하여 공압 및 디지털 회로에 관련된 요소를 제공한다. 또한 200여개의 동영상 학습자료를 제공하여 공압 시스템에 관련된 요소들의 동작을 쉽게 이해할 수 있도록 하였다. PHLego plus를 통해 공압 시스템의 구성과 펌프, 제어 밸브 등의 기본회로에 관한 기본지식을 습득하고, 공압 응용분야의 지식

Preface

을 전달할 수 있을 것이며, 동시에 다양한 공압 시스템을 구성하고 시뮬레이션할 수 있어 교육자료로 많은 활용이 기대된다. 또한 개발한 공압 장비와 연계하여 교육 효과를 높일 수 있을 뿐만 아니라 실습과정에서 발생할 수 있는 많은 위험 요소를 줄일 수 있어 효과적으로 활용이 가능하다.

이 교재는 PHLego plus를 사용하기 위한 기본지식, 사용방법, 실습예제, 요소설명 등으로 구성되었다. 전반부에서는 PHLego plus를 사용하기 위한 기본지식 및 사용방법에 대하여 설명하며, 후반부에서 PHLego plus의 활용방법과 여러 가지 관련 요소에 대하여 설명한다. 이 교재는 공압 시뮬레이션 소프트웨어와 병행하여 컴퓨터, 전자, 제어, 통신 분야의 관련 학생 및 초보개발자를 대상으로 한 기초 공압제어에 대한 기본학습 및 실습을 위한 교재로, 처음 기초 공압제어 및 공압 시스템 구조의 응용을 접하는 학생에게 쉽고 빠르게 접근할 수 있도록 초점을 맞추었으므로 기초 유압 시스템 및 제어이론의 작동원리에 대해 이해하는데 부족함이 없을 것이라 생각된다.

이 교재의 주요 구성은 다음과 같다.

1장은 공압 기술의 개요, 2장은 공압의 기본 법칙, 3장은 공압 발생장치와 조정기기, 4장은 공압 액추에이터, 5장은 공압 밸브, 6장은 공압 시뮬레이터(PHLego plus) 개요, 7장은 공압 시뮬레이터(PHLego plus) 환경설정 및 설치, 8장은 공압 시뮬레이터(PHLego plus) 화면구성, 9장은 공압 시뮬레이터(PHLego plus) 기본 기능, 10장은 공압 시뮬레이터(PHLego plus)의 유저 인터페이스, 11장은 공압 시뮬레이터(PHLego plus) 회로설계, 12장은 공압 시뮬레이터(PHLego plus) 회로구현, 13장은 공압 시뮬레이터(PHLego plus) 실배선 구현, 14장은 공압 시뮬레이터(PHLego plus)의 응용, 15장은 공압 시뮬레이터(PHLego plus) 요소목록으로 구성되어 있다.

끝으로 이 책을 집필하는 데 많은 도움을 주신 (주)ED의 박용후 사장님, 황규섭 부사장님 그리고 기술연구소의 소프트웨어팀 등 관계자 여러분과 도서출판 상학당의 관계자 여러분에게 감사의 마음을 전한다.

어떤 일이든 첫발을 내딛고 개척하는 것이 가장 힘든 일일 것이나 그 어려움을 극복하고 얻는 것이 무엇보다 값진 결실이 될 것이다. 아직은 열악하고 힘든 개발환경이지만 이 책이 보다 많은 공압 관련 인력양성에 힘이 되어주길 바란다.

저 자 씀

Contents

Contents

Contents

CHAPTER 01

공압 기술의 개요

01 공압 기술의 역사

압축된 공기는 에너지를 가지고 있으며, 이 에너지를 유체 에너지 또는 유체 파워라고 한다. 공압 기술은 공기를 압축하여 이와 같은 유체에너지를 만들고 이것을 기계적인 에너지나 파워로 변환하는 기술을 말한다.

공압 기술의 역사는 기원전 1500여 년 전부터 그 유래를 찾을 수 있을 정도로 오래되었고 최근에 와서 공압의 용도는 무한시대를 맞이했다고 해도 과언이 아닐 정도이다.

공기의 이용은 인간이 불을 사용하기 시작하면서 불을 발생시킬 때 입으로 공기를 불거나 풀무와 비슷한 도구를 이용한 것부터라는 학설도 있다. 또한, 공압 발생기로는 기원전 1500년 John Smealton이 수차 구동에 의한 실린더 방식의 블로워를 발명하였고, 1776년에는 John Wilkinson이 100[kPa]의 압력을 발생시키는 압축기를 발명하면서부터 공압 시대의 막을 열었다. 그러나 공압이 산업 분야에 본격적으로 이용되기 시작한 것은 1950년대부터이고 최근에는 조립기계, 포장기계, 식품기계, 단조기계, 용접기계, 철강설비, 반송설비, 인쇄기계를 비롯하여 거의 모든 분야에 이용되고 있을 정도로, 단순한 장치에서부터 고도의 산업용 로봇이나 의료기기에 이르기까지 폭넓게 이용되고 있다.

이와 같이 공압이 자동화, 성력화에 폭넓게 사용되고 있는 이유는 다른 구동방식에 비하여 구조가 간단하고 가격이 싸며 보수가 용이할 뿐만 아니라, 손쉽게 사용할 수 있다는 이점이 있기 때문이다. 일례로 조립기계에 있어서 워크를 척킹하는 기구에 공압기기를 이용한다면 공압 에너지는 공장 내에 있는 공압 배관에 의하여 용이하게 얻을 수 있고, 공압기기를 사용한 것만으로 간단히 해결할 수 있는데 비해, 유압으로 하려면 에너지원인 유압 펌프 등 유압 유닛을 새로이 설치해야 하고, 또 기계로 같은 동작을 시킨다면 구조가 복잡해지고 외관이 커지는 등의 단점이 있다.

더욱이 공압은 압축 공기의 이점을 적절히 이용하고 전기와 조합하여 원격조작을 할 수 있다는 등의 유연성이 있어 앞으로 산업분야에서 그 역할이 증대될 것으로 보인다.

02 공압의 특징

공압 시스템은 저가로 장치를 구성할 수 있다는 특징과 함께 현재 사용하고 있는 장치나 기계를 쉽게 자동화, 성력화할 수 있어서 그 경제적 효과가 매우 크다. 특히 요즘 로봇화나 FA화가 추진되는 과정에서 공압 기술도 소형, 경량화의 요구에 일익을 담당하며 신뢰도가 높은 시스템을 구축하고 있다.

공압 방식의 특징을 동력전달과 그 제어성면에서 같은 압력 에너지를 이용하는 유압 방식과 비교하여 살펴보면 다음과 같다.

2-1 공압 기술의 장점

① 동력원인 압축 공기를 간단히 얻을 수 있다.

공기는 무료이고 무한대로 많다. 이 공기는 전동기와 컴프레서만 있으면 전력이 계속 공급되는 한 어느 장소에서 얼마든지 간단히 얻을 수 있는 에너지원이다.

② 힘의 전달이 간단하고 어떤 형태로도 전달 가능하다.

유체에 의한 힘의 전달로써 멀리 떨어진 위치라도 배관만으로 간단하게 전달할 수 있다. 또한 기계의 구동축처럼 방향을 맞출 필요가 없고, 어느 방향이든 자유로이 전달 가능하다.

③ 힘의 증폭이 용이하다.

공압 실린더의 용량을 크게 함에 따라 같은 공압으로도 힘을 증대시킬 수 있다.

④ 속도 변경이 가능하다.

공기량의 증감에 따라 작동기기(액추에이터)의 속도를 조절할 수 있다.

⑤ 제어가 간단하다.

압축 공기는 압력 조정에 의해 무단 또는 단계적으로 출력을 조절할 수 있으며, 이와 같이 압력을 증감시키거나 방향의 변환, 유량조정 등의 조작과 그 제어가 비교적 간단하다. 이 점은 공압 기술이 자동화에 이용되고 있는 큰 원인이다.

⑥ 취급이 간단하다.

압축 공기는 사용한 공기를 대기로 방출하여도 오염될 염려가 없다. 또한 취급에 있어서도 손이나 의류가 오염되지 않고 냄새가 발생하는 일도 없다. 이 점이 유압 기술에 비해 특히 장점이다.

⑦ 인화의 위험이 없다.

일반적으로 사용하는 7[kgf/cm^2] 이하의 압력하에서는 인화나 폭발의 염려가 없다.

⑧ 탄력이 있다.

공기는 압축 가능한 물질이며, 이것은 충격을 받을 때 완충 작용을 한다. 이 성질을 응용한 것이 차량 등에 이용되고 있는 공기 스프링이다.

⑨ 에너지 축적이 용이하다.

압축이 가능하다는 것은 반대로 압력을 축적할 수 있다는 것으로 공기 탱크만으로 축적이 가능하며, 정전시 비상운전이나 단시간 내 고속 운전, 축압을 이용한 프레스의 다이쿠션 등에 이용되고 있다.

⑩ 안전하다.

유압과 같이 서지 압력이 발생하지 않으므로 과부하에 대해 안전하다.

2-2 공압 기술의 단점

① 큰 힘을 얻을 수 없다.

공기는 높은 압력을 가하여 압축한다. 이것은 전항에서 설명한 것처럼 탄력성이 있어 장점인 반면, 유압과 같이 큰 힘을 얻을 수 없다. 그러나 공압에서는 압축성과 공압 기기들의 내구성 등으로 인해 10[kgf/cm^2]까지가 한계이므로 유압과 비교가 안 된다.

② 효율이 나쁘다.

공압은 압축성 유체이므로 액추에이터의 위치제어가 곤란하고, 또한 부하변동시 작동속도가 영향을 받기 때문에 정밀한 속도제어가 어렵다. 공압의 장단점을 비교한 것이 [표 1-1]이다. 표에서는 공압과 유압 외에도 전기 방식과 기계 방식 등에 대해서도 비교하였다.

[표 1-1] 각종 동력전달과 제어방식의 비교

전달방식 항 목	공 압	유 압	전 기	기 계
에너지 축적	공기 탱크에 의한 저장으로 간단	어큐뮬레이터로 저장	직류만 콘덴서로 저장	스프링, 추 등 소규모
동력원의 집중	용이	곤란	용이	다소 곤란
동력원의 발생	다소 용이	다소 곤란	용이	곤란
인화·폭발	압축성에 의한 폭발을 제외하고는 염려 없음	작동유가 인화성이 있음	누전에 의한 가스 등의 인화성	영향없음
외부 누설	영향없음	오염, 인화	감전, 인화	관계없음
과부하 안전대책	압력조절 밸브	릴리프 밸브	복잡	복잡
출력 유지	용이	다소 곤란	곤란	곤란
작동속도	10[m/sec]도 가능 (대)	1[m/sec] 정도(중)	가장 빠르다	소
보수 관리	용이	다소 곤란	다소 곤란	용이
에너지 변환효율	다소 나쁘다	다소 좋다	좋다	다소 좋다
출력	중(1[ton]정도)	대(10[ton]이상 가능)	중	소
속도제어	다소 나쁘다	우수하다	우수하다	나쁘다
중간 정지	곤란	용이	용이	다소 곤란
응답성	나쁘다	좋다	매우 좋다	좋다
부하 특성	변동이 크다	조금 있다	거의 없음	거의 없음
소음	크다	다소 크다	적다	적다

03 공압의 이용 분야

최근 자동화에 의한 생산 공정 개선이 가속화됨에 따라 공압은 여러 분야에서 많이 활용되고 있으며, 특히 간이 자동화(low cost automation)에 주로 활용되고 있다. 또한 전자 제어 기기의 발달과 가격 저하로 공압과 전기·전자 제어가 병용되어 프로그래머블 컨트롤러와 매칭되어 사용되고 있으며, 액추에이터도 종래의 ON-OFF식 제어에서 임의 위치 제어를 할 수 있는 아날로그식 운동이 가능한 것도 개발되고 있다.

공압 에너지의 이용 분야를 살펴보면 다음과 같다.

① 액추에이터에 압축 공기를 공급하여 힘을 얻는 방법과 압축 공기의 분출유(噴出流)를 이용하는 방법이 있다. 전자는 자동화에 가장 일반적으로 사용되는 방법이며, 후자는 최근에 그 이용 방법이 더욱 주목되고 있다. 분출유를 이용하는 예는 공기 커튼, 공압 반송, 에어제트에 의한 검출, 공압 베어링 및 공압 자동직기(自動織機) 등을 들 수 있다.

② 압력의 범위로는 4～6[kgf/cm^2]의 압력을 이용하는 일반 산업 분야와 1[kgf/cm^2]전후의 압력을 이용하는 프로세스 제어 분야로 크게 구별된다.

③ 산업별로는 석유 화학 등의 무휴 운전(無休運轉)으로 내 환경성이 중시되는 분야, 의료·식품 등 인체에 해를 끼치지 않아야 하는 분야, 차량 등 안전과 신뢰성을 요구하는 분야, 반도체 산업 등의 소형, 기밀, 방진 등을 매우 중요시하는 분야 등 여러 분야에서 이용된다.

④ 기능별로는 가공 공정 자동화, 용접 자동화, 포장 자동화, 조립 자동화, 반송 자동화 및 계측 자동화 등에 이용되며 작동 횟수와 빈도도 연간 수회에서 수억회 작동하는 분야까지 활용된다.

- 공압기기의 응용
  - 공압 응용기기
    - 공기 구동 공구
      - 회전력 이용 : 그라인더, 드릴, 에어 드라이버, 렌치
      - 왕복동력 이용 : 공기톱, 줄, 리벳터
      - 압력과 압축성 이용 : 공기 바이스, 공기 척, 공기 스프링
    - 공기 착암기
    - 에어 프레스
    - 공기수송기 : 공기 컨베이어, 공기 슈터(Shooter), 공기 슬라이드(slide)
    - 중기 : 에어 호이스트, 에어 리프트, 에어 권상기
    - 기타 : 스프레이건, 에어 커튼, 공기 타이머, 공기 브레이크, 공기 클러치 등
  - 공압 관련 기기
    - 철도 차량 분야 : 압축기, 브레이크, 안전장치 기기
    - 자동차 분야 : 브레이크, 안전장치 기기, 현가 장치
    - 공조 분야 : 공기 세정기, 필터, 조절기
    - 광산 기계 : 보링기, 착암기, 채굴기, 적재기, 운반기 등

[그림 1-1] 공압 기기의 응용분야

CHAPTER 02

공압의 기본 법칙

01 공기의 성질

우리들이 살고 있는 지구의 둘레는 100[km]상공까지 대기로 덮여 있으며 지표에서 15[km]정도의 대류권에 있는 기체를 공기라 한다. 이 공기의 주성분은

- 질소 : 78.03[%]
- 산소 : 20.99[%]

의 혼합물이고 수분을 함유하지 않은 건조 공기는 무색, 무미, 무취의 가스이나 실제 공기는 수분과 먼지를 함유한 습공기이며, 공기 압축에 의한 공압 에너지 생성시에 드레인이 발생되어 녹이 슬거나 결빙하여 공압제어의 작동 불량원인이 되기도 한다.

[표 2-1]은 대기의 성분을 나타낸 것이다.

[표 2-1] 대기의 성분

성분	질소(N_2)	산소(O_2)	알곤(Ar)	이산화탄소(CO_2)	수소(H_2)	기타 네온(Ne), 헬륨(He) 등
체적[%]	78.03	20.99	0.933	0.03	0.01	나머지

1-1 대기의 압력과 단위

대기인 공기도 물질이며 질량을 가지고 있으므로 지구 인력이 작용하여 지표 1[cm^2]당 공기의 중량 1.033[kgf]의 힘이 가해지고 이를 대기압이라 한다.

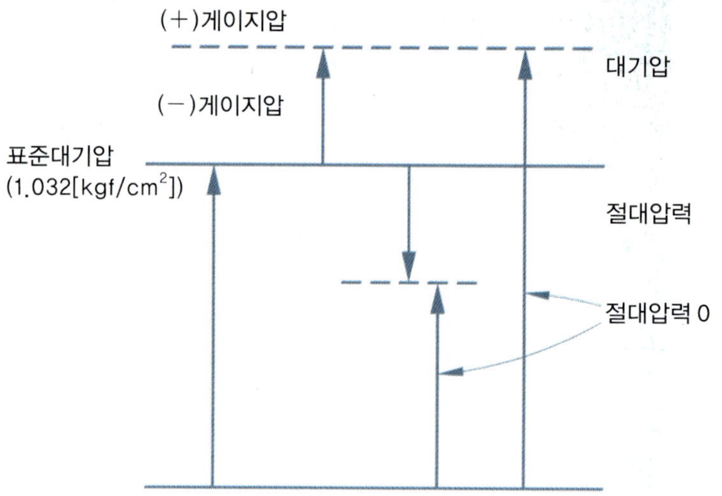

[그림 2-1] 절대압력과 게이지 압력

이 대기압은 우리 몸으로는 느끼지 못하지만 항상 작용하고 있다.

공기 압력을 나타내는 방법은 기준 설정에 따라 게이지 압력과 절대압력으로 구별된다. 게이지 압력은 [그림 2-1]과 같이 대기압을 0으로 하여 측정한 값을 나타내며 대기압보다 높은 압력을 (+)게이지 압력, 대기압보다 낮은 압력을 (−)게이지 압력 또는 진공압이라 한다.

절대압력은 완전 진공 0을 기준으로 표시한 값을 말하고, 대기압과 게이지 압력의 합으로 나타내며 [kgf/cm^2]으로 표시한다.

공기 압력을 표시하는 방법으로는 [표 2-2]의 압력 단위가 사용된다. SI단위계에서는 힘의 단위로 뉴턴(N)을 사용하고 압력의 단위로는 파스칼[Pa]을 사용한다. 그러나 파스칼 단위는 매우 작으므로 10^3배한 [kPa]이나 10^6배한 [MPa]이 자주 사용된다.

진공인 경우에는 그 진공도에 따라 절대압력과 게이지 압력이 구분 사용된다. 즉, 진공도가 높지 않은 경우에는 −700[mmHg]의 게이지 압력으로 나타내며, 완전 진공에 가까운 고진공도인 경우에는 절대압력으로 표시한다. 이는 완전 진공이 표준대기압일 때 게이지 압력으로 −760[mmHg]로 정의되지만 대기압은 일정하지 않고 변동되므로 정밀도가 저하되기 때문이다.

[표 2-2] 압력 단위의 환산표

	Pa (파스칼)	bar (바)	kgf/cm^2	atm (표준대기압)	mmH_2O (수주)	mmHg (수은주)	Psi
압력	1	1×10^{-5}	1.01972×10^{-5}	9.86923×10^{-5}	1.01972×10^{-1}	7.50062×10^{-3}	1.45038×10^{-4}
	1×10^{5}	1	1.01972	9.86923×10^{-1}	1.01972×10^{4}	7.50062×10^{2}	1.45038×10
	9.80665×10^{4}	9.80665×10^{-1}	1	9.67841×10^{-1}	1×10^{4}	7.35559×10^{2}	1.42234×10
	1.01325×10^{5}	1.01325	1.03323	1	1.03323×10^{4}	7.60×10^{2}	1.46960×10
	9.80665	9.80665×10^{-5}	1×10^{-4}	9.67841×10^{-5}	1	7.35559×10^{-2}	1.42234×10^{-3}
	1.33322×10^{2}	1.33322×10^{-3}	1.35951×10^{-3}	1.31579×10^{-3}	1.35951×10^{-3}	1	1.93368×10^{-2}
	6.89473×10^{3}	6.89473×10^{-2}	7.03065×10^{-2}	6.80457×10^{-2}	7.03067×10^{2}	5.17147×10	1

1-2 공기중의 습도

대기중에는 수분이 수증기의 상태로 존재하고 있으며, 이 수증기는 일정량 이상이 되면 과잉 수증기 분은 물방울(드레인)로 되어 분리된다. 이 일정량은 공기의 온도와 압력에 따라 변화하는데 그 양을 포화 수증기량이라 한다.

또한 공기중에 수분이 어느 정도 함유하고 있느냐를 나타내는 데는 절대습도와 상대습도가 있으나 대부분은 상대습도가 이용되고 있다.

1) 절대습도 : x

절대습도 x는 습공기 $1[m^3]$당 포함되어 있는 건조공기의 중량 W_a와 수증기의 중량 W_s의 비를 말한다.

$$x = \frac{W_s}{W_a}$$

이 절대습도는 습공기 중의 수증기량을 증감시키지 않고 온도를 변화시켜도 변하지 않는다.

2) 상대습도 : ϕ

상대습도 ϕ는 습공기 중에 포함되어 있는 수증기의 양이나 수증기의 압력이 포화상태에 대한 비율이며 다음 식으로 나타낸다.

$$\phi = \frac{\text{현존하는 수증기량}[g/m^3]}{\text{그 온도에서의 포화 수증기량}[g/m^3]} = \frac{\text{절대습도}}{\text{포화량}} \times 100[\%]$$

온도가 낮아지면 포화 압력이나 포화 수증기량은 저하되므로 상대습도가 높게 되고 포화상태가 되어 이슬이 맺힌다. 이 이슬이 맺힐 때의 온도를 그 공기의 이슬점(dew point)이라 한다.

[표 2-3] 포화 수증기량표(상대습도 100[%]) (단위 : g/m^3)

		1℃ 단위에 있어서의 온도									
		0	1	2	3	4	5	6	7	8	9
10℃ 단위에 있어서의 온도	90	418	433	449	465	481	498	515	532	551	569
	80	291	302	313	325	337	350	363	376	390	404
	70	197	205	213	222	231	240	250	259	270	280
	60	130	135	141	147	154	160	167	174	182	189
	50	82.8	86.7	90.8	95.0	99.5	104	109	114	119	124
	40	51.1	53.7	56.4	59.3	62.2	65.3	68.5	71.9	75.4	79.0
	30	30.3	32.0	33.7	35.6	37.6	39.6	41.7	43.9	46.2	48.6
	20	17.2	18.3	19.4	20.6	21.8	23.0	24.4	25.8	27.2	28.7
	10	9.39	10.0	10.7	11.3	12.1	12.8	13.6	14.5	15.4	16.3
	0	4.85	5.19	5.56	5.94	6.36	6.79	7.26	7.75	8.27	8.82
	−0	4.84	4.48	4.13	3.82	3.52	3.24	2.99	2.75	2.53	2.33
	−10	2.14	1096	1.80	1.65	1.51	1.39	1.27	1.16	1.06	0.967
	−20	0.882	0.804	0.732	0.667	0.607	0.551	0.501	0.454	0.412	0.373
	−30	0.338	0.305	0.276	0.249	0.225	0.203	0.183	0.164	0.148	0.133

공기를 압축시 그 온도에 해당하는 포화 증기압에는 대부분 미치지 못하므로 드레인량을 고려시 압력에는 무관하다고 보아도 무방하며, 압축후의 온도 또는 냉각시에는 압축후의 냉각온도에 대한 포화 수증기량을 [표 2-3]에서 찾아 체적의 변화량을 계산한 후 드레인량을 구하면 된다.

3) 포화 수증기량표를 보는 법

표를 보는 방법은 세로에 10℃단위의 온도, 가로에 1℃ 단위의 온도로 구분하고 있다.

		1℃ 단위에 있어서의 온도					
		0	1	2	3	4	5
10℃ 단위에 있어서의 온도							
	50						
	40						
	30						39.6
	20						
	10						
	0						

드레인량을 구하는 식은 다음과 같다.

$$D_r = \left\{\left(rs_1 \times \frac{\phi}{100}\right) \times V_1\right\} - (rs_2 \times V_2)$$

여기서 D_r : 드레인 발생량 [g]

rs_1 : 최초상태의 온도에 해당하는 공기의 포화 수증기량 [g/m^3]

rs_2 : 최종상태의 온도에 해당하는 공기의 포화 수증기량 [g/m^3]

ϕ : 최초상태의 공기의 상대습도 [%]

V_1 : 초상태의 공기 체적 [m^3]

V_2 : 최종상태의 공기 체적 [m^3]

단, V_2는 $P_1V_1 = P_2V_2$에 의해 계산

예 상대습도 80 [%], 공기온도 32℃, 공기체적 8 [m^3]의 대기를 압력 7 [kgf/cm^2]까지 압축한 후 냉각하여 온도 20℃까지 되었을 때 발생되는 드레인 양은 얼마인가?

32℃에서의 공기의 포화 수증기량은 [표 2-3]에서 33.7 [g/m^3]

20℃에서의 공기의 포화 수증기량은 [표 2-3]에서 17.3 [g/m^3]을 구한 후

$$Dr = \left\{\left(rs_1 \times \frac{\phi}{100}\right) \times V_1\right\} - \{rs_2 \times V_2\} = \left\{\left(33.7 \times \frac{80}{100}\right) \times 8\right\} - \{17.2 \times 1\}$$

$\fallingdotseq 198$[g]

이와 같이 공기중의 수분이 분리되어 물방울로 되면 배관 속에서 녹을 발생시키거나

먼지와 혼합되어 공압 기기의 작동 불량의 원인이 된다. 따라서 물의 응축을 방지하기 위해서는 흡입 공기를 거르거나 공기와 기름이 접촉되지 않는 압축기를 선택하는 등의 대책을 실시해야 하고, 습기가 있을 때에는 압축 공기를 건조시켜야 한다. 압축 공기를 건조하는 방법과 기기에 대해서는 뒤에 압축 공기 정화기기에서 설명한다.

02 공기의 상태 변화

공기뿐 아니라 모든 기체는 압력, 체적, 온도의 세 가지 중요한 요소가 있으며 이 세 가지 요소의 사이에는 일정한 관계가 있다.

따라서 이 세 변수 중 두 변수가 정해져 있으면 나머지 하나는 자연히 결정되며 이 세 가지 요소 간의 관계를 상태식이라 하고 이 법칙은 보일(Boyle)과 샤를(Charles)에 의해 발견되었다.

2-1 보일의 법칙

기체의 온도를 일정하게 유지하면서 압력 및 체적이 변화시, 압력과 체적은 서로 반비례한다. 이것을 보일의 법칙이라 하고 수식으로 나타내면 다음과 같다.

$$P_1 V_1 = P_2 V_2 = \text{constant}$$

여기서 P : 절대압력 [kgf/cm^2], V : 체적 [cm^3]

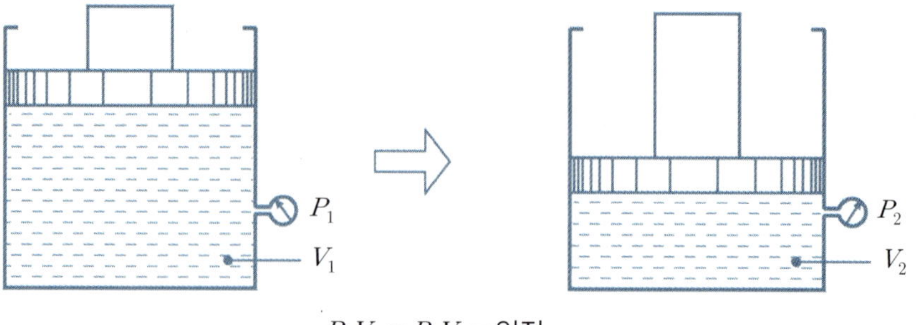

$P_1 V_1 = P_2 V_2 =$ 일정

[그림 2-2] 보일의 법칙

2-2 샤를의 법칙

기체의 압력을 일정하게 유지하면서 체적 및 온도가 변화시, 체적과 온도는 서로 비례한다. 이것을 샤를의 법칙이라 하고 수식으로 나타내면 다음과 같다.

$$\frac{T_1}{T_2} = \frac{V_1}{V_2} = \text{constant}$$

$$V_2 = V_1 \cdot \frac{T_2}{T_1}$$

여기서 T : 절대온도 [°K], V : 체적 [cm^3]

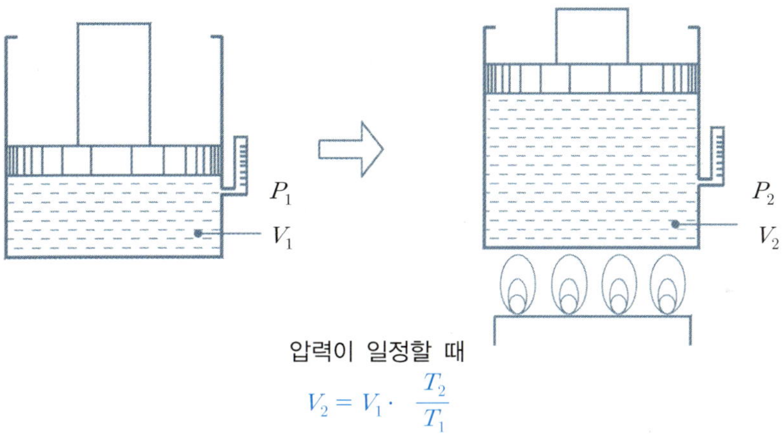

[그림 2-3] 샤를의 법칙

2-3 보일 · 샤를의 법칙

기체의 압력, 체적, 온도 세 가지가 모두 변화시에는 위의 두 법칙을 하나로 모은 것이 필요해지며 이것을 보일 · 샤를의 법칙이라고 한다. 식으로 나타내면 다음과 같다.

$$\frac{P_1 V_1}{T_1} = \frac{P_2 V_2}{T_2} = \text{constant}$$

$$PV = GRT$$

여기서 G : 기체의 중량 [kgf]

R : 기체상수 [kgf·m/kgf·K](공기의 경우 $R=29.27$)

2-4 파스칼의 원리(압력의 전달)

밀폐된 용기 속에 정지 유체의 일부에 가해지는 압력은 유체의 모든 부분에 동일한 힘으로 동시에 전달된다. 이것을 파스칼(Pascal)의 원리라고 하는데 이것을 정리하면 다음과 같다.

① 경계를 이루고 있는 어떤 표면 위에 정지하고 있는 유체의 압력은 그 표면에 수직으로 작용한다.

② 정지 유체 내의 점에 작용하는 압력의 크기는 모든 방향으로 같게 작용한다.

③ 정지하고 있는 유체중의 압력은 그 무게가 무시될 수 있으면, 그 유체 내의 어디서나 같다.

즉 정지하고 있는 유체 속에 ΔA인 면과 여기에 미치는 힘을 ΔF라 하면 그 압력의 세기 P는

$$P=\lim_{\Delta A\to 0}\frac{\Delta F}{\Delta A}=\frac{dF}{dA}$$

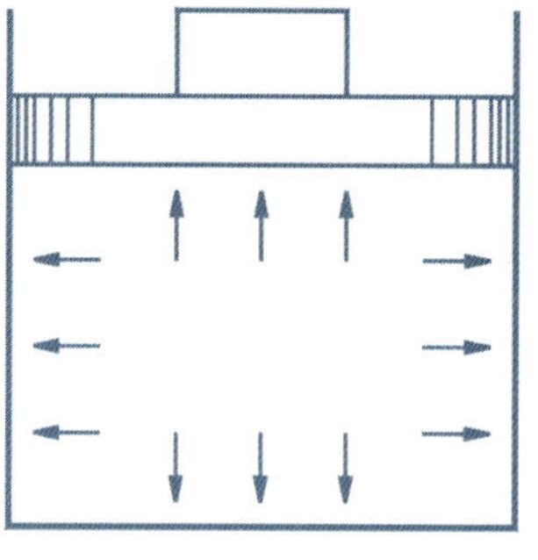

[그림 2-4] 파스칼의 원리

로 나타내며, P는 $\Delta A\to 0$ 점에 있어서의 압력의 세기로서 보통 압력(pressure)이라 한다. 전압력 P가 전면적 A에 균일하게 작용할 때에는

$$P=\frac{F}{A}$$

로 표시된다.

[그림 2-5]는 압력의 전달 원리를 설명한 것이다. 그림에서와 같이 실린더 안에 액체를 채우고 피스톤 단면적 A_1, A_2에 F_1 및 F_2의 힘이 가해졌을 때, 이들 사이에 마찰은 없고 이 부분으로부터 누설도 없으며, 또한 전달에 의한 에너지 손실도 없다고 하면, 두 개의 실린더 내에 발생하는 압력은 다음 식으로 나타낼 수 있다.

$$P = \frac{F_1}{A_1} = \frac{F_2}{A_2}$$

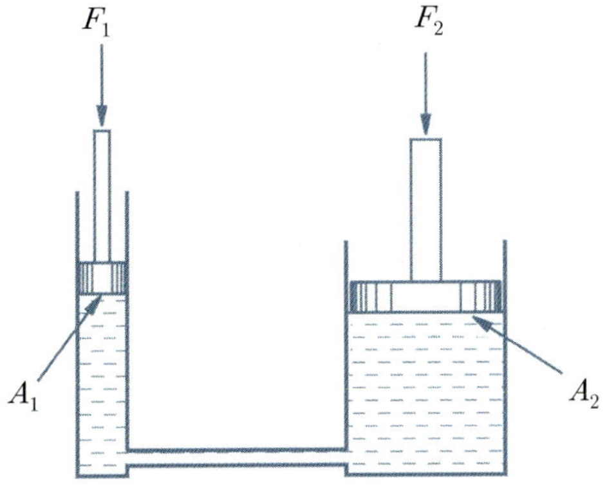

[그림 2-5] 압력의 전달

단, 실린더 내 액체의 높이차에 의한 압력의 차이는 P값에 비해 매우 작으므로 무시하고 있다.

위의 식에서

$$F_2 = F_1 \cdot \frac{A_2}{A_1}$$

가 얻어진다. 즉 힘은 피스톤의 단면적에 비례하므로 A_2에 비해 A_1이 작으면 F_1에 비해 충분히 큰 힘 F_2가 얻어진다. 유압 프레스나 수압기가 이 원리를 응용한 것이다.

03 공기의 흐름

압축 공기는 압력이 높은 쪽에서 낮은 쪽으로 흐르는 성질을 가지고 있다. 즉, 압력차가 생기면 공기가 흐르게 되는데, 이 때 단위 시간에 흐르는 체적을 유량(流量)이라 한다.

공기가 배관 속을 흐를 때 [그림 2-6]과 같이 배관의 단면적 1과 2가 차이가 있더라도 1과 2를 흐르는 유량은 같다. 이것을 연속방정식이라 한다.

연속방정식은 질량불변의 법칙을 유체의 흐름에 적용한 것으로, 폐곡선의 관로 속 유체는 도중에 생성되거나 소멸되지 않는다는 것을 뜻한다.

[그림 2-6]에 나타낸 관로 속의 흐름을 정상류라 생각하고 유체의 압축성을 고려하지 않을 때 이 관에 직교하는 임의의 단면 1과 2를 설정하고 그 단면에서의 평균 유속을 각각 v_1, v_2, 단면적을 A_1, A_2, 밀도를 ρ_1, ρ_2라 한다. 이 때 단위 시간당 각 단면을 흐르는 유체의 질량은 불변의 법칙에 따라 같지 않으면 안 된다. 즉 질량을 m이라 하면,

$$\frac{dm_1}{dt} = \frac{dm_2}{dt} = \frac{dm}{dt} = \text{constant}$$

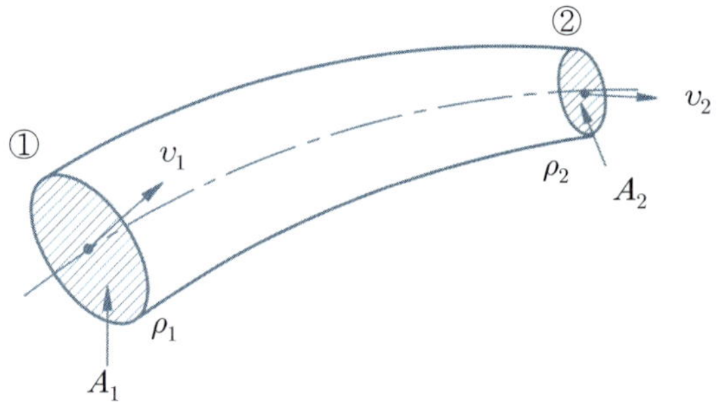

[그림 2-6] 유선관 속의 정상 흐름

이 되어야 한다. 여기서 dm/dt은 임의의 점에 있어서 관로를 지나는 질량 유량(mass flowrate)이다. 그림에서 1지점을 단위 시간에 통과하는 질량은 $\rho_1 \; v_1 \; A_1$이므로 위의 식은 다음과 같이 된다.

$$\rho_1 \; v_1 \; A_1 = \rho_2 \; v_2 \; A_2 = \text{constant}$$

여기서 유체가 비압축성인 경우에는 ρ는 일정하므로

$$Q = Av = \text{constant}$$

으로 된다. 이 Q를 유량이라 하고 관로 속을 지나는 유체의 유량은 어느 단면에 있어서나 일정하다는 것을 나타낸다.

유량은 통상적으로 기호 Q로써 표시하고 단위는 [l/min], [cc/sec] 등으로 표시한다.

그러나 공기는 압축성이 있기 때문에 유량은 표준상태로 환산한 체적 유량을 [l/min]이나 [m^3/min] 등으로 나타낸다.

또한 이들 유량은 사용하는 압력에 따라서 달라지므로 밸브의 능력을 나타내는 단위로서 유효단면적 C_v와 K_v값 등으로 표시하는 경우가 많다.

3-1 유효단면적

유체가 배관 내를 흐를 때는 관내 저항이 있으므로 실제 단면적분의 유체가 모두 흐르는 것은 아니다(그림 2-7). 그래서 실제로 유체가 흐르는 단면적을 유효단면적이라 하고, 다음 식으로 그 유량을 산출하고 있다.

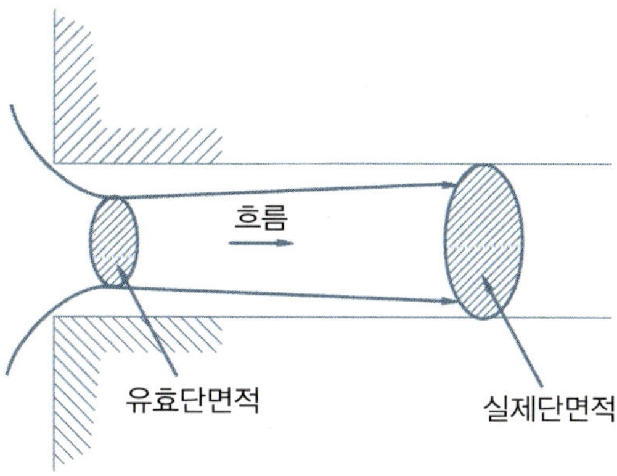

[그림 2-7] 유효단면적과 실제단면적

- $P_1 \geq 1.89P_2$일 때

$$Q = 11.1 \times S \times P_1 \times \sqrt{\frac{273}{T}} \times \frac{1}{\sqrt{G}}$$

- $P_1 < 1.89P_2$일 때

$$Q = 22.2 \times S \times \sqrt{P_2 \times (P_1 - P_2)} \times \sqrt{\frac{273}{T}} \times \frac{1}{\sqrt{G}}$$

여기서 Q : 유량 [ℓ/min]

P_1 : 1차측 절대압력[kgf/cm^2]

P_2 : 2차측 절대압력[kgf/cm^2]

S : 유효단면적[mm^2]

T : 공기의 절대온도[˚K](273+20=293)

이 두 식의 차이는 1차측 절대압력이 2차측 절대압력보다 1.89배 이상의 압력차(임계압력비)가 있으면 공기의 흐름은 음속으로 흐르고, 그 이하이면 공기의 흐름이 아음속으로 흐르기 때문이다.

3-2 C_v 값

C_v값은 변환 밸브가 열렸을 때 0.07[kgf/cm^2]의 압력강하하에서 변환 밸브를 흐르는 15.5[˚C]의 물 유량을 겔런/min(3.785l/min)로 계측한 숫자로 표시한다.

C_v값으로 공기의 유량을 산출할 때는 다음 식을 이용하면 된다.

- $P_1 \geq 1.89P_2$일 때

$$Q = 198.3 \times C_v \times P_1 \times \sqrt{\frac{273}{T}} \times \frac{1}{\sqrt{G}}$$

- $P_1 < 1.89P_2$일 때

$$Q = 396.5 \times C_v \times \sqrt{P_2 \times (P_1 - P_2)} \times \sqrt{\frac{273}{T}} \times \frac{1}{\sqrt{G}}$$

여기서 C_v : C_v값

G : 가스의 비중(공기=1)

그 이외의 단위는 앞의 유효단면적과 동일하다.

CHAPTER 03

공압 발생장치와 조정기기

01 공기 압축기

공압을 이용하여 일을 하려면 먼저 공기를 요구되는 작업 압력까지 압축해야 하며, 이를 위해 공기 압축기나 송풍기가 필요하다. 여기서 공기 압축기와 송풍기의 차이는 토출압력이 1[kgf/cm^2] 미만의 것을 일반적으로 송풍기라 하며, 1[kgf/cm^2] 이상의 것을 공기 압축기라 한다. 송풍기는 다시 팬과 블로워로 나누어지며 토출압력이 0.1[kgf/cm^2] 미만을 블로워, 그 이상은 팬이라 하고 있다. 따라서 대부분이 4~6[kgf/cm^2]의 공기압력을 사용 압력으로 하는 자동화용 공압 기기에 사용되는 것은 공기 압축기로서 일반적으로 컴프레서라고 하는 경우가 많다.

1-1 공기 압축기의 종류

공기 압축기는 작동원리에 따라 크게 용적형과 터보형으로 분류된다.

용적형은 체적 변화의 원리에 의해 운전되는 것으로, 밀폐된 용기에 공기를 채우고 이 용기에 체적을 감소시켜 압축하는 형태로 대표적인 것이 피스톤 압축기이다.

터보형은 공기의 체적을 이용한 것으로 한 쪽으로 공기를 집어넣으면서 질량 가속도에 의해 압축을 하는 원리이다.

[그림 3-1] 공기 압축기의 작동원리에 따른 분류

공기 압축기는 작동원리에 따라 [그림 3-1]과 같이 분류되며, 작동원리에 따른 분류 외에도 출력이나 토출압력에 따라서 [표 3-1] 및 [표 3-2]와 같이 분류된다.

[표 3-1] 공기 압축기의 토출압력에 따른 분류

저 압	토출 공기 압력이 1~8 [kgf/cm^3]
중 압	토출 공기 압력이 10~16 [kgf/cm^3]
고 압	토출 공기 압력이 16 [kgf/cm^3] 이상

[표 3-2] 공기 압축기의 출력에 따른 분류

소 형	공냉식으로서 출력은 0.2[kW] (1/4HP) ~ 7.5kW (10HP)
중 형	공냉, 수냉식으로 나뉘고 출력은 7.5[kW] (10HP) ~ 75[kW] (100HP)
대 형	수냉식으로서 출력은 75[kW] (100HP) 이상

1) 왕복식 압축기

왕복식 압축기는 왕복운동을 하는 피스톤 또는 다이어프램에 의해 실린더 내용적(內容積)을 증가시키는 행정에서 흡입 밸브를 열어 공기를 흡입하고, 실린더 내용적이 줄어드는 행정에서 흡입공기를 압축하여 토출 밸브를 열어 토출하는 원리로 피스톤식과 다이어프램식으로 대별된다.

피스톤 왕복식 압축기는 낮은 압력에서부터 높은 압력까지 사용할 수 있어 오늘날 가장 널리 사용되고 있는 압축기로서 그 구조원리를 [그림 3-2]에 나타냈다. 그림 (a)는 피스톤이 하강하면서 흡입 밸브를 열고 공기를 흡입하는 행정이고, 그림 (b)는 피스톤이 상

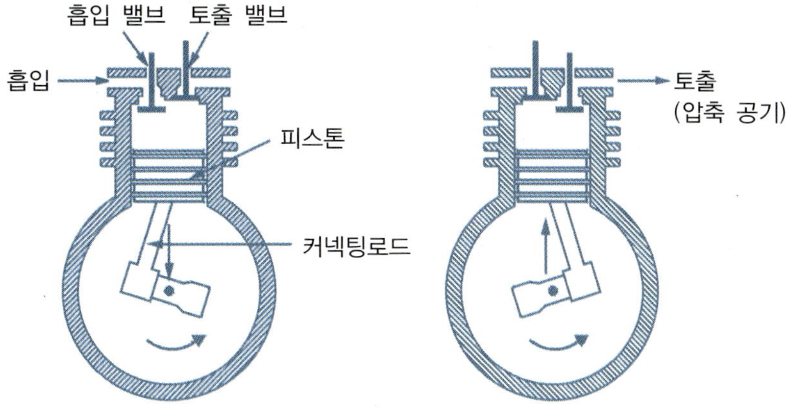

[그림 3-2] 1단 피스톤 압축기

승하면서 흡입된 공기를 압축하는 과정이다. [그림 3-2]는 1단식 피스톤 압축기의 원리도이나, 고압으로 압축하기 위해서는 다단식 압축기가 필요하다.

다단식 압축기 중 2단식 피스톤 압축기의 구조원리를 [그림 3-3]에 나타냈다. [그림 3-3]은 냉각장치가 내장된 구조로서 흡입공기는 첫 번째 피스톤에 의해 압축되고 여기서 압축된 공기는 냉각실을 통해 냉각된 후에 다음 피스톤으로 2단 압축된다. 이와 같이 왕복식 압축기에서 공기를 압축하면 압축 공기가 고온으로 상승하여 압축기 본체에 열전달되어 변형을 가져오므로 본체를 냉각하여야 한다.

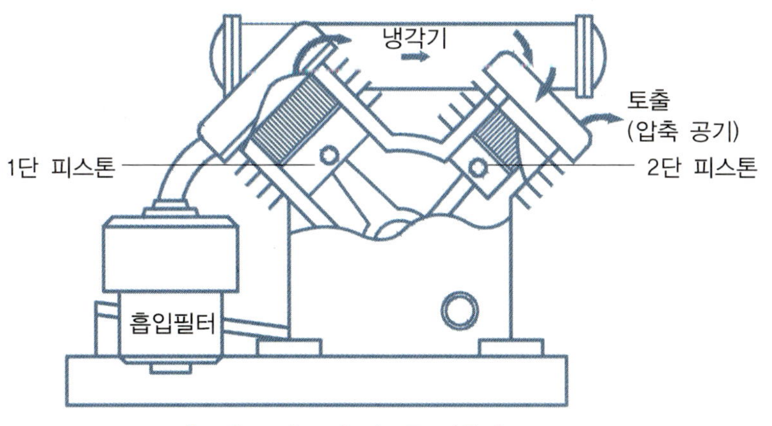

[그림 3-3] 2단 피스톤 압축기

압축기의 냉각방법으로는 공냉식과 수냉식이 있으며 소형 압축기에서는 방열핀에 의한 방열이나 또는 팬에 의한 공냉식 냉각법을 주로 채용하고, 중형 이상의 압축기에는 공냉식으로 충분한 냉각효과를 기대할 수 없으므로 실린더 헤드의 외주(外周)에 재킷을 설치하고 그 사이로 물을 순환시켜 냉각하는 수냉식을 채용한다.

그러므로 수냉식은 공냉식에 비해 냉각효과는 크지만 수도배관 설치의 번거로움과 한냉시의 동결, 단수시의 운전정지 등의 문제가 있다.

피스톤 압축기의 일반적인 압축 능력은 다음과 같다.

- 1단 압축 : 12[kgf/cm^2]까지
- 2단 압축 : 30[kgf/cm^2]까지
- 3단 압축 : 220[kgf/cm^2]까지

이는 기술적인 압축 능력으로 실제적으로는 이보다 떨어진다.

2) 회전식 압축기

대표적인 회전식 압축기는 스크루식과 미끄럼날개식, 루트 블로워 등 세 가지가 있다.

스크루 압축기는 [그림 3-4]와 같이 암, 수 2개의 나사형 회전자를 서로 맞물려 케이싱에 둘러싸인 공간으로 배제용적을 형성하여 나사형 회전자의 회전에 의해 공간의 용적이 축 방향으로 압축되어 토출한다. 이들 흡입, 압축, 토출의 각 행정은 회전자의 회전과 함께 연속적으로 이루어지므로 왕복식 압축기에서와 같은 토출공기의 맥동이 없다. 또한 스크루식 압축기는 회전축이 평행을 이루고 있어서 고속회전이 가능하고 저주파 소음이 없어서 소음 대책이 필요 없어 최근 그 사용이 증대되고 있다.

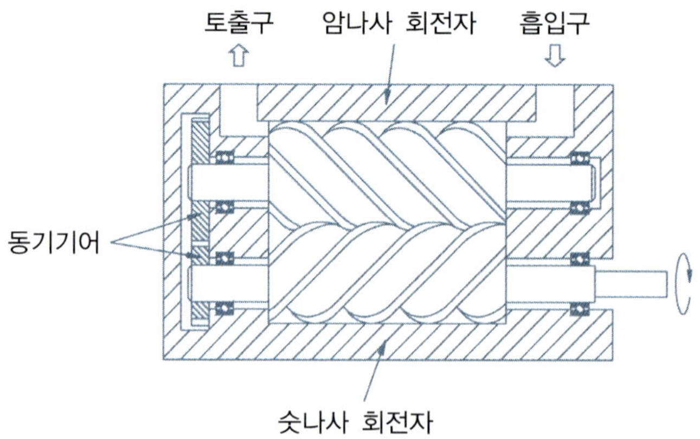

[그림 3-4] 스크루식 압축기의 구조원리(2축형)

베인식 압축기는 케이싱내에 축과 편심된 로터(Rotor)를 갖고 있으며, 이 로터의 방사상 홈에 베인(Vane)이 삽입되어 있으며, 케이싱과 베인에 의해 둘러싸인 용적에 공기가 흡입되고 로터의 회전에 의해 압축되어 토출된다. 즉, 로터가 회전함에 따라 용적이 변화하고 토출구에 도달할 때 소정의 공기 압력으로 상승되는 구조이므로, 왕복식 압축기처럼 흡입 밸브나 토출 밸브가 없다.

베인 압축기의 특징은 압축 공기의 공급을 부드럽게 연속적으로 공급하므로 맥동과 소음이 적고 크기가 소형이어서 공압 모터 등의 공압원으로 이용된다.

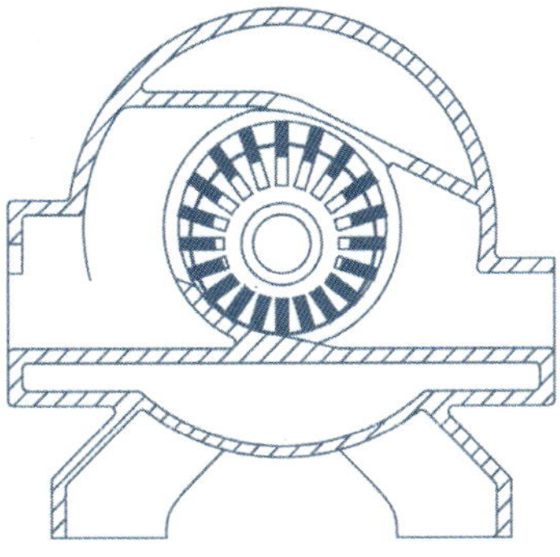

[그림 3-5] 베인 압축기의 원리

[표 3-3] 각종 공기 압축기의 특징 비교

특성 \ 분류	왕복식	회전식	터보식
구조	비교적 간단	간단하고 섭동부가 적다	대형으로 되기 쉽고 복잡하다
진동	비교적 많다	적다	적다
소음	비교적 높다	적다	적다
보수성	좋다	섭동부품의 정기교환이 필요	비교적 좋으나 오버홀이 필요
토출공기압력	중·고압	중압	표준 압력
가격	싸다	비교적 비싸다	비싸다

1-2 공기 압축기의 선정

1) 공기압력에 따른 기종 선정

공압 액추에이터나 공압 기기의 작동 압력은 주로 4~6[kgf/cm^2]의 압력이 사용되고,

프레스 기계용이나 계장용으로도 7~8[kgf/cm^2]정도이다. 그러나 공기 압축기에서 토출되는 압력이나 유량은 배관과 공압 기기 등의 압력 강하를 고려하여 20[%] 정도의 여유를 주어야 한다. 사용하는 공기압력과 필요 공기량이 결정되면 [그림 3-6]에 나타낸 적용 범위에서 공기 압축기의 형식을 결정한다. 통상적으로 공압 시스템에서의 사용 공기 압력의 상한치는 10[kgf/cm^2] 정도이므로 압축기의 기종은 왕복식이나 회전식 압축기가 적당하다. 압축기를 사용할 때 필요 이상의 고압으로 토출시켜 감압한 후 사용하기보다는 적정 토출 압력으로 운전하는 것이 구동 에너지의 절약으로 이어진다.

2) 작동 압력과 공기 소모량

공압 시스템에서 공기의 소모량이 결정되면 이에 따라 토출 공기량을 선정하여야 하지만 대부분의 압축기 토출 용량 표시는 대기압 상태의 이론 공급체적으로 표시되므로, 공압 시스템에서 요구되는 유효 공급체적으로 환산하여 비교하여야 한다.

유효 공급체적은 압축기의 형태와 압력에 따라 다르므로 압축기의 체적 효율을 알아야 한다. 액추에이터의 공급 공기량에 의한 압축기의 피스톤 이론 공급 체적은 다음 식으로 구한다.

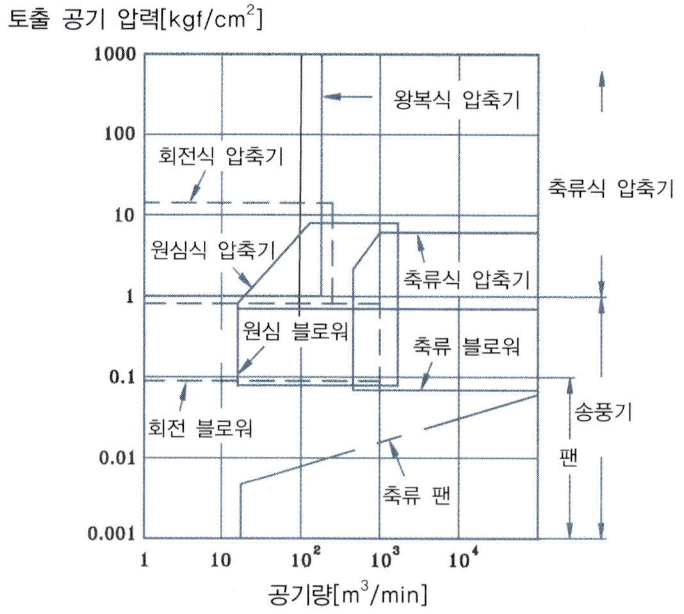

[그림 3-6] 공기 압축기와 송풍기의 적용 범위

$$V = \frac{Q(P+1.0332)}{1.0332\alpha} [\mathrm{m^3/min}]$$

여기서 V : 왕복식 압축기의 이론 공급 체적 [$\mathrm{m^3/min}$]

α : 체적 효율

Q : 액추에이터 작동 압력 P에서의 공급 공기량 [$\mathrm{m^3/min}$]

P : 사용 공기 압력[$\mathrm{kgf/cm^2}$]

3) 공기 압축기의 수량

공기 압축기의 선정시 압축기의 용량이 큰 것일수록 효율이 좋으므로 소용량의 압축기를 병렬로 여러 대 설치하는 것보다는 대용량 압축기를 분산 배치하는 것이 좋다.

그러나 대용량 압축기 한 대로 집중 공급시 불시의 고장에 따른 작업 중지의 염려가 있으므로 이를 사전에 예방하기 위해 두 대가 가장 적합하다.

압축기의 선정시에는 현재의 공급 공기량에 추가하여 향후 공기압의 추가 증설로 인한 사용 공기량의 수요 증가 또는 공기 누설 공기량을 고려하여 최소 50[%] 정도의 여유를 고려하여 필요량을 선정한 후 그대로 분산시켜 이에 적합한 공기 압축기를 선정하는 것이 바람직하다. 또한 부하 변동으로 예측되는 시간적 사용 공기량의 변화를 각 라인마다

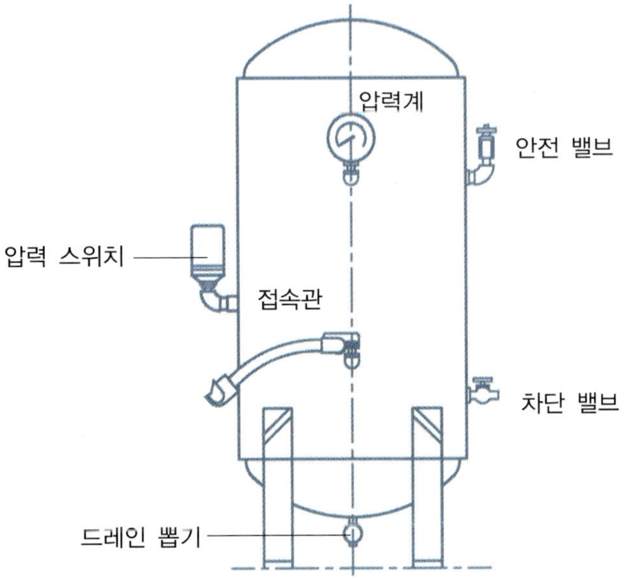

[그림 3-7] 공기 탱크의 구조

파악하고, 에너지 절약면에서 주부하용 공기 압축기와 부부하용 공기 압축기로 나누어 사용하여도 좋다.

4) 공기 탱크의 크기

공기 저장 탱크는 공기 소모량이 많아도 압축 공기의 공급을 안정화시킨다. 또한 공기 소비시 발생되는 압력 변화를 최소화시키며 정전시에도 탱크에 저장된 유량에 의해 짧은 시간 동안 운전이 가능하고 공기 압력의 맥동을 없애는 역할을 한다.

공기 탱크의 크기는 [표 3-4]와 같이 규정하고 있으며 그 크기의 설정 요소는 압축기의 공기 체적, 압축기의 압력비, 시간당 스위칭 횟수 등에 의해 결정된다.

[표 3-4] 공기 탱크의 전용적

구동용 전동기의 정격 출력 [kW]	공기 탱크의 전 용적[ℓ]	구동용 전동기의 정격 출력 [kW]	공기 탱크의 전 용적 [ℓ]
0.2	15이상	2.2	80이상
0.4	25이상	3.7	100이상
0.75	35이상	5.5	100이상
1.5	60이상		

1-3 공기 압축기의 제어

압축기는 적당한 용량 범위 내에서 운전하도록 조절이 필요하다. 압축기의 조절방법에는 무부하 조절, ON-OFF 조절, 속도조절 등의 세 가지 방법이 있으며 압축기의 사용 용도에 따라 채용한다.

무부하 조절 방식에는 일정 압력까지 상승하였을 때 여분의 압력을 대기로 방출시키는 방법과 흡입구를 차단하여 무부하 상태에서 전동기를 운전시키는 흡입 차단 방식 등이 있으며, 이는 주로 소형 압축기나 공기 탱크의 설치가 제한되는 시스템에 채용되어 있다.

ON-OFF 조절방법은 사용 공기량이 많거나 변동이 있는 사업장에서 주로 채용하는 방법으로 공기 탱크가 필수적으로 요구된다.

제어 방법은 압력 스위치에 최저 압력과 최고 압력을 설정시켜 최고 압력에 도달하면 모터가 정지하고, 최저 압력이 되면 다시 작동하게 되는 것으로 이 때 최저 압력은 시스템의 사용 압력보다 약간 높게 설정하여야 한다. 또한 압축기의 작동 횟수를 적게 하기 위해서는 큰 탱크가 필요하다.

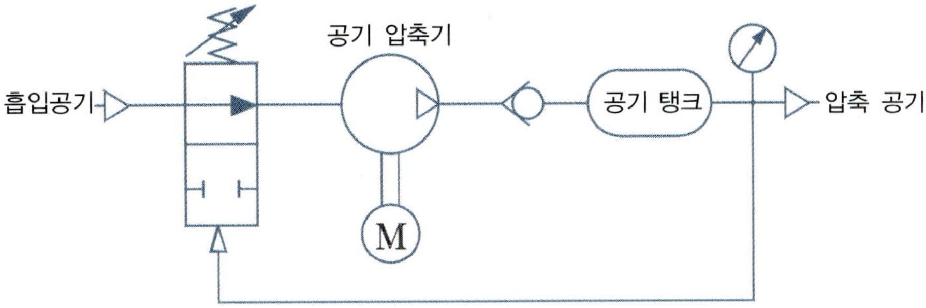

[그림 3-8] 흡입 차단 조절 방식

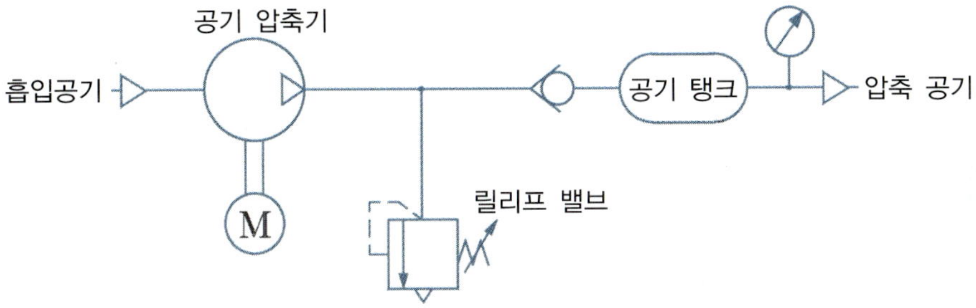

[그림 3-9] 배기 조절 방식

1-4 압축기 사용시 주의사항

공기 압축기는 공압 자동화의 중요한 에너지원이므로 사용상의 지시, 주의사항 등을 준수하여야 한다. 여기서는 왕복식 공기 압축기를 중심으로 하여 설치, 운전, 보수 등 사용상의 주의사항에 대해서 서술한다.

1) 압축기의 설치장소

① 가능한 한 온도 및 습도가 낮은 곳에 설치하여 드레인 발생량을 적게 한다. 흡입 공기의 온도가 10℃ 상승하면 압축기 효율은 3～4[%] 저하된다.

② 유해 가스, 유해물질이 적은 장소를 선정하여 설치하여야 한다. 만일 압축기의 흡입구에 신너, 알코올 등의 유해물질이 흡입되면 공압 기기 등의 실과 패킹류를 손상시켜 수명을 감소시키게 된다.

③ 빗물, 직사광선을 받지 않도록 하고 소음의 차단을 위한 방음벽도 고려한다.

④ 공냉식 압축기는 압축기실에 팬을 설치하여 통풍시키고 수냉식 압축기의 경우에는 펌프로 냉각수를 공급, 순환시켜 압축기 본체 및 후부 냉각기(after cooler) 등을 냉

각시켜야 하며 냉각수 입구와 출구의 온도차는 10℃ 이하가 되도록 한다.

2) 압축기의 보수

① 공기 압축기의 흡입구에는 반드시 [그림 3-10]과 같은 흡입 필터를 설치하고 눈막힘 현상이 생기지 않도록 정기적으로 교환한다. 필터는 필터 전후의 흡입 공기 압력이 50~100[mAg]를 초과할 때는 교환한다. 눈막힘이 생기면 실린더와 피스톤의 마모를 초래하고 동시에 용적 효율의 저하, 윤활유의 소비 증가가 생긴다.

② 후부 냉각기를 설치하여 압축 공기의 온도를 내리고 드레인을 제거한다.

③ 윤활유 및 냉각수를 점검하고 주기적으로 정기점검을 실시한다.

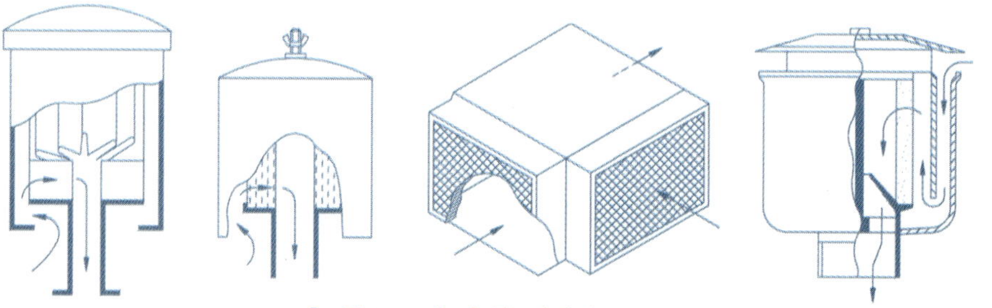

[그림 3-10] 흡입 필터의 종류

3) 배 관

① 배관 길이와 배열은 흡입과 토출 맥동에 의한 공진이 생기지 않도록 배려한다.

② 배관을 공기 압축기 토출 관로에서 바로 수직으로 세워 올리면 내부 윤활유가 고여 고온 토출 공기에 의해서 폭발의 우려가 있으므로 피해야 한다.

③ 수평 관로는 드레인 배출이 용이하도록 1/100 정도의 경사를 준다. 경사가 역방향으로 되어 있으면 공기 압축기에서 토출시킨 윤활유가 토출구 부근으로 역류하여 고온 토출 공기와 접촉하여 폭발할 위험이 있다.

④ 땅 속에 있는 관로는 부식되기 쉽고 내부 청소가 힘든 까닭에 가능하면 피하는 것이 좋다.

1-5 동력원의 도면기호 표시법

KS B 0054에는 유압 및 공기압 도면기호가 규격으로 제정되어 있는데, 동력원을 표시하는 도면기호는 다음과 같다.

[표 3-5] 동원력(KS B 0054 표11)

명 칭	기 호	비 고
유압(동력)원	▶—	일반기호
공압(동력)원	▷—	일반기호
전동기	Ⓜ=	
원동기	[M]=	(전동기를 제외)

공압원을 도면으로 나타낼 때에는 전동기와 압축기구, 보조 탱크 등을 각각 조합 기호로서 나타내는 것이 아니라, KS B 0054 표 11에 정해진 바와 같이 정삼각형으로 나타낸다. 그리고 정삼각형 안에 흑색으로 칠한 것은 유압을 의미한다.

또한 공압 시스템 중에는 배관 도중에 보조 에너지원으로 공기 탱크를 설치하는 경우도 있는데 이때는 KS B 0054 표 10에 제정된 다음 기호를 표시한다.

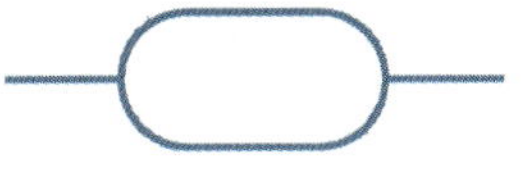

(a) 공기 탱크의 도면기호

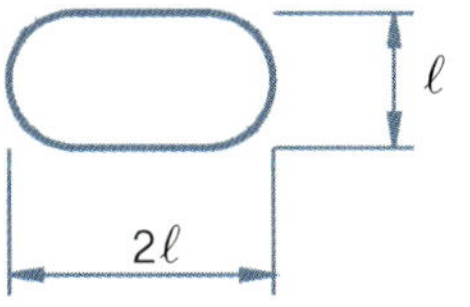

(b) 작도법

[그림 3-11] 공기 탱크의 도면기호

02 압축 공기 정화기기

공압 기술에 사용되는 압축 공기는 압축만하여 사용한다고 한다면 잘못된 생각이다. 왜냐하면 대기중의 공기에는 눈으로 보이지 않는 먼지나 유해 가스, 습기 및 기타 오염물질이 포함되어 있기 때문이다. 즉, 이 공기를 공기 압축기로 압축하면 먼지, 드레인 등이 많은 압축 공기가 된다. 그리고 이 압축 공기를 그대로 공압 기기에 사용하면 공압 기기 내의 패킹이나 섭동부의 마모, 오리피스 구멍의 막힘을 촉진할 뿐만 아니라, 배관의 끝단에서 드레인되어 흐르고 배관재를 부식시키는 등의 트러블이 발생된다. 따라서 공압 시스템에서도 이러한 먼지, 드레인 등을 제거하는 공압 기기가 필요하게 되며 이를 압축 공기 정화기기라 한다.

압축 공기 정화기기는 압축 공기 중에 함유된 먼지, 기름, 수분 등의 오염물질을 요구 정도의 기준치 이내로 제거하여 적정 상태의 압축 공기로 정화하는 기기를 말한다.

압축 공기 중에 오염 물질이 부적절한 상태로 존재하면 [표 3-6]에 나타낸 바와 같이 공압 기기의 작동 불량과 신뢰성, 내구성에 큰 영향을 주므로 사용하는 압축 공기의 질은 시스템이나 기기의 사용 목적, 성질, 기능에 적합하여야 한다. [그림 3-12]는 압축 공기 정화 장치의 구성도를 나타냈다.

[표 3-6] 오염물질의 종류와 공압 기기에 미치는 영향

오염물질	공압 기기에 미치는 영향
수 분	코일의 절연 불량과 녹을 유발하여 밸브 몸체에 스풀의 고착 및 수명 단축을 가져오고, 동결의 원인이 된다.
유 분	기기의 수명 단축, 오염, 아주 작은 유로 면적의 변화, 고무계 밸브의 부풀음, 스풀의 고착 등
카 본	실(seal) 불량, 누적으로 인한 화재, 폭발, 오염, 아주 작은 유로 면적의 변화, 기기 수명의 단축, 밸브의 고착 등
녹	밸브 몸체에 고착, 실 불량, 기기의 수명 단축, 오염, 아주 작은 유로 단면적의 변화
먼 지	필터 엘리먼트의 눈메꿈, 실 불량 등

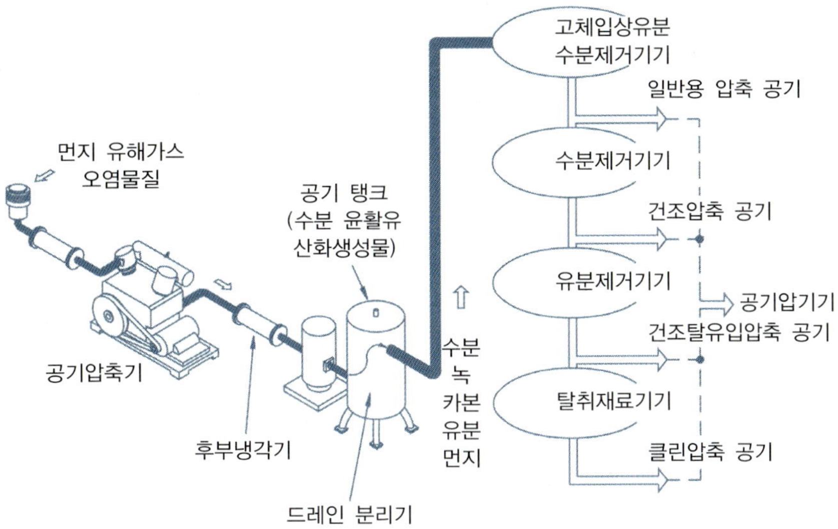

[그림 3-12] 압축 공기 정화 기기의 구성과 기능

2-1 메인 라인 필터(main line filter)

메인 라인 필터는 공기 압축기에 부착된 주관로에 설치되어 주관로 내의 녹이나 이물질 제거의 목적으로 사용된다. [그림 3-13]은 그 구조의 예이다.

메인 라인 필터에 흡입되기까지 응축한 물과 큰 먼지는 디플렉터(deflector)에서 압축 공기에 선회 운동을 주어 사이클론 효과에 의해 분리되고, 관로 내 녹과 이물질은 필터 엘리먼트에서 제거된다. 필터 엘리먼트는 눈이 자주 막히지 않는 금속망이나 펠트(felt) 등이 주로 사용된다. 메인 라인 필터는 응축된 물은 제거할 수 있지만 압축 공기 중에 존재하는 수분은 제거할 수 없다. 따라서 이 필터를 통과한 압축 공기는 상대 습도 100%의 상태이므로 온도가 내려가거나 단열 팽창하면 물방울이 발생한다. 그러므로 수분 분리 기능을 가진 별도의 공압 필터와 병용하여야 한다.

2-2 공압 필터

일반적으로 공압 필터는 주로 공압 회로 중에 사용되는 것을 말하며 압축 공기 중에 포함된 먼지, 배관 속의 스케일 등의 고체 이물질이나 수분을 제거하고 깨끗한 공기를 공급하는 목적으로 사용된다.

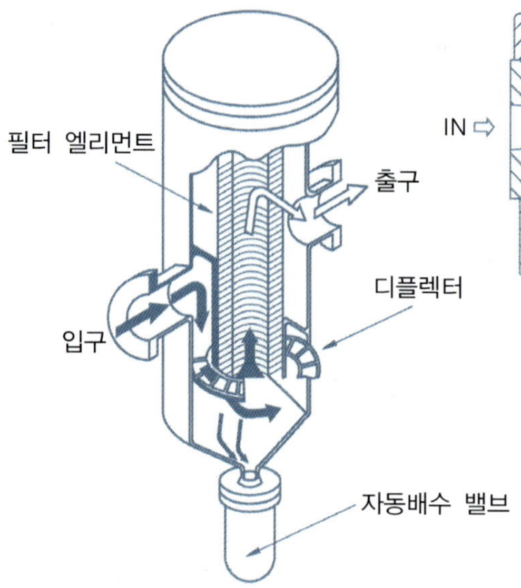

[그림 3-13] 메인 라인 필터

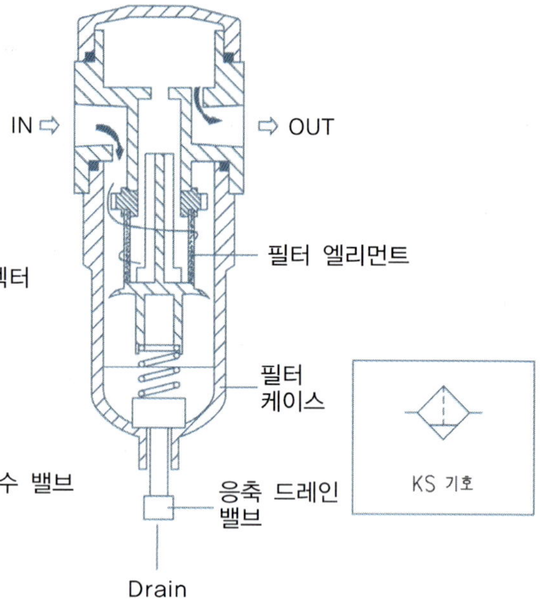

[그림 3-14] 공압 필터

그 구조는 [그림 3-14]에 나타낸 바와 같이 압축 공기의 선회류에 의한 원심력을 이용하여 유리 수분(遊離水分)을 제거하는 분리 기구와 수많은 미소한 구멍이 있는 여과재로 구성되어 있다.

필터 엘리먼트는 여과도에 따라 5～20[μm]의 정밀용, 44[μm]의 일반용, 50[μm]이상의 메인 라인용으로 구분되며 그 이하의 미립자 제거용으로는 특수한 엘리먼트가 사용된다.

엘리먼트는 펠트, 여과지, 금속 등으로 이루어져 있고 세척하면 재생 가능한 것도 있다.

[표 3-7]은 여과 방식에 따른 엘리먼트의 종류와 원리를 나타낸 것이다.

[표 3-7] 5[μm] 이상의 필터 엘리먼트

엘리먼트	여과 방식	메시(mesh)
펠트 여과지	 외부＋내부 여과 방식	메시(小)
금속 엘리먼트	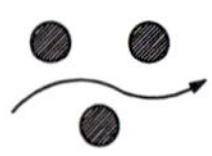 내부 여과 방식	메시(小～中)
와이어 스크린	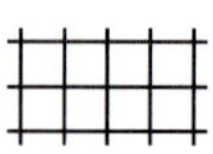 외부 여과 방식	메시(大)

공압 필터는 공압 장치나 기기에서 가까운 곳에 설치하여야만 압축 공기의 온도를 낮출 수 있고 보다 많은 수분을 제거할 수 있으며 또한 배관 내부에서 발생하는 이물질 제거에도 효과적이다. 그러나 공압 장치에 따라서는 액추에이터 근처에 설치시 손이 미치지 않아 드레인 배출이 곤란하므로 이와 같은 경우에는 자동 배수 밸브가 붙은 공압 필터를 사용한다.

(1) 일반적인 필터의 선택 조건

① 압력 손실이 적어야 한다.
② 사용 기간이 길어야 한다.
③ 여과 면적이 커야 한다.
④ 수분 분리 능력이 커야 한다.
⑤ 엘리먼트의 교환이 용이해야 한다.

(2) 공압 필터의 도면기호 표시법

KS B 0054 표 17에는 공압 필터에 관한 도면기호 규격이 다음과 같이 제정되어 있다.

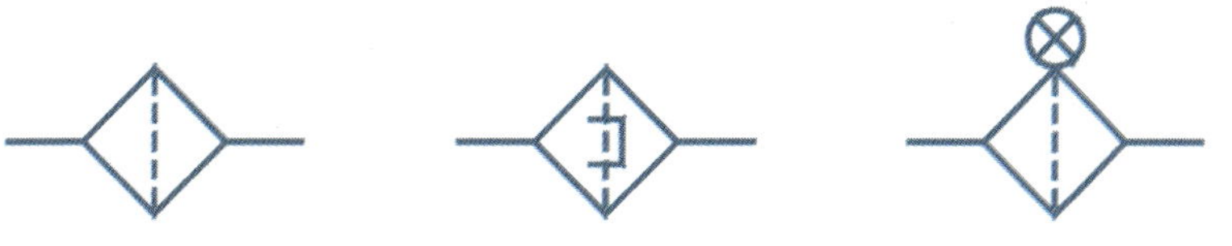

(a) 일반 기호　(b) 자석 붙이　(c) 눈막힘 표시 붙이

[그림 3-15] 필터의 도면기호

(a) 수동 배출　(b) 자동 배출

[그림 3-16] 드레인 배출기 붙이 필터

2-3 자동 배수 밸브

압축 공기 중에서 분리된 드레인이 공압 기기에 영향을 미치지 않도록 배출시킬 때 수동 배출은 보수 관리면에서도 어렵고 또한 적절한 시기에 드레인을 배출시키기도 어렵다.

따라서 드레인의 자동적 배수 기능을 갖는 자동 배수 밸브가 사용된다.

자동 배수 기구는 플로트식, 파일럿식, 솔레노이드 밸브식 등이 있다.

플로트식 자동 배수 밸브의 구조도를 [그림 3-17]에 나타냈다. 동작원리는 필터 케이스 내에 0.98[kgf/cm^2]이상의 공압이 가해지면 밸브가 스프링의 힘을 이겨 위로 올라가면서 드레인 배출 밸브가 닫히고, 일정량의 드레인이 고이면 플로트가 떠오르면서 오리피스가 열리는 데에 따라 공압이 실린더부에 가해지므로 밸브가 열리면서 드레인이 대기 중으로 방출되는 것이다. 드레인이 대기 중으로 방출되면 플로트가 하강하고 이에 따라 오리피스가 닫히면서 배수 밸브가 닫히게 된다.

2-4 기름분무 분리기(Oil mist seperator)

압축 공기 중에 존재하는 기름 입자의 99[%]는 에어로졸(airozol) 상태의 초미립자이므로 이와 같은 오일 에어로졸을 거르는 목적으로 오일 에어로졸 제거용 필터가 사용된다.

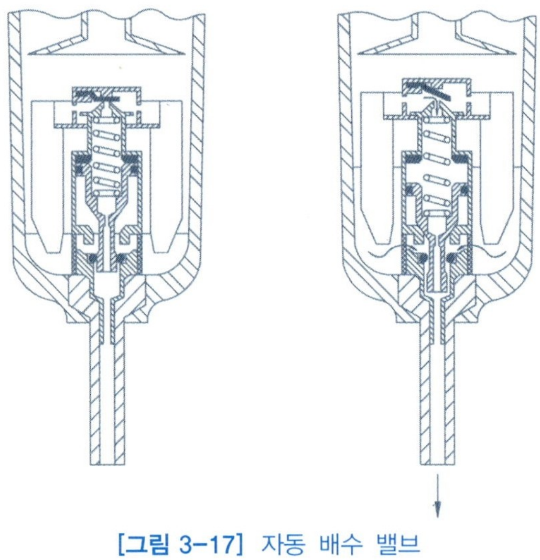

[그림 3-17] 자동 배수 밸브

(a) 수동 배출　　　(b) 자동 배출

[그림 3-18] 드레인 배출기의 도면기호

에어로졸 상태의 기름 입자 크기는 0.01~0.8[μm]이므로 브라운 운동이 현저히 나타나기 때문에 일반용 필터 엘리먼트로는 여과하기 어려우므로 특수한 필터 엘리먼트가 사용된다. 기름분무 분리기는 0.3[μm]이상의 기름 입자를 제거하기 위한 필터이며 그 구조는 [그림 3-19]와 같다. 이것은 프리 필터 엘리먼트로 0.3[μm]이상 고체 이물질이 제거되고 주필터 엘리먼트의 유리섬유에서 미세한 기름입자는 응집, 성장하여 큰 액체방울이 되어 분리 엘리먼트에서 분리된다.

0.3[μm]의 기름분무 분리기에서 99% 정도의 기름 초미립자를 제거할 수 있으나 그 이하의 초미립자는 통과해 버리므로 여과도 0.01[μm]정도의 초미립자 분리기(micro mist seperator)를 사용하여야 하며 이것은 식품, 약품 및 클린룸 등에 적용된다.

(1) 기름분무 분리기의 사용상 주의사항

① 1차측에는 반드시 0.3[μm]정도의 프리필터(pre-filter)를 사용하여 빈번한 눈 막힘을 방지하여야 한다.

② 과대한 유량을 흐르게 하면 공기 유속이 증가하여 필터 엘리먼트의 다공 플라스틱 복합재 필터의 표면에서 물방울이 2차측에서 다시 비산되므로 유량 한계에 주의하여야 한다.

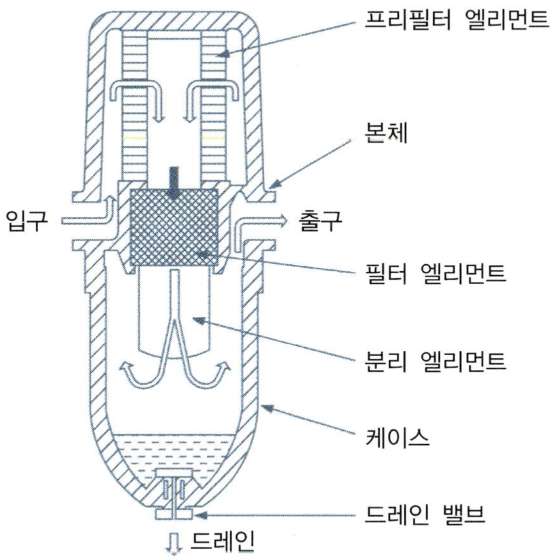

[그림 3-19] 기름분무 분리기

③ 필터 엘리먼트의 전후 압력차가 0.7[kgf/cm^2] 이상일 때는 필터 엘리먼트를 교환한다. 또한 필터의 종류는 탈취, 멸균 필터 등도 용도에 따라 이용된다.

(2) 기름분무 분리기의 도면기호 표시법

KS B 0054 표 17에는 기름분무 분리기에 대해 다음과 같이 도면기호를 제정하고 있다.

[그림 3-20] 기름분무 분리기의 도면기호

2-5 냉각기(after cooler)

냉각기는 공기 압축기 바로 다음이나 에어 드라이어 앞에 설치하여 가열된 압축 공기를 냉각하고 압축 공기 중의 수분을 응축시켜 제거하는 열교환기이다.

대부분의 냉각기는 공기 압축기에서 나온 120~200℃의 압축 공기 온도를 40℃이하로 낮추어 흡입 수증기의 63%이상을 제거 할 수 있도록 설계되어 있다.

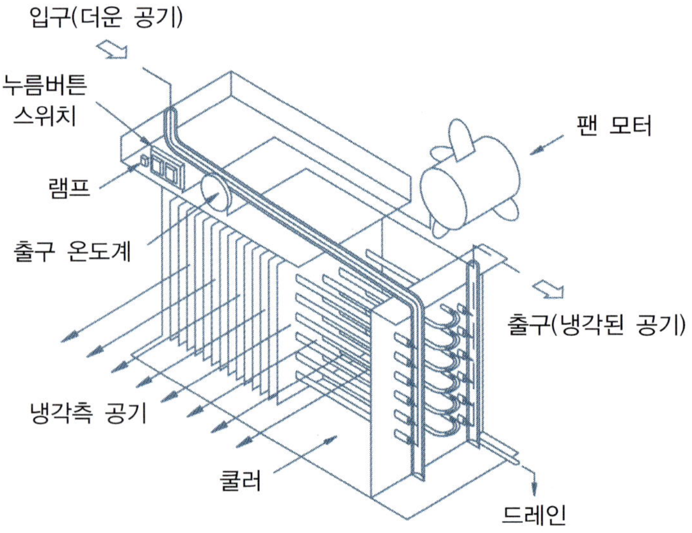

[그림 3-21] 공냉식 냉각기

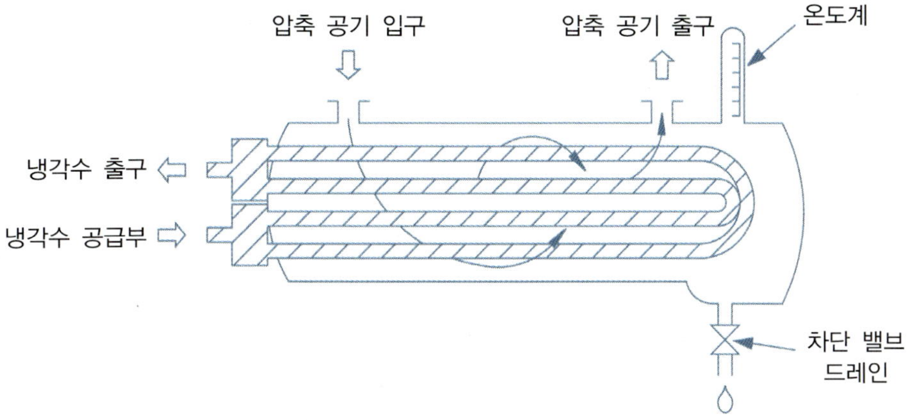

[그림 3-22] 수냉식 냉각기

냉각기의 구조로는 공냉식과 수냉식이 있으며, 공랭식은 [그림 3-21]과 같이 압축 공기가 통과되는 여러 개의 배관을 팬으로 냉각하는 방식으로 교환 열량은 수냉식에 비해서 작다.

일반 냉각 공기와 유출 압축 공기의 온도차는 7℃ 정도로 설계되어 있다. 동일 냉각 능력으로 수냉식과 비교하면 공냉식의 설비가 오히려 고가이다.

수냉식은 [그림 3-22]의 구조와 같이 입구로 들어간 압축 공기가 냉각관 사이를 통과하여 나가고 관 내부로는 냉각수를 통과시켜 냉각수 관의 핀(pin)에서 열교환이 이루어져 냉각된다. 냉각기에서 압축 공기의 압력강하는 0.3[kgf/cm^2] 정도로 설계되고 있다.

사용상의 주의 사항으로는 드레인이 배출 구멍쪽으로 고이기 쉽도록 설치하여야 하며 수냉식에서는 오염된 물은 냉각 효과를 떨이뜨리므로 사용하지 말아야 한다. 공냉식은 통풍이 잘 되도록 벽이나 기계에서 일정 거리를 두고 설치한다.

1) 냉각기의 도면기호 표시법

KS B 0054 표 17에서는 냉각기에 대해 다음과 같이 도면기호로 제정하고 있다.

(a) 냉각액용 관로를 표시하지 않는 경우 (b) 냉각액용 관로를 표시하는 경우

[그림 3-23] 냉각기의 도면기호

2-6 에어 드라이어(air dryer)

에어 드라이어는 압축 공기 중에 포함된 수분을 제거하여 건조한 공기를 만드는 기기를 말하며 압축 공기를 10℃이하로 냉각하여 수증기를 응축, 제거하는 냉동식과 건조제에 의해 물리 화학적으로 수분을 흡수 및 흡착하는 건조제식이 있다.

1) 냉동식 에어 드라이어

냉동식 에어 드라이어는 압축 공기를 냉동기로 냉각하고 수분을 응축시켜 드레인을 제거한다. 필요 압력 이슬점이 0.5~38℃일 때 냉동식 에어 드라이어는 설비비, 보수비, 운전비가 저렴하여 가장 널리 사용되고 있다. 압력 이슬점이 0.5℃보다 저온이 되면 열교환기에 얼음이 얼어 막히므로 이슬점을 0.5℃이하로 낮추지 않는다.

냉동식 에어 드라이어의 구조 예를 [그림 3-24]에 나타냈다.

이 방식은 냉매의 제어 방식에 모세관 튜브를 사용한 것으로, 입구에서 들어온 압축 공기는 공기 온도 평형기에서 제습된 찬 공기에 의해 예냉(豫冷)된 후 냉각실로 들어가 냉매(프레온 가스)에 의해 2~5℃부근까지 냉각되어 제습된다. 제습된 압축 공기는 다시

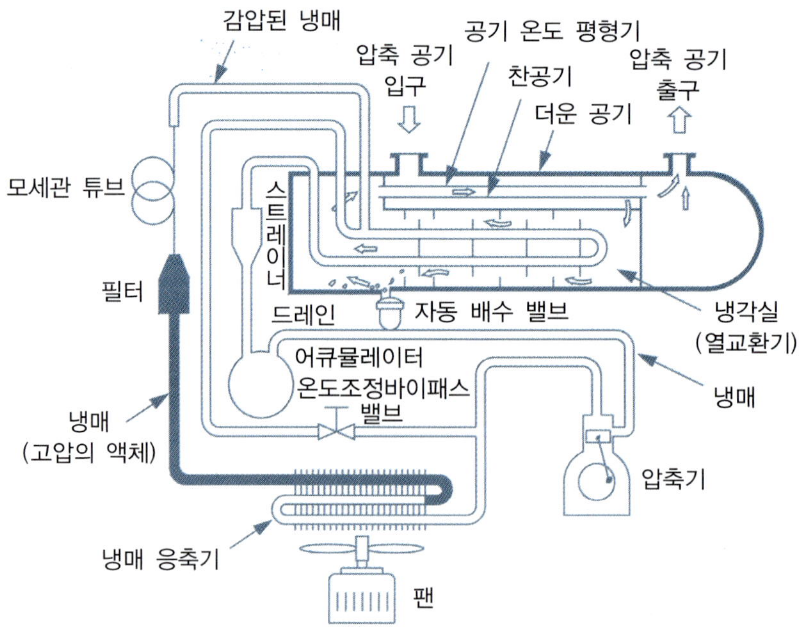

[그림 3-24] 냉동식 에어 드라이어

공기 온도 평형기로 되돌아가 입구에서 유입된 따뜻한 공기와 열교환을 하고 배관 내에서 이슬이 생기지 않을 정도의 건조한 공기가 되어 출구에서 배출된다. 제거된 수분은 자동 배수 밸브에서 드레인으로 배출된다.

2) 건조제식 에어 드라이어

건조제식 에어 드라이어 중 흡착식 건조기는 실리콘 디옥사이드(SiO_2)겔이나 활성 알루미나 등 고체 건조제를 개요 용기에 넣고 이 사이에 습공기를 통과시켜 물이나 증기를 흡착시켜 건조한다.

압축 공기 중의 수증기는 건조제의 미세한 구멍에 의한 모세현상에 의해 흡착되어 건조 공기가 된다. 이 에어 드라이어는 압축 공기 중의 수분을 대부분 제거할 수 있으며 압력 이슬점 0.5∼−100℃정도까지 얻을 수 있다. 그러나 이 건조제는 흡수 능력의 한계가 있어 포화 상태로 되면 건조 기능을 상실하지만 간단히 압축 공기 등으로 열을 가하면 재생할 수 있으므로 반영구적으로 사용할 수 있다.

재생 방법으로는 건조제가 들어 있는 용기 두 개를 평행으로 연결하여 한 개는 건조 과정으로 수분을 제거하고 다른 흡착기는 더운 공기를 보내 재생시킨다. 재생에 필요한 열에너지는 더운 압축 공기나 전류에 의한 가열기로부터 얻을 수 있다. 또한 건조식 에어 드라이어의 종류로서 압축 공기가 건조제를 통과할 때 물이나 증기가 건조제에 닿으면

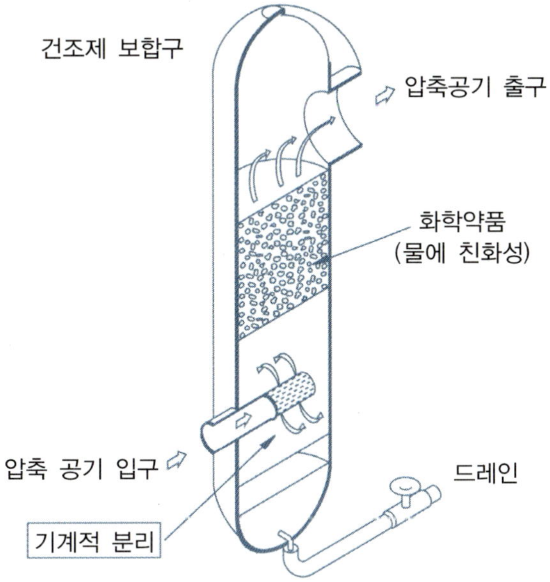

[그림 3-25] 건조제식 에어 드라이어

화합물이 형성되어 건조제와 물이 용해됨으로써 공기를 화학적 방법으로 건조하는 흡수식 건조기도 있다.

3) 에어 드라이어의 도면기호 표시법

KS B 0054에는 에어 드라이어에 대하여 다음과 같이 도면기호로 제정되어 있다.

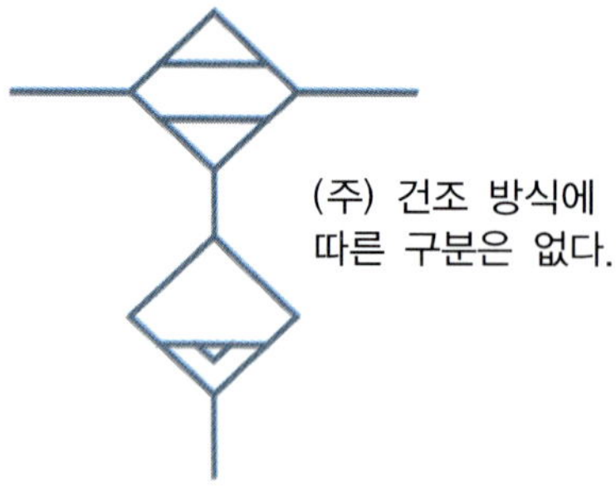

[그림 3-26] 에어 드라이어의 도면기호

03 압축 공기 조정기기

3-1 압력조절 밸브

압력조절 밸브는 공급 압력이나 작동압력을 일정하게 유지시키는 역할을 담당하는 밸브로 압력제어 밸브의 일종이다.

압력조절 밸브는 주로 회로의 전단에 설치되어 고압의 압축 공기를 일정한 공기압력으로 감압시켜 안정된 압축 공기를 공압 기기에 공급하는 목적으로 사용된다.

[그림 3-27]은 압력조절 밸브의 원리를 나타낸 것으로서, 교축 밸브에 의해 공기의 통로를 교축시켜 출구측의 공기량을 감소시킴으로서 압력을 떨어뜨리는 밸브로서, 압력을 낮추는 밸브이므로 감압 밸브라고 한다.

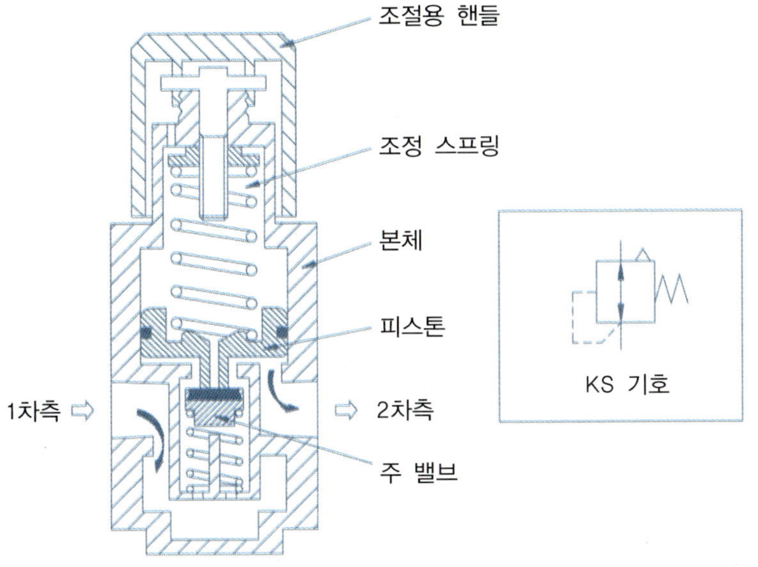

[그림 3-27] 압력조절 밸브의 원리

3-2 루브리케이터(Lubricator)

1) 루브리케이터의 기능

공압 실린더나 공압 모터 등의 액추에이터의 구동부나 밸브의 스풀 등 윤활을 필요로 하는 곳에 벤투리(venturi) 원리에 의해 미세한 윤활유를 분무 상태로 공기 흐름에 혼합하여 보내 윤활 작용을 하는 기기를 루브리케이터라 한다.

공압 기기에 윤활을 하면 상호 상대 운동을 하는 고체 마찰에 의한 마모를 방지하고 내구성을 향상시키며, 섭동 저항을 감소시켜 기기의 효율을 상승시킨다. 또한 실(seal)에 급유하여 실 재의 마모를 경감시켜 공기 누설을 방지하는 역할을 한다. 최근의 공압 실린더나 전자 밸브에는 오일 미스트(oil mist)에 의한 환경오염 방지 및 윤활유 절약의 목적으로 기기 내부에 그리스가 내장된 무급유식도 사용되고 있는데 이 경우도 급유하면 수명을 길게 할 수 있다.

2) 원리 및 구조

공압용 루브리케이터는 대부분 장시간 연속 가동하고 있으며 더욱이 공압이 작용하고 있는 부분에 급유하여야 하므로 일반 기계에 사용되는 윤활기와는 다른 구조로 되어 있다. 공압용 윤활기는 벤투리 원리를 이용한 것으로 그 대표적인 것이 [그림 3-28]과 같은 구조이다.

원리는 입구측에서 공기가 들어와 출구측으로 나갈 때 유로가 교축되어 있으므로 공기의 유속이 빨라지고 분무 노즐을 통하여 케이스 내의 압력이 강하된다. 이 압력 강하로 인하여 적하실과 유관이 진공 상태로 되고 용기 내의 윤활유를 흡입한다. 또한 입구측의 공기 압력이 체크 밸브를 통하여 케이스 내의 유면을 가압함에 따라 윤활유는 유관을 통해 흡입되고 조정 나사로 윤활유량이 조정되어 적하(適下)되고 기름 안개(wet fog) 상태가 되어 공압 기기에 보내진다. 윤활유의 적하량(適下量)은 차압에 비례하므로, 유량 변화에 따라 적하 유량이 변화된다. 그러므로 공기 유량이 적을 때는 조정 나사로써 유량(油量)이 많이 흐르도록 하고 공기 유량이 많을 때는 윤활유가 과다하게 많이 나오지 않도록 조정한다. 이 방식의 분무식 윤활기는 기름 안개 입자의 크기가 비교적 크며 그 대부분은 사용 공압 기기에 도달되기 전에 관로에 부착되기 쉽고 부착된 윤활유는 방향제어 밸브가 변환될 때마다 서서히 전진한다.

그 밖의 종류로는 2[μm] 이하의 미세한 기름입자(dry fog)로 분무되어 관벽에 그다지 부착되지 않는 선택식 윤활기가 있다. 또한 압축 공기의 통로와는 별도로 윤활 대상기기에 직접 피스톤 등으로 강제 분사, 급유하는 사출 급유식(射出給油式)도 있다.

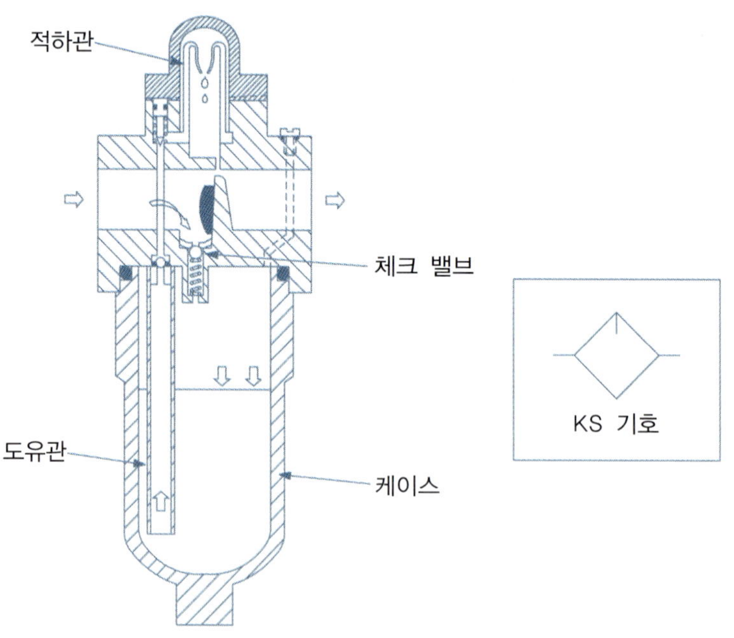

[그림 3-28] 루브리케이터의 구조원리

공압용 루브리케이터를 선정할 때 사용 목적이나 조건에 적합한 것을 선정하기 위해서는 공압용 루브리케이터의 유량 특성, 적하(適下) 최소 공기량, 응답시간, 사용 온도 및 케이스 파손에 대한 안정성 등을 고려하여야 한다.

3) 루브리케이터의 도면기호 표시법

KS B 0054에는 표 17에 루브리케이터의 도면기호에 대하여 다음과 같이 정의하고 있다.

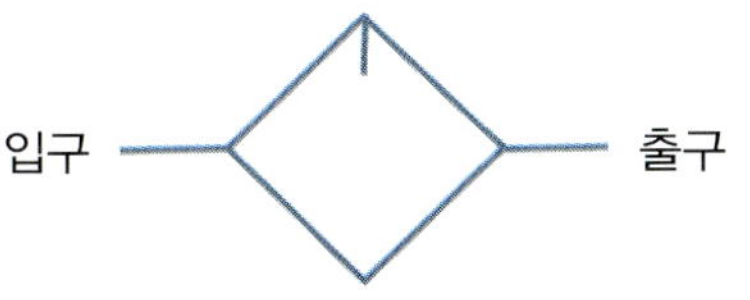

[그림 3-29] 루브리케이터의 도면기호

3-3 공압 조정 유닛(Service Unit)

공압 조정 유닛은 이상에서 서술한 공압 필터와 압력조절 밸브, 루브리케이터 등 세 가지 기기를 사용이 편리하도록 조합한 것이다.

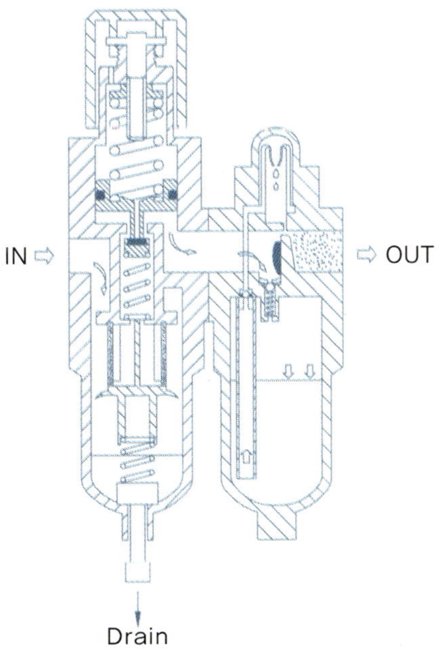

[그림 3-30] 공압 조정 유닛

이 공압 조정 유닛은 공압 시스템마다 배관 상류에 설치되어 공기의 질을 조정하는 기기로서 반드시 사용되는 것으로 KS기호에도 이 세 가지 요소가 조합된 기호로 제정되어 있으며 간략화된 기호도 있다.

[그림 3-30]은 공압 필터와 압력계 붙이 압력조절 밸브, 루브리케이터 등을 순서대로 조립한 공압 조정 유닛이다. 이 공압 조정 유닛은 시스템마다 거의 사용되고 있으며 기호는 간략 기호로 표시하는 경우가 많다. 또한 경우에 따라서는 회로도에 간략 기호마저 생략하는 경우도 있으나 반드시 사용된다는 것을 염두해 두어야 한다.

(1) 공압 조정 유닛의 도면기호

KS B 0054 표 17에 정의된 공압 조정 유닛의 도면기호는 다음과 같다.

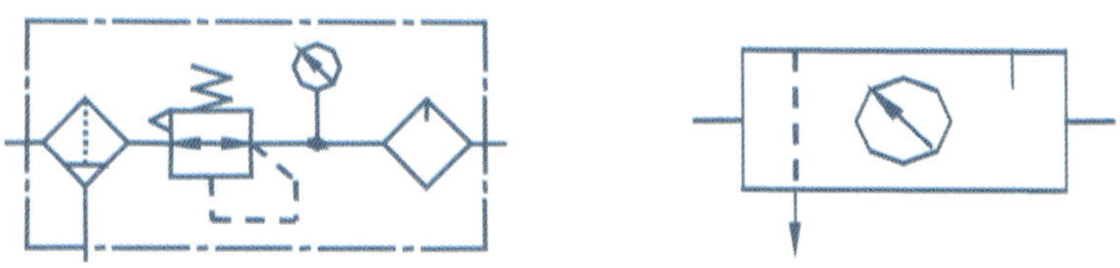

(a) 상세기호

(수직 화살표는 배출기를 나타냄)
(b) 간략기호

[그림 3-31] 공압 조정 유닛의 도면기호

(2) 기호 설명

① 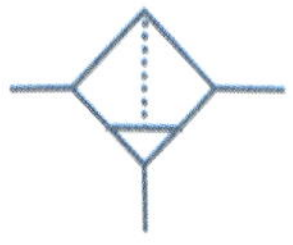 : 드레인 배출기 붙이 공압 필터(수동 배출)

② 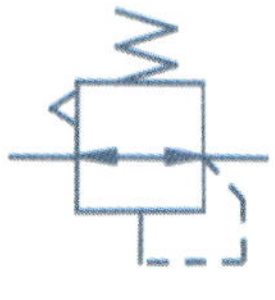 : 감압 밸브

③  : 압력계

④ 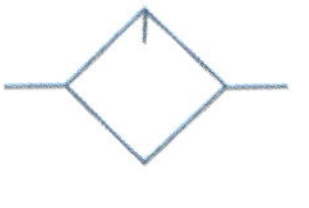 : 루브리케이터

⑤ 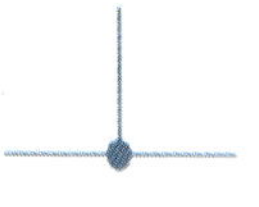 : 관로의 접속을 나타냄

CHAPTER 04

공압 액추에이터

액추에이터란 에너지를 사용하여 기계적인 일을 하는 기구를 말하는 것으로, 공압 액추에이터는 압축 공기의 압력 에너지를 기계적인 에너지로 변환하여 직선운동, 회전운동 등의 기계적인 일을 하는 기기로서 구동 기기라고도 한다.

공압 액추에이터에는 피스톤 로드가 직선 운동을 하는 공압 실린더와 피스톤 로드가 없이 피스톤의 움직임을 실린더 튜브 외부로 절단시켜 직선운동을 하는 로드리스 실린더, 샤프트가 연속적으로 회전운동을 하는 공압 모터와 샤프트가 한정된 각도 내에서만 회전운동을 하는 요동형 액추에이터, 실린더에 메커니즘을 연동시켜 워크를 잡거나 끼우는 핸드, 척, 진공압에 의해 워크를 흡착하는 흡착 패드, 공압 브레이크, 공압 클러치 등이 있으며, 이들은 자동화, 성력화에 폭넓게 사용하고 있다.

01 공압 실린더

공압 실린더는 자동화의 직선운동 기기 중 가장 많이 사용되는 기기로, 매우 기본적인 것부터 사용 목적에 따른 특수한 구조의 제품까지 다양하게 제작되고 있으며 그 중에서도 피스톤 형식의 복동실린더가 가장 많이 사용되고 있다.

1-1 공압 실린더의 기본구조

[그림 4-1]은 일반적인 공압 복동실린더의 구조를 나타낸 것으로, 주요 구성은 실린더

튜브, 피스톤, 피스톤 로드, 헤드 커버, 로드 커버, 체결 로드 등으로 구성되어 있다. 대부분의 공압 실린더는 이 기본 구성요소를 사용 목적에 따라 바꾸거나 또는 다른 기능을 부가해서 여러 가지 종류의 실린더를 만드는 것이다.

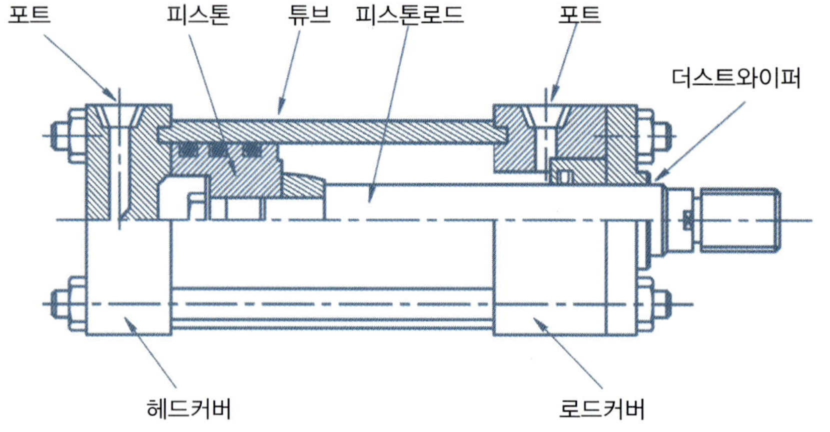

[그림 4-1] 복동실린더의 구조

1) 실린더 튜브

실린더의 외곽을 이루는 부분으로서 피스톤의 움직임을 안내하기 때문에 피스톤의 미끄럼 운동 및 내압이 걸리므로 내압성과 내마모성이 요구된다.

이와 같은 기계적 성능을 높이기 위해 튜브에는 20[μm]정도의 경질 크롬도금하고 그 표면을 1.6S 이하의 표면 거칠기로 다듬질한다.

재질로는 고력 알루미늄관, 기계구조용 압연강관, 황동관 등이 일반적으로 사용되어 왔으나, 최근에는 소형 실린더에 스테인리스관 또는 플라스틱 튜브도 사용된다.

2) 피스톤

피스톤은 공기 압력을 받는 실린더 튜브 내에서 미끄럼 운동을 하며 때로는 고속으로 헤드 커버에 충돌하기도 한다. 그러므로 피스톤은 충분한 강도와 내마모성이 요구된다. 피스톤 외주에는 피스톤과 튜브 사이에 누설을 방지하기 위해 패킹이 조립된다. 재질로는 부하의 정도에 따라 강, 회주철, 알루미늄 합금 등이 사용된다.

3) 피스톤 로드

피스톤과 연결되어 피스톤의 출력을 외부에 전하는 로드이다. 피스톤 로드는 작용하는 부하에 따라 인장, 압축, 굽힘, 진동 등의 하중에 견딜 수 있는 충분한 강도와 내마모성이 요구된다.

재질로는 S 45C 정도의 기계구조용 탄소강에 내식성, 내마모성을 향상시키기 위해 경질 크롬 도금한 것이 많다. 특수한 용도로는 스테인리스계를 사용하는 경우도 있다.

4) 헤드 커버, 로드 커버

실린더 튜브의 양 끝에 설치되어 피스톤의 행정거리를 결정한다. 급배기 포트, 피스톤 로드 부싱, 쿠션 기구 등을 내장하는 부품으로써 재질은 부하에 따라 아연, 주철, 알루미늄 합금, 합금강 등이 사용된다.

1-2 공압 실린더의 분류

공압 실린더는 작동 형식에 따라 크게 단동식(單動式) 실린더와 복동식(複動式) 실린더로 구분되며, 그 밖에도 로드의 형식, 쿠션 기구 및 급유의 유무, 설치방법에 따라 여러 종류의 실린더가 있다.

1) 피스톤 형식에 따른 분류

공압 실린더는 피스톤 형식에 따라 피스톤형, 램형, 비피스톤형 등으로 분류되며 피스톤형은 일반적인 공압 실린더와 같이 피스톤과 피스톤 로드를 갖춘 구조이다.

램형은 피스톤 직경과 로드 직경의 차가 없는 가동부를 갖는 구조로서 복귀는 자중이나 외력에 의해 이루어지며 공압용으로는 별로 사용되지 않는다.

비피스톤형은 가동부에 다이어프램이나 벨로즈를 사용한 형식으로, 이 실린더는 미끄럼 저항이 적고 최저 작동 압력이 약 0.1[kgf/cm^2]정도로 낮은 압력에서 고감도가 요구되는 곳에 사용된다.

2) 작동 형식에 따른 분류

작동 형식에 따라서는 단동실린더, 복동실린더, 차동실린더로 분류되며, 단동실린더는 한 방향 운동에만 공압이 사용되고 반대 방향의 운동은 스프링이나 자중 또는 외력으로 복귀된다.

[표 4-1] 공압 실린더의 종류

분류		기호	기능
피스톤 형식	피스톤형	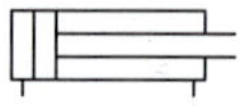	가장 일반적인 실린더로 단동, 복동 차동형이 있다.
	램형	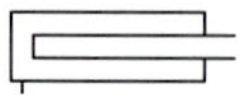	피스톤경과 로드경 차가 없는 가동 부분을 갖는 실린더
	다이어프램형	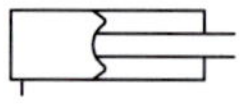	수압 가동 부분에 다이어프램을 사용한 실린더
작동형식	단동형	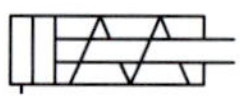	공압을 피스톤 한쪽에만 공급할 수 있는 실린더
	복동형	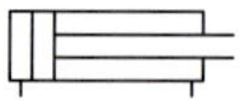	공압을 피스톤 양쪽에 공급할 수 있는 실린더
	차동형	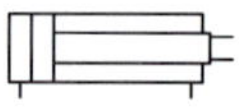	피스톤과 피스톤 로드 환상 면적이 회로 기능상 중요한 실린더
피스톤로드 형식	편로드	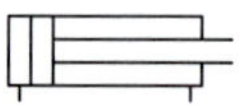	피스톤 한쪽만 피스톤 로드가 있는 실린더
	양로드		피스톤 양쪽에 피스톤 로드가 있는 실린더
쿠션의 유무	쿠션없음		쿠션 장치가 없는 실린더
	한쪽 쿠션	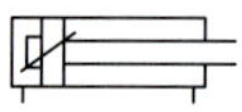	한쪽에만 쿠션 장치가 있는 실린더
	양쪽 쿠션	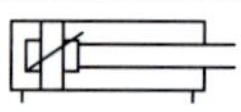	양쪽 모두 쿠션 장치가 있는 실린더
복합 실린더	텔레스코프형	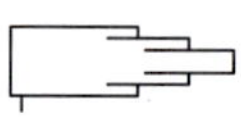	긴 행정을 지탱할 수 있는 다단 튜브형 로드를 갖춘 실린더
	탠덤형	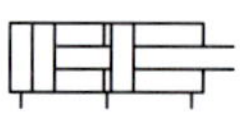	꼬치 모양으로 연결된 복수의 피스톤을 갖춘 실린더
	다위치형	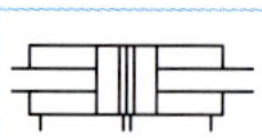	복수의 실린더를 직결하여 몇 군데의 위치를 결정하는 실린더
위치결정형식	2위치형	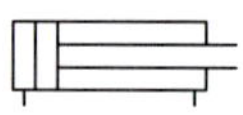	전진단, 후진단의 2위치의 일반 실린더
	다위치형		브레이크로 임의의 위치에서 정지시킬 수 있는 실린더
	브레이크 붙이	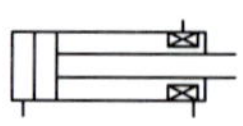	복수의 실린더를 직결, 몇 군데 위치를 결정하는 실린더

3) 장착 형식에 따른 분류

공압 실린더의 장착 형식은 크게 고정형과 요동형으로 나누어지며, 실린더를 기계나 장치에 부착하는 방법에 따라 결정된다.

고정형은 실린더 본체를 고정하고 로드를 통하여 부하를 움직이는 형식으로 KS규격에서는 푸트형(LB), 플랜지형(FA, FB)이 있다.

요동형은 부하의 움직임에 따라 실린더 본체가 요동하는 형식으로 크레비스형(CB), 또

[표 4-2] 공압 실린더의 장착 형식에 따른 분류

부하의 운동방향		장착 형식		구조 예	비 고
고정	부하가 직선운동을 한다.	푸트형	축방향 푸트형 (外側)	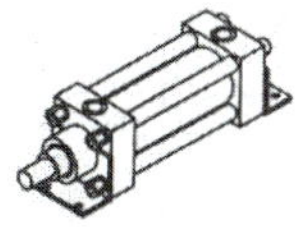	가장 일반적이고 간단한 설치 방법으로 주로 경부하용이다
			축방향 푸트형 (內側)	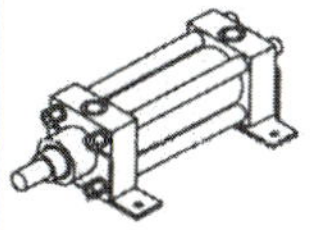	
		플랜지형	로드측 플랜지형	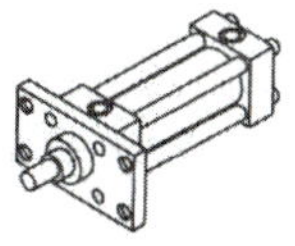	가장 견고한 설치 방법이다. 부하의 운동방향과 축심을 일치시켜야 한다.
			헤드측 플랜지	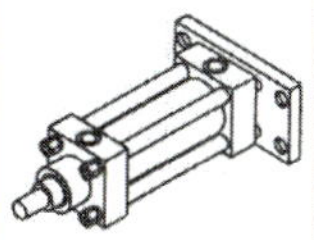	
요동	부하가 평면내에 서 요동하거나 요동할 가능성이 있는 경우는 직선운동을 할 때라도 사용한다.	크레비스형	1산 크레비스형	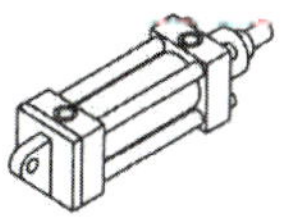	부하의 요동방향과 실린더의 요동방향을 일치시켜 피스톤 로드에 횡하중이 걸리지 않도록 한다. 요동 운동하므로 실린더가 다른 부분에 접촉되지 않도록 한다.
			2산 크레비스형	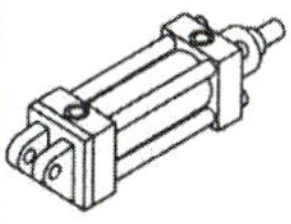	
		트러니언형	로드축 트러니언형	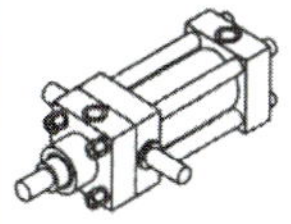	
			중간 트러니언형	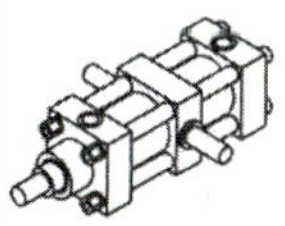	

는 트러니언형(TC)이 있으며 로드 선단에 너클을 사용하는 경우가 많다.

[표 4-2]는 부하의 운동형식에 따른 실린더의 장착 기준을 나타낸 것이다.

1-3 공압 실린더의 종류

1) 단동실린더(Single acting cylinder)

단동실린더는 한 방향의 운동에만 압축 공기를 사용하고 반대방향의 운동에는 스프링이나 피스톤 및 로드의 자중 또는 외력에 의해 복귀시킨다.

[그림 4-2]는 복귀운동용 스프링이 내장된 단동실린더로서 이와 같은 실린더는 스프링 때문에 행정거리가 제한되는데 보통 150[mm] 정도가 최대 행정 길이이다.

주요 용도로는 클램핑, 프레싱, 이젝팅 등의 용도에 사용된다.

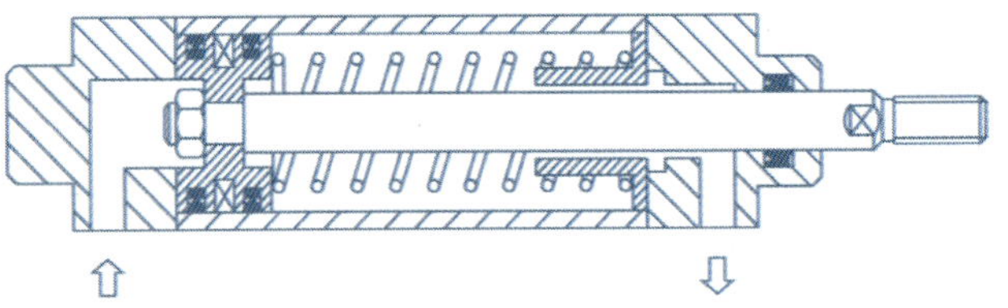

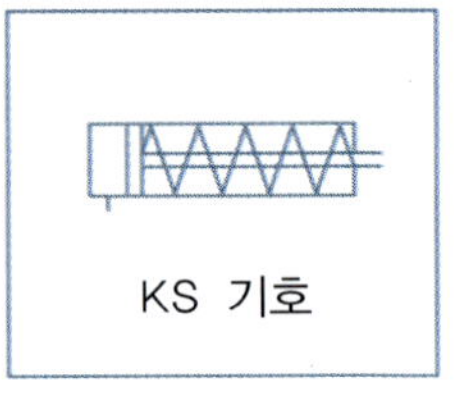

[그림 4-2] 단동실린더

2) 복동실린더(Double acting cylinder)

복동실린더는 압축 공기를 양측에 번갈아가며 공급하여 피스톤을 전진운동시키거나 또는 후진운동을 시키는 실린더이다. 따라서 전진운동시나 후진운동시 모두 일을 할 수 있다. 일반적인 복동실린더의 구조도를 [그림 4-3]에 나타냈다.

실린더의 운동속도가 빠르거나, 실린더로 무거운 물체를 움직일 때에는 관성으로 인한 충격으로 실린더가 손상을 입게 된다. 이와 같은 것을 방지하기 위한 것이 [그림 4-4]에

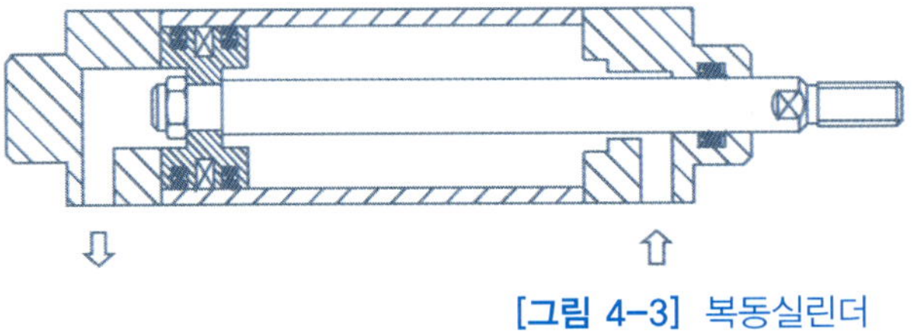

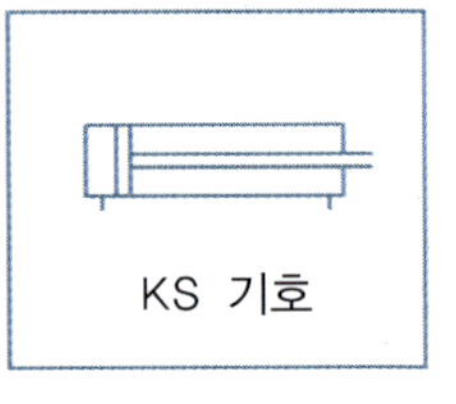

[그림 4-3] 복동실린더

나타낸 쿠션붙이 실린더로, 피스톤 끝 부분에 쿠션기구를 장착한 실린더가 있다.

원리는 피스톤이 헤드 커버나 로드 커버에 닿기 전에 쿠션링이 공기의 배출통로를 차단하여 공기는 교축된 좁은 통로를 통해 빠져 나가므로 배압이 형성되어 실린더의 속도가 끝단에서 감소하게 된다.

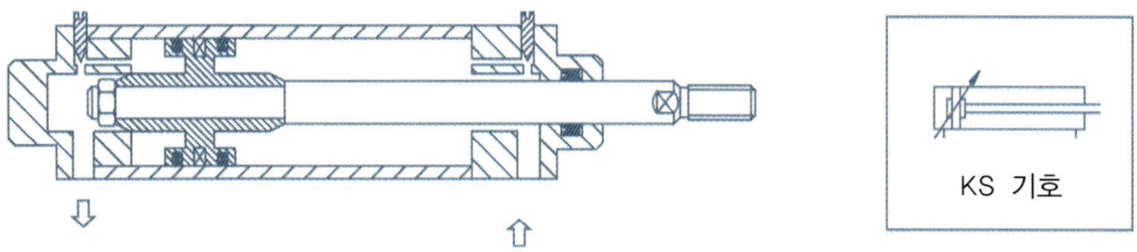

[그림 4-4] 쿠션 붙이 복동실린더

3) 양로드 실린더(Double rod cylinder)

[그림 4-5]는 피스톤 로드가 양쪽에 있는 양로드형 실린더로 피스톤 로드를 잡아주는 베어링이 양쪽에 있어 왕복운동이 원활하며, 로드에 걸리는 횡하중에도 어느 정도 견딜 수 있다. 또한 운동 부분에 리밋스위치 등 검출용 기구를 설치할 수 없는 곳에서는 작업을 하지 않는 반대 측에 설치할 수 있고, 실린더가 전진시와 후진시 낼 수 있는 힘이 같다는 이점이 있는 실린더이다.

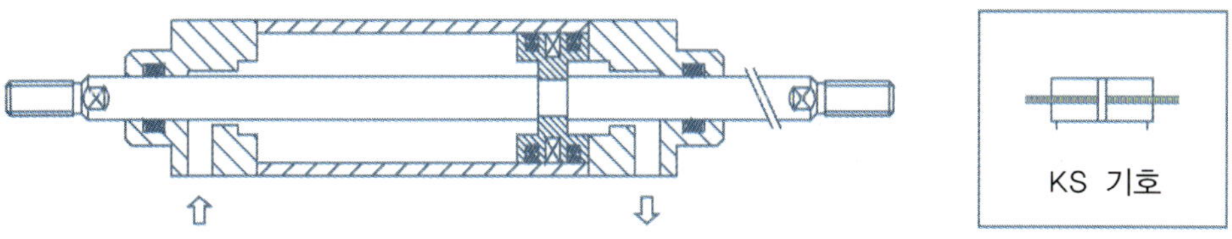

[그림 4-5] 양로드 실린더

4) 탠덤 실린더(Tendam cylinder)

두 개의 복동실린더가 서로 나란히 연결된 복수의 피스톤을 갖는 공압 실린더를 탠덤 실린더라 한다. 이 실린더의 구조를 [그림 4-6]에 나타낸 바와 같이 두 개의 피스톤에 압축 공기가 공급되기 때문에 피스톤 로드가 낼 수 있는 출력은 2배가 된다.

탠덤 실린더는 공압 실린더가 사용압력이 낮아 출력이 작기 때문에 실린더의 직경은 한정되고 큰 힘을 필요로 하는 곳에 사용된다.

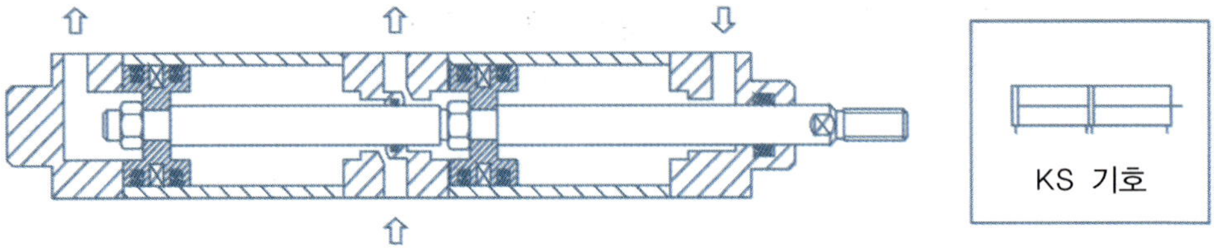

[그림 4-6] 탠덤형 실린더

5) 다위치형 실린더

2개 이상의 복동실린더를 동일 축선상에 연결하고 각각의 실린더를 독립적으로 제어함에 따라 몇 개의 위치를 제어하는 것으로 위치 정밀도가 비교적 높게 제어할 수 있다. 다위치형 실린더의 구조를 [그림 4-7]에 그 원리를 [그림 4-8]에 나타냈다.

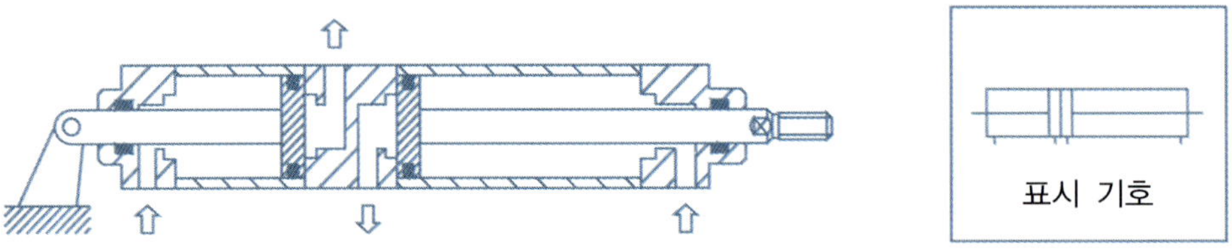

[그림 4-7] 다위치형 실린더

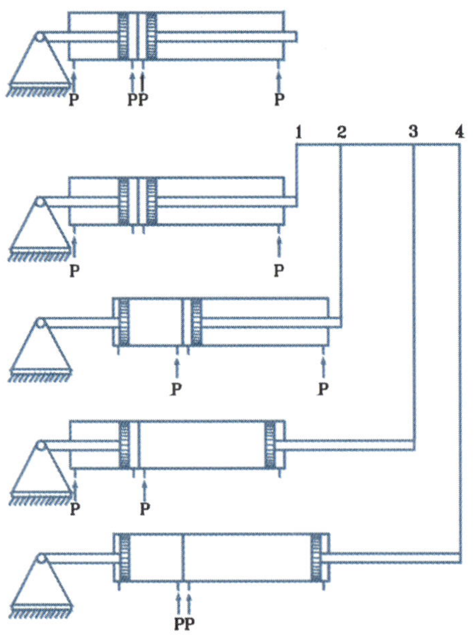

[그림 4-8] 다위치형 실린더의 위치제어 원리

6) 로드레스 실린더(Rodless cylinder)

공압 실린더에는 피스톤 로드가 없는 형식도 있다. 로드가 없는 실린더라 해서 로드레스 실린더라 하는 이 실린더는 일반 공압 실린더가 피스톤 로드에 의한 출력방식과는 달리 피스톤의 움직임을 요크나 마그넷, 체인 등을 통하여 행정길이 범위 내에서 테이블을 직선 운동시켜 일을 하는 것이다. 따라서 로드레스 실린더를 사용하면 설치면적이 극소화되는 장점이 있으며, 전진시와 후진시의 피스톤 단면적이 같아 중간 정지특성이 양호하다는 이점도 있다.

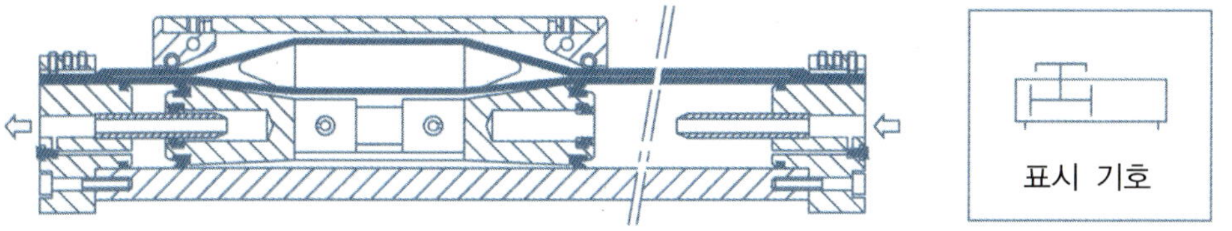

[그림 4-9] 로드레스 실린더(슬릿 튜브식)

7) 기타 실린더

공압 실린더에는 위에 설명한 종류 외에도 가변 행정 실린더나, 슬라이드 실린더, 유압 기구와 조합한 하이드로 체커(Hidro checker), 차동형 실린더, 충격 실린더, 텔레스코프 실린더 등이 있다.

또한 각종 요소와 조합하여 사용상의 편리를 추구한 것으로 전자 밸브 붙이 실린더, 스피드 컨트롤러 내장형 실린더, 브레이크 붙이 실린더, 프리 마운트 실린더 등이 있다.

[그림 4-10]은 슬라이드 실린더의 구조도로 원활한 작동으로 높은 위치정도가 요구되는 조립 로봇의 워크 이송용 등에 적합한 실린더이다.

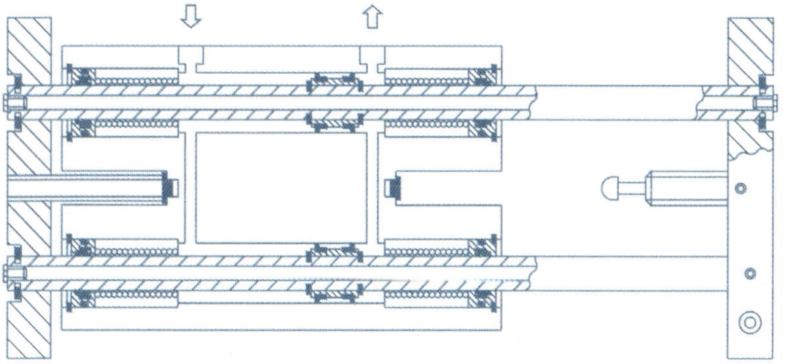

[그림 4-10] 슬라이드 실린더

8) 공압 실린더의 도면기호 표시법

KS B 0054 표 8에는 공압 실린더 대한 도면기호가 다음과 같이 정의되어 있다.

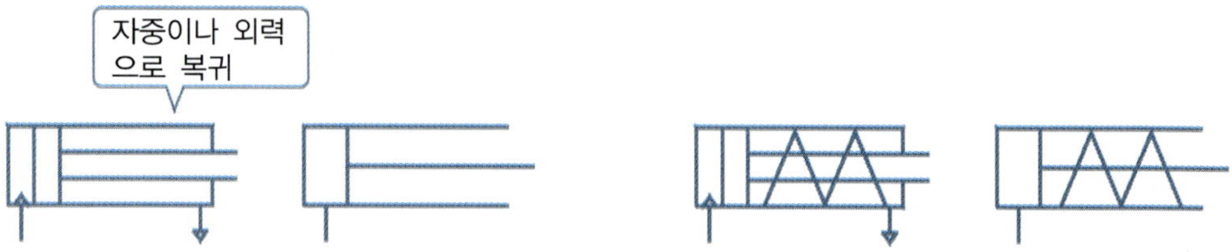

(a) 상세 기호 (b) 간략 기호
(가) 스프링 없음

(a) 상세 기호 (b) 간략 기호
(나) 스프링 붙이

[그림 4-11] 단동실린더의 도면기호

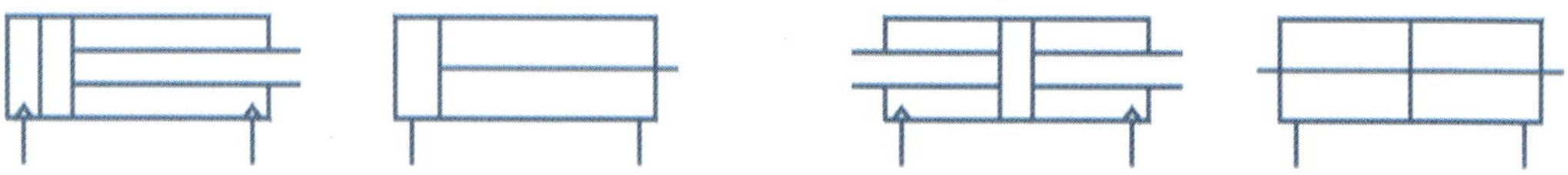

(a) 상세 기호 (b) 간략 기호
(가) 편로드형

(a) 상세 기호 (b) 간략 기호
(나) 양로드형

[그림 4-12] 복동실린더의 도면기호

(a) 상세 기호 (b) 간략 기호

[그림 4-13] 쿠션 붙이 복동실린더의 도면기호

1-4 공압 실린더의 작동 특성

1) 사용공기 압력 범위

KS에서는 압력 범위를 1[kgf/cm^2]부터 7[kgf/cm^2]으로 규정하고 있지만 시판되고 있는 대부분의 실린더는 2[kgf/cm^2]에서 10[kgf/cm^2] 미만으로 되어 있다. 최저 사용 공기 압력은 패킹의 섭동 저항으로 결정한다.

공압 실린더를 수평으로 설치하였을 때는 1[kgf/cm^2] 이하로 작동하는 것이 대부분이지만 피스톤 로드의 선단에 하중이 가해질 때는 2[kgf/cm^2] 이상으로 작동한다.

최고 사용 공기 압력범위는 안전면에서 결정되고, 공압 실린더의 내압력은 최고 사용 압력의 1.5배 정도이다.

2) 사용 주위 온도

규격으로는 5~60℃ 정도로 규정되어 있다. 최저 온도가 5℃로 되어 있는 것은 사용 공기 중에 포함한 수분이 작동에 영향을 주기 때문이다. 또한 최고 온도가 60℃로 되어 있는 것은 이 온도를 초과하면 패킹의 종류와 윤활유 등에 관하여 특별한 고려를 하여야 되기 때문이다. 대부분의 공압 실린더는 패킹으로 질화고무를 사용하고 있으며 질화고무의 사용 온도는 120℃ 정도까지 사용할 수 있지만 공압 실린더의 경우에는 실린더 내를 왕복할 때의 미끄럼 마찰에 의해 발열이 국부적으로 발생되므로 약 70℃가 최고 사용 온도로 되어 있다.

3) 실린더의 출력

공압 실린더의 출력은 실린더의 튜브 내경과 피스톤 로드의 외경 및 사용 공기 압력으로 결정된다. 실제의 실린더 출력은 패킹의 미끄럼 마찰 저항, 미끄럼 면의 거칠기에 따른 윤활 상태, 공압 실린더가 작동하고 있을 때의 실린더 내부 압력, 부하의 동적 조건에 따라 변하지만, 일단 간단하게 공압 실린더의 효율적 면으로 생각하므로 실린더의 추력(推力)계수가 사용되고 있다.

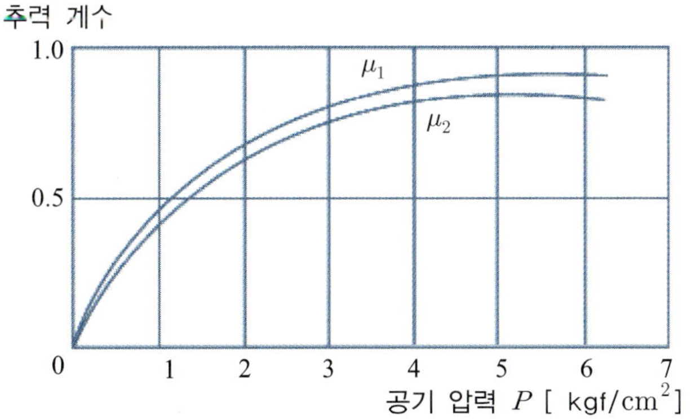

[그림 4-14] 실린더의 추력 계수의 경향

그러나 실린더의 추력 계수는 실린더 튜브 내경에 의해서 변한다. 특히 실린더 튜브 내경이 30[mm] 이하의 것은 값이 커지므로 주의한다. 실린더 출력은 다음 식으로 계산한다.

$$F_1 = \frac{\pi}{4} D^2 P \mu_1$$

$$F_2 = \frac{\pi}{4} (D^2 - d^2) P \mu_2$$

여기서 F_1 : 전진시의 실린더 출력[kgf]

F_2 : 후진시의 실린더 출력[kgf]

D : 실린더 튜브 내경[cm]

P : 사용 공기 압력[kgf/cm^2]

μ : 실린더의 추력 계수[μ_1 : 전진시의 값, μ_2 : 후진시의 값]

d : 로드의 직경[cm]

위 식은 복동실린더의 계산 예이고 단동실린더는 내장된 스프링력을 제외한 값으로 계산하여야 한다.

4) 사용속도

KS 규격에서 공압 실린더의 사용속도는 50~500[mm/s] 범위 내로 사용속도가 규정되어 있다. 이것은 최저 속도를 50[mm/s]로 하면 스틱 슬립(Stick slip) 현상이 일어나지 않으나 그 이하로는 곤란하기 때문이다.

5) 실린더의 행정거리(Stroke)

공압 실린더의 사용 가능한 최대 스트로크는 설치방법, 피스톤 로드 직경, 피스톤 로드 끝에 걸리는 부하의 종류, 가이드의 유무 및 부하의 운동방향 조건 등에 의해 결정된다. 피스톤 로드에 축방향 압축 하중이 걸릴 경우는 피스톤 로드 길이가 지름의 10배 이상이 되면 좌굴이 일어나므로 좌굴 강도 계산을 고려해야 한다.

02 공압 모터

공압 모터는 압축 공기 에너지를 기계적 회전 에너지로 변환하는 액추에이터를 말하며 정회전, 정지, 역회전 등은 방향제어 밸브에 의해 제어된다. 공압 모터는 오래 전부터 광산, 화학 공장, 선박 등 폭발성 가스가 존재하는 곳에 전동기 대신 사용되어 왔으며, 특히 최근에는 저속 고토크 모터, 가변 속도 모터 등의 출현으로 방폭이 요구되는 장소 이외에 호이스트, 컨베이어, 교반기 등 일반 산업기계에도 널리 사용된다.

2-1 공압 모터의 종류

공압 모터는 구조원리에 따라 베인식, 피스톤식, 기어식, 터빈식 등의 공압 모터가 있으나 산업용에는 베인식 모터가 주로 사용되고 터빈식은 치과용 의료기기에 많이 쓰인다.

베인식 모터의 구조를 [그림 4-15]에 나타냈으며, 베인식은 구조가 간단하고 무게가 가볍기 때문에 많이 사용된다. 작동원리는 베인 압축기의 반대로 케이싱 안쪽으로 베어링이 있고 그 안에 편심 로터가 있다. 이 로터에 가공되어 있는 슬롯에 3~10개의 베인이 삽입되어 있다.

압축 공기에 의해 베인이 회전하게 되면 원심력에 의하여 케이싱 내벽 쪽으로 힘이 작용되어 각 공간을 밀폐시킨다. 또한 모터가 회전하기 전에도 적은 양의 공기만으로 베인이 내벽에 밀착되므로 실 효과가 있으며 슬롯에 스프링을 넣어 밀봉효과를 높인 구조도 있다.

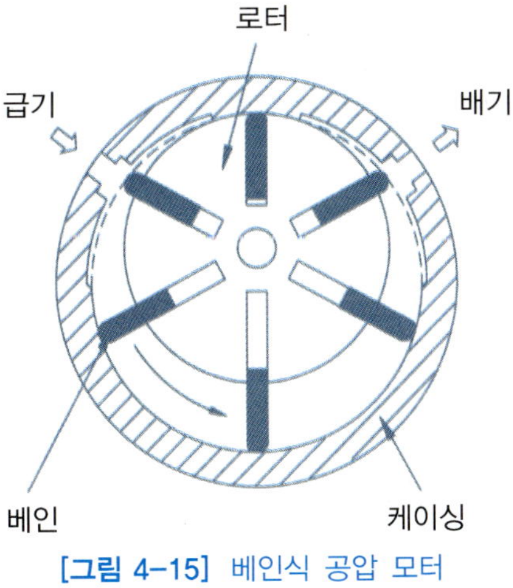

[그림 4-15] 베인식 공압 모터

베인식 공압 모터의 출력은 0.075~7.5[kW] 정도이며 회전수는 무부하 상태에서 3000~15000[rpm] 정도이다. 최대 출력은 감속기를 붙이지 않은 경우는 무부하 상태의 50[%] 정도의 회전수이다.

2-2 공압 모터의 특징

공압 모터의 특징은 종류나 구조에 따라 약간의 차이는 있지만 일반적인 특징은 다음과 같다.

① 공압 모터는 전동기와 비교할 때 시동·정지가 원활하며 출력/중량비가 크다.
② 공기의 압축성 때문에 회전속도는 부하의 영향을 쉽게 받으나 과부하에 대해 안전하다.
③ 폭발성 분위기 속에서도 안전하게 사용할 수 있다.
④ 속도제어와 정·역회전의 변환이 간단하다.
⑤ 사용 주위 온도, 습도 등의 분위기에 대하여 전동기만큼 큰 제한을 받지 않는다.
⑥ 공압 모터의 자체 발열이 적다. 또한 각 섭동부의 마찰열은 압축 공기의 단열팽창으로 냉각된다.
⑦ 압축 공기 이외에 질소가스, 탄산가스 등도 사용할 수 있다.
⑧ 공기 탱크를 설치하면 정전시라도 단시간 동안은 비상운전이 가능하다.

2-3 공압 모터의 도면기호 표시법

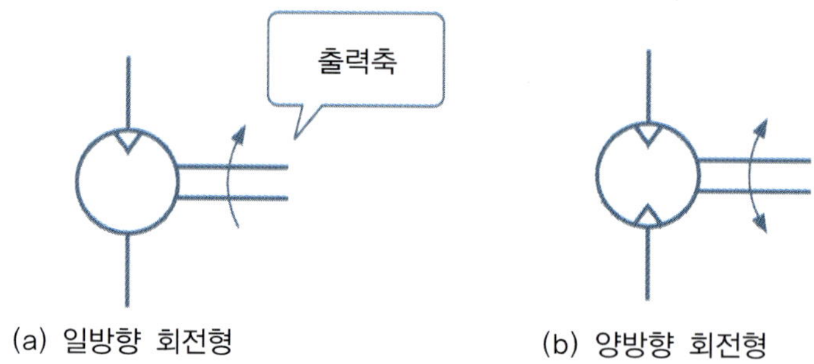

[그림 4-16] 공압 모터의 도면기호

03 공압 요동형 액추에이터

공압 요동형 액추에이터는 출력축의 회전각도가 제한되어 있는 공압 모터와 같으며 압축 공기 에너지를 기계적인 회전운동 에너지로 변환하여 일정각도 사이를 왕복 회전시키는 것으로 볼 밸브의 자동개폐, 자동문의 개폐, 노의 반전장치, 인덱스 테이블의 구동 등에 이용되고 있다.

3-1 공압 요동형 액추에이터의 종류와 구조

요동형 액추에이터에는 공압 모터와 같은 구조인 베인식과 피스톤의 직선운동을 기계적인 나사나 기어 등을 이용하여 회전운동으로 변환시켜 토크를 얻는 피스톤식으로 크게 나누어진다.

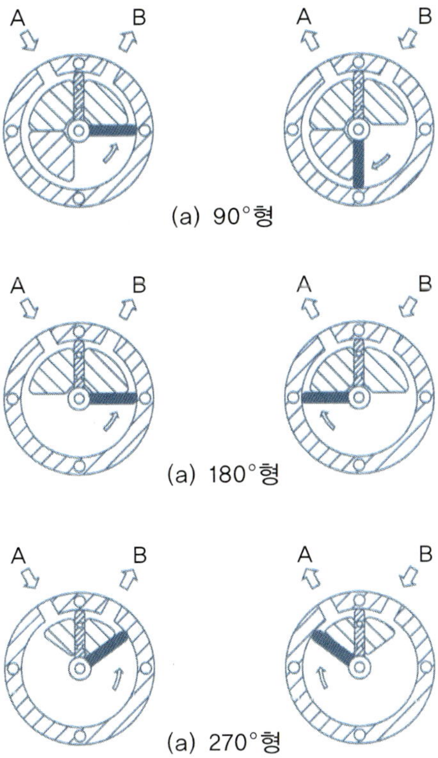

[그림 4-17] 베인식 요동형 액추에이터

[그림 4-17]은 베인식 요동형 액추에이터로 요동각도는 90°, 180°, 270° 등이 표준이다.

피스톤식 요동형 액추에이터에는 랙 피니언식, 나사식, 크랭크식, 요크식 등으로 분류되며 이 중 가장 많이 이용되고 있는 랙 피니언식 요동형 액추에이터의 구조를 [그림 4-18]에 나타냈다.

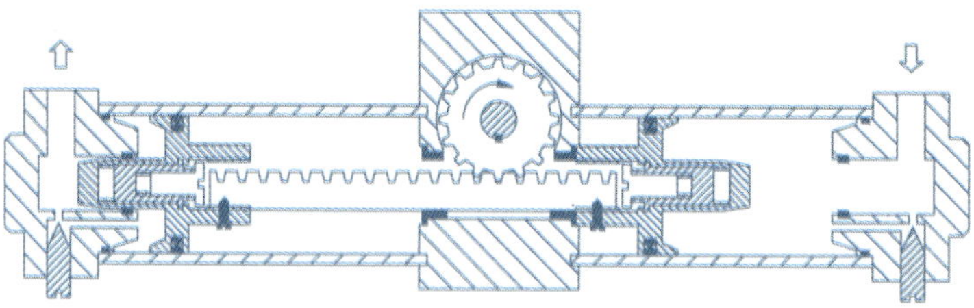

[그림 4-18] 랙 피니언식 요동형 액추에이터

3-2 요동형 액추에이터의 도면기호 표시법

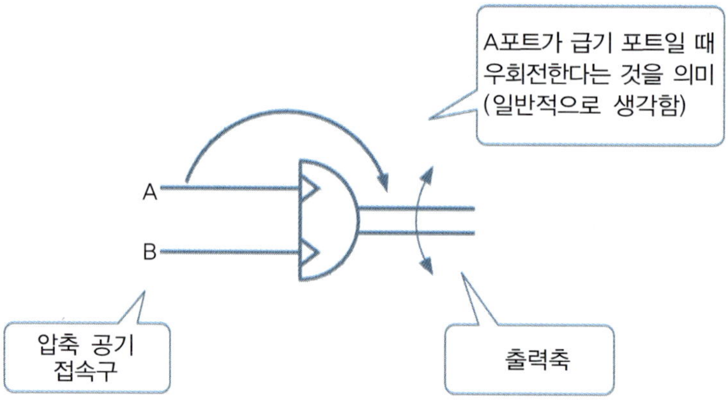

[그림 4-19] 요동형 액추에이터의 도면기호

CHAPTER 05

공압 밸브

공기 압축기에서 압축된 압축 공기는 배관을 통해 공압 액추에이터에 전달되어 소정의 목적이나 조건에 맞는 기계적 운동을 한다. 이 때 액추에이터가 목적이나 조건에 맞는 일을 하기 위해서는 압축 공기의 압력을 제어하고 유량을 제어하며, 흐름의 방향을 변환시키는 등의 조작이 필요하다. 이러한 목적을 위해 사용되는 기기가 밸브이다. 공압 밸브는 그 작동 목적에 따라 압력제어 밸브, 유량제어 밸브 및 방향제어 밸브로 분류되며 어느 것이나 공압회로의 구성에 필요한 요소이다. 이들 밸브는 여러 가지 특성과 조합되어 다양한 기능을 만들어 내기 때문에 그 종류도 매우 많다.

01 압력제어 밸브

1-1 압력제어 밸브의 기능과 종류

컴프레서에서 공기 탱크를 경유하여 시스템으로 보내지는 압축 공기는 시스템 사용 압력보다 조금 높게 설정되는 것이 보통이다. 그 이유는 시스템에 사용되는 공압을 안정화시키기 위한 것으로 시스템 전단에서 감압시킨 후 사용한다. 만일 컴프레서의 압력을 감압하지 않고 그대로 액추에이터에 이용한다면 작동이 고르지 않고 충격이 발생되기도 하며, 필요 이상의 힘이 출력되어 여러 가지 트러블이 발생되거나 수명을 단축시키게 된다.

또한 액추에이터의 사용빈도가 지나치게 과다하면 공압이 저하되거나 또는 이상한 상승이 일어나기도 한다. 어떠한 경우든 공압의 변동은 파워(액추에이터의 출력)의 변동으로 나타나므로 사용 공압을 평균화시킬 필요가 있고, 이와 같은 용도에 사용되는 밸브를 총칭하여 압력제어 밸브라고 한다. 이 압력제어 밸브의 종류에는 압력조절 밸브(감압 밸브), 릴리프 밸브 및 시퀀스 밸브 등이 있다.

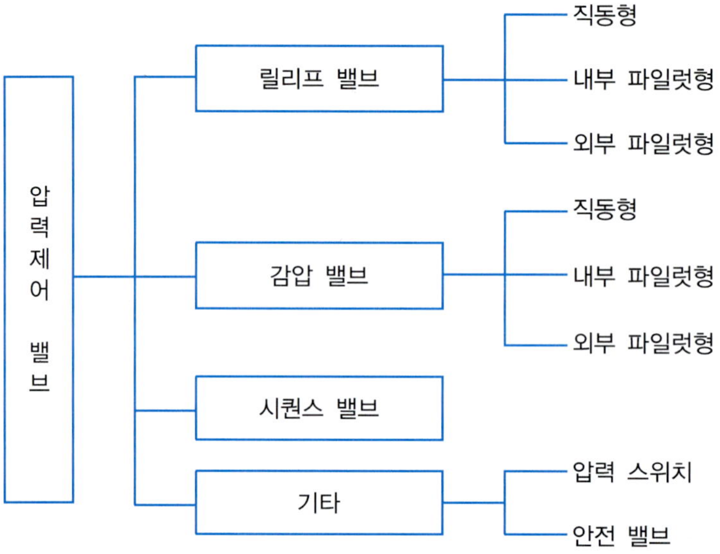

[그림 5-1] 압력제어 밸브의 종류

1-2 릴리프 밸브

릴리프 밸브의 기능은 회로 내의 공기 압력이 설정치를 초과할 때 여분의 공기를 배기시켜 회로 내의 공기 압력을 설정치 내로 일정하게 유지시키는 역할을 한다. 장치나 작업자를 보호하는 안전 밸브와 기능은 같으나 사용 용도에 따라 호칭과 구조가 다를 뿐이다.

[그림 5-2]는 직동형 릴리프 밸브의 구조를 나타낸 것이다.

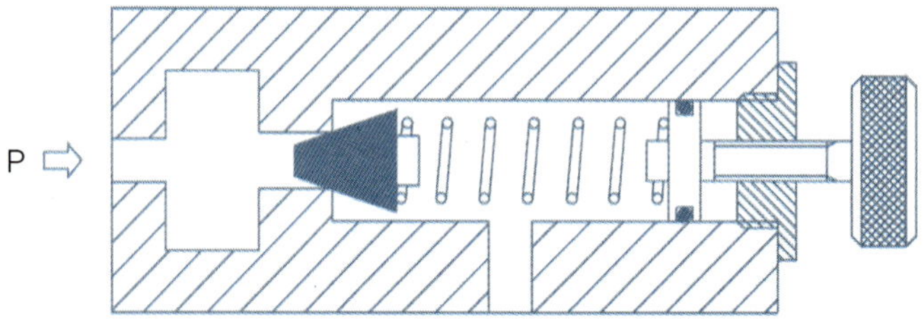

[그림 5-2] 직동형 릴리프 밸브

1-3 감압 밸브

감압 밸브는 압력제어 밸브 중에서 가장 중요한 기능을 가진 밸브이며, 흔히 압력조절 밸브라 부른다. 주된 기능은 공압 동력원에서 오는 압축 공기를 감압하여 2차측 공기 압력을 일정한 공기 압력으로 설정, 조절함과 동시에 1차측 공기 압력이 변화하거나 2차측의 공기 유량 등의 사용 조건이 변동되어도 설정 공기 압력의 변동을 가장 낮게 줄여 안정된 공기 압력을 공급한다. 감압 밸브를 구조와 기능에 따라 분류하면 직동형과 파일럿형으로 분류되며 직동형 감압밸브의 구조 원리는 앞서 공압 조정 기기 항에서 설명한 바 있다.

1-4 시퀀스 밸브

시퀀스 밸브는 두 개 이상의 분기 회로를 가진 회로 내에서 그 작동순서를 회로의 압력에 의해 제어하는 밸브를 말한다. 즉, 회로 내의 압력 상승을 검출하여 밸브를 열고, 2차

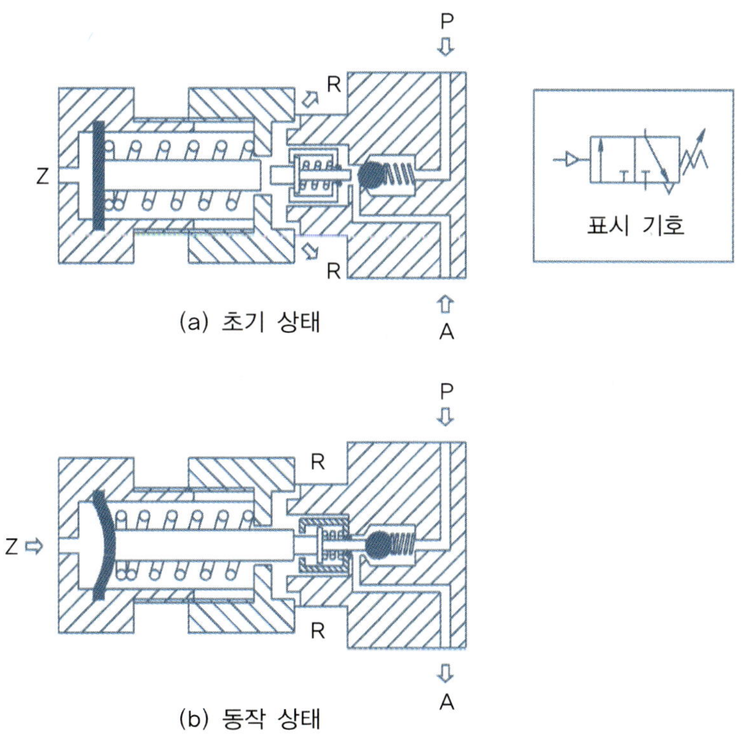

[그림 5-3] 시퀀스 밸브

측으로 압력을 전달하여 실린더나 방향제어 밸브를 움직여 작동순서를 제어한다. 릴리프 밸브와 거의 동일한 기능이지만 설정 공기 압력으로 도달하면 밸브가 완전히 일시에 열리는 점이 릴리프 밸브와 다른 점이다. [그림 5-3]은 시퀀스 밸브와 3포트 2위치 방향제어 밸브를 조합한 것으로 공압에서는 이와 같이 조합되어 사용되는 예가 많다.

압력에 따라 순서 작동시킬 때는 시퀀스 밸브를 사용함으로써 순서 작동이 이루어지나 회로 내의 공기 압력을 이용하는 것이므로 확실성에 다소 문제가 있어 신뢰도가 요구되는 곳에는 리밋밸브나 리밋스위치에 위한 회로를 병용하는 것이 좋다.

1-5 압력 스위치

압력 스위치는 유체의 압력이 규정치에 도달할 때 전기접점을 개폐하는 기기를 말하며 공압원의 압력이 저하되어 기계의 작동상 이상이 발생될 우려가 있을 때에 작동 회로에 인터록(interlock)을 걸어 정지시키거나, 경보 신호를 울리거나, 또는 어느 일정 이상 압력으로 상승되었을 때 다음 공정의 입력신호 발생 장치 등에 주로 이용되고 있다. 압력 스위치의 구조는 압력을 받는 수압부, 전기적 ON-OFF 신호를 발생하는 접점부 및 압력을 설정하는 설정부로 구성되어 있으며, 압력부에서 압력을 감지하여 설정치와 비교한 후 설정치 이상 또는 이하로 될 때 수압부의 변위로 직접 또는 레버에 의해 마이크로스위치

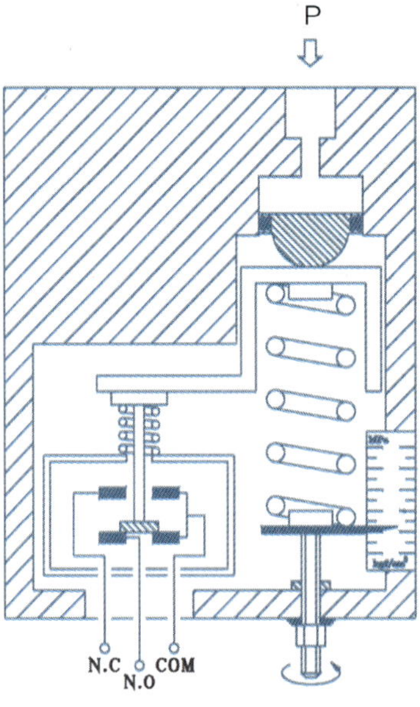

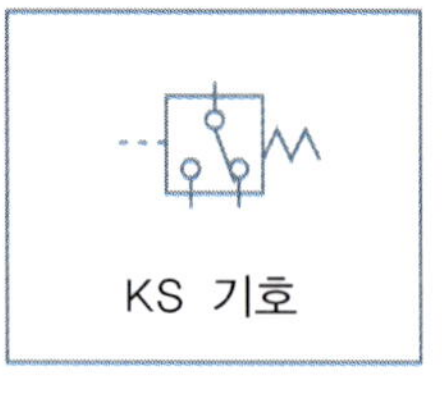

[그림 5-4] 피스톤형 압력 스위치

를 작동시켜 전기접점의 개폐로 전기적 신호를 발생한다. 종류로는 다이어프램형, 벨로즈형, 부르돈관형 및 피스톤형이 있다.

[그림 5-4]는 피스톤형 압력 스위치의 구조원리를 나타낸 것이다. 그림의 상태는 압력이 가해져 접점이 ON되어 있음을 보여주고 있다.

02 유량제어 밸브

2-1 유량제어 밸브의 종류와 기능

유량제어 밸브란 말 그대로 유량의 흐름을 제어하는 밸브를 말하며 유량제어 밸브는 방향제어 밸브, 압력제어 밸브 등과 함께 매우 중요한 역할을 한다. 유량제어 밸브의 종류는 공압 실린더 속도를 제어하기 위한 목적으로 방향제어 밸브와 실린더 중간에 설치하는 속도제어 밸브, 공압 회로 내의 유량을 항상 일정하게 하기 위한 교축 밸브, 방향제어 밸브의 배기구에 설치하여 배기 공기 교축으로써 실린더 속도를 조절하는 배기교축 밸브, 공압 실린더의 속도를 상승시키기 위하여 배기를 대기중으로 급속히 배기하는 급속배기 밸브 및 실린더 행정 도중에 기계적으로 유량을 조절하는 쿠션 밸브 등이 있다.

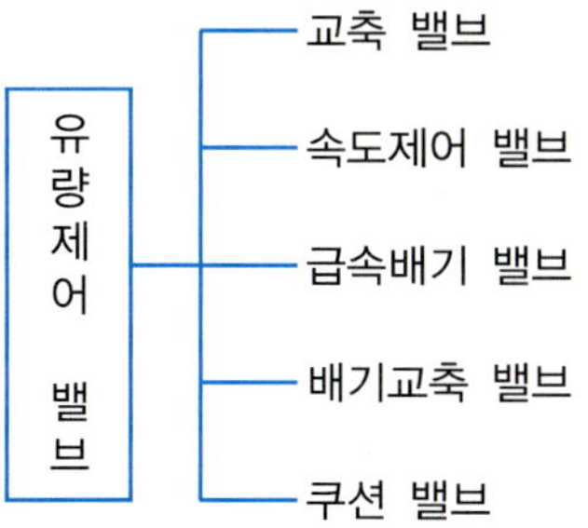

[그림 5-5] 유량제어 밸브의 종류

2-2 유량제어 밸브의 원리 및 구조

1) 교축(throttle) 밸브

이 밸브는 유로의 단면적을 교축하여 유량을 제어하는 밸브로 공압 회로 내에 설치하여 공기의 유량, 압력 등을 변화시키며 공압 실린더의 급기, 배기를 교축하거나 또는 공기 탱크와 함께 타이머로 사용된다.

교축 밸브의 구조는 [그림 5-6]과 같이 니들 밸브를 밸브 시트에 대해 상하로 이동시켜 교축시키는 구조로 된 것이 많다. 이것은 니들 밸브와 밸브 시트 틈새를 공기가 통과할 때의 압력강하를 이용한 것으로 안정성은 좋으나, 제작상 니들 밸브와 밸브 시트가 완전 동심을 이루지 않아 틈새가 생기거나 공기 중의 먼지 등의 영향을 받아 미소 유량을 정밀히 조정하는 것은 곤란하다.

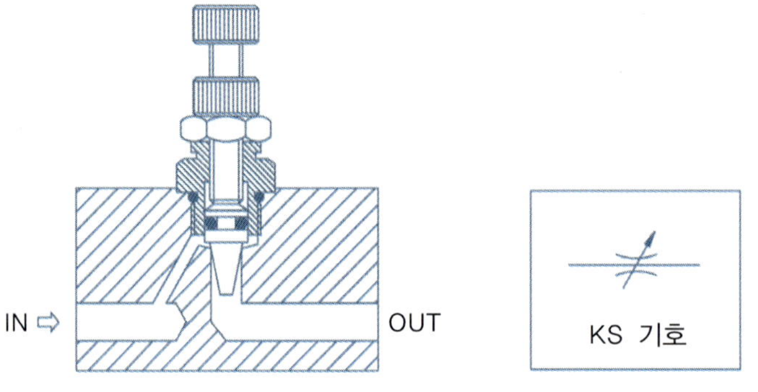

[그림 5-6] 교축 밸브

2) 속도제어 밸브(일방향 교축밸브)

일반적으로 속도제어 밸브라는 명칭보다 스피드 컨트롤러라고 불리는 이 밸브는 교축 밸브에 체크 밸브를 붙인 것이며 공압 회로에서 액추에이터의 속도를 제어하기 위한 밸브이다.

일반적 구조는 [그림 5-7]과 같으며 제어 흐름일 때 체크 밸브는 막히고 유량은 교축 밸브를 통해 흐르게 되므로 유량이 조절된다. 속도제어 밸브 중에는 교축 밸브를 완전히 조여도 일정량의 공기가 흐르는 것이 있으므로 주의하여야 한다.

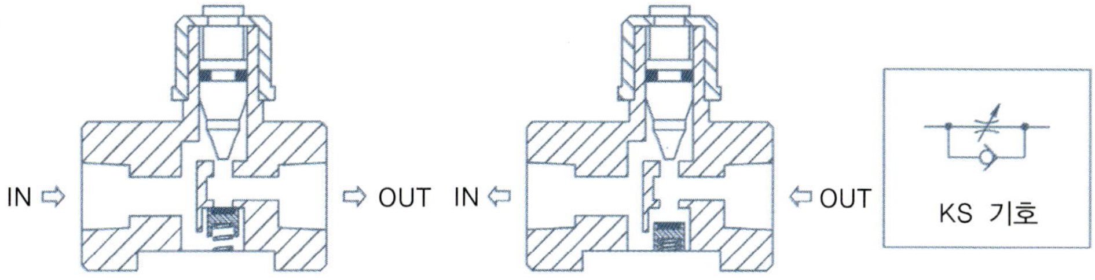

(a) 제어 흐름 (b) 자유 흐름

[그림 5-7] 일방향 유량조절 밸브

3) 급속배기 밸브

이 밸브는 공압 실린더 등의 액추에이터 내의 공기를 급속히 방출하여 액추에이터의 속도를 증가시킬 목적으로 사용된다. 즉 급속배기 밸브를 사용하지 않은 회로에서는 요구 속도에 합치하는 배기 용량을 가진 배관과 공압 기기를 선정하여야 하지만 급속배기 밸브를 사용하면 배관 직경이 작아지고 공압 기기의 용량도 작은 것을 사용할 수 있으므로 경제적인 공압 시스템을 구성할 수 있다.

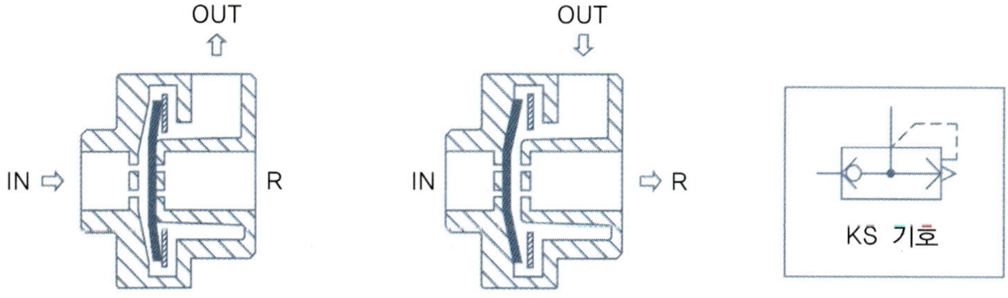

(a) IN → OUT (b) OUT → R (c) 기호

[그림 5-8] 급속배기 밸브의 구조원리

급속배기 밸브의 구조는 플런저 방식, 립 패킹 방식 및 다이어프램 방식이 있다. [그림 5-8]은 다이어프램 방식의 급속배기 밸브이며 다이어프램은 입구측과 출구측의 차압으로 변동된다. 작동원리는 입구측에서 유입된 압축 공기가 다이어프램을 밀어 배기구를 막고, 다이어프램 둘레를 따라 출구측으로 흐른다. 입구측의 공기 압력이 감소하면 입구측과 출구측의 차압으로 다이어프램이 이동하여 입구를 막게 되고 동시에 배기구가 열려 출구측의 압축 공기는 대기로 방출된다. 배기측의 통로는 입구, 출구측에 비해 유효 단면적이 크므로 출구측 공기는 순간적으로 배출된다.

2-3 유량제어 밸브의 도면기호 표시법

(1) 가변 교축 밸브의 도면기호

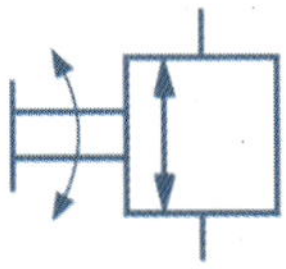

(a) 상세 기호

(b) 간략 기호

[그림 5-9] 가변 교축 밸브의 도면기호(KS B 0054 표 15)

(2) 속도제어 밸브의 도면기호 표시법

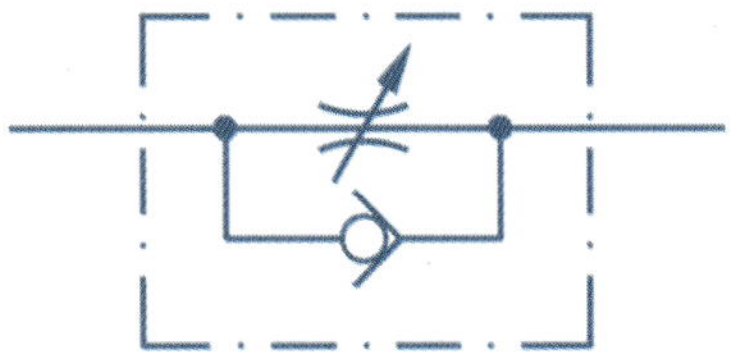

[그림 5-10] 속도제어 밸브의 도면기호(KS B 0054 표 15)

(3) 급속배기 밸브의 도면기호 표시법

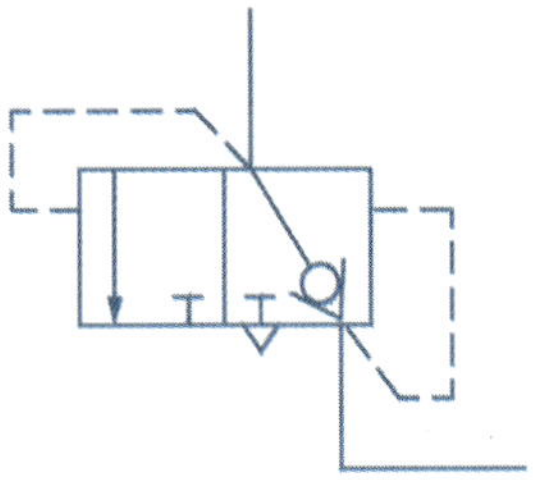

(a) 상세 기호

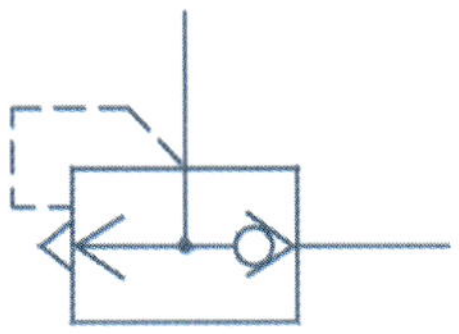

(b) 간략 기호

[그림 5-11] 급속배기 밸브의 도면기호(KS B 0054 표 13)

03 방향제어 밸브

3-1 방향제어 밸브의 분류

방향제어 밸브란 공기 흐름의 방향을 조절하는 밸브로서 시동과 정지, 그리고 흐름의 방향을 변환하는 기능을 갖춘 밸브를 말한다.

공압에서의 방향제어 밸브는 액추에이터에 공급하는 공기 흐름의 방향을 제어하기 위해 사용되며 이러한 방향제어 밸브를 대별하면 [그림 5-12]와 같다.

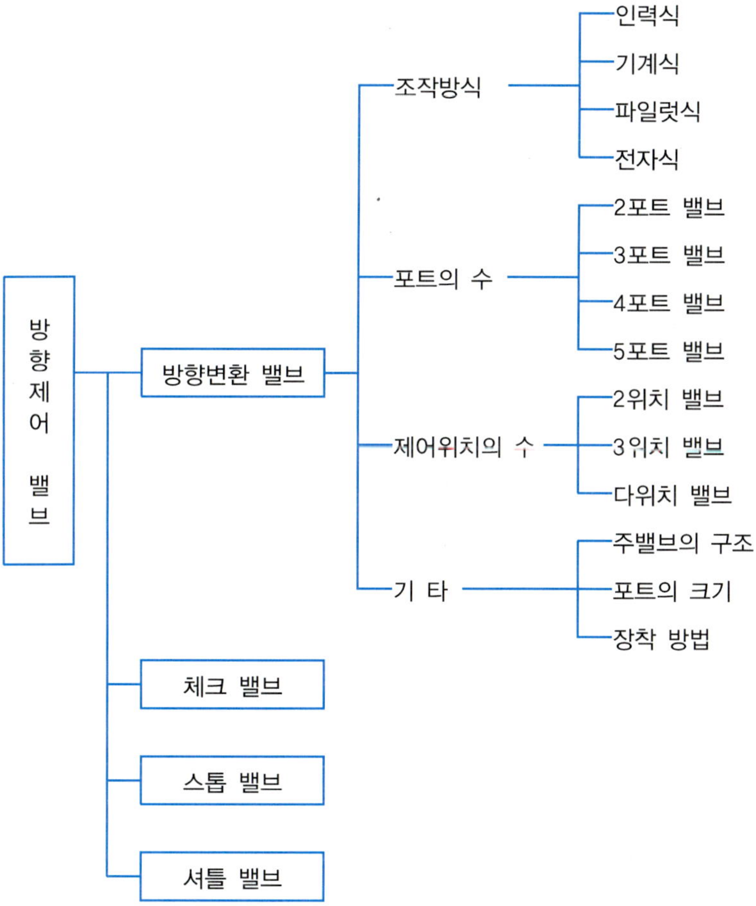

[그림 5-12] 방향제어 밸브의 분류

1) 기능에 의한 분류

(1) 포트의 수

방향제어 밸브는 그 사용 목적에서 제어 통로의 수가 기본적인 기능으로 이를 나타내는 것이 포트의 수, 즉 연결 접속구의 수이다. 포트의 수에 따라서 다음과 같이 구별된다.

종류		KS 기호	접속구의 기능
포트의 수	제어위치의 수		
2포트	2위치	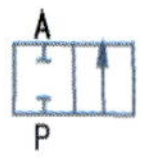	압축 공기 입구 P 압축 공기 출구 A 등 2개의 포트
3포트	2위치		압축 공기 입구 P 압축 공기 출구 A 배기구 R 등 3개의 포트
	3위치 (Closed Center)	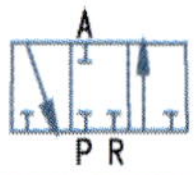	
4포트	2위치		압축 공기 입구 P 압축 공기 출구 A 압축 공기 출구 B 배기구 R 등 4개의 포트
	3위치 (Closed Center)	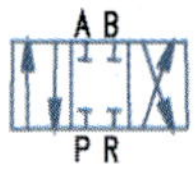	
	3위치 (Closed Center)	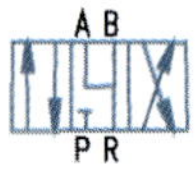	
	3위치 (Closed Center)	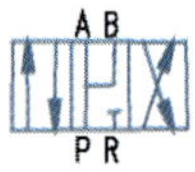	
5포트	2위치	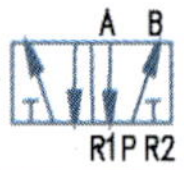	압축 공기 입구 P 압축 공기 출구 A 압축 공기 출구 B 배기구 R1, R2 등 5개의 포트
	3위치 (Closed Center)	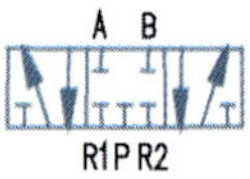	
	3위치 (Closed Center)	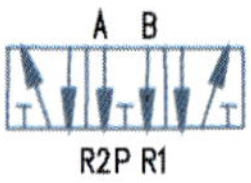	
	3위치 (Closed Center)	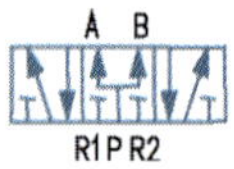	

[그림 5-13] 방향제어 밸브의 기능에 의한 분류

(2) 제어위치의 수

방향제어 밸브의 흐름 상태를 결정하는 밸브 본체에 전환 위치수를 말하는 것으로 제어위치의 수가 두 개 있는 것을 2위치 밸브, 세 개 있는 것을 3위치 밸브, 네 개 있는 것을 4위치 밸브라 한다. 일반적인 방향제어 밸브는 2위치 및 3위치 밸브가 대부분이고 4위치 이상의 것은 특수한 밸브에 사용된다.

(3) 중립 위치에서 흐름의 형식

3위치 제어 밸브나 4위치 제어 밸브 중 중립 위치에서 흐름의 형식에 따라 폐중립(Closed Center), 압력중립(Pressure Center), 배기장치중립(Exhaust Center) 등이 있다.

폐중립(Closed Center) 상태란 말 그대로 중립 위치 상태에서 모든 포트가 닫혀 있는 상태를 말하며, 압력중립(Pressure Center)는 중립 위치에서 P 포트가 A, B 포트로 이어져 압축 공기가 공급되는 상태를 말한다. 또한 배기장치중립(Exhaust Center)는 A, B 포트와 R 포드가 이어진 상테로 중립 위치에서 A, B 포트는 R 포트를 통해 대기로 방출됨을 의미한다.

(4) 밸브의 복귀 방식에 따른 분류

방향제어 밸브는 조작력이나 제어신호를 제거하면 초기 상태로 복귀되어야 한다. 이와 같은 밸브의 복귀 방식은 크게 스프링 복귀 방식, 공압 신호에 의한 복귀 방식, 디텐트 방식 등으로 나눌 수 있다.

스프링 복귀 방식이란 벨브 본체에 내장되어 있는 스프링력으로 정상 상태로 복귀시키는 방식을 말하며, 공압 신호 복귀 방식은 내부의 파일럿 신호로써 복귀시키는 방식을 말한다. 또한 디텐트 방식은 메모리 방식으로 조작력이나 제어신호를 제거하여도 정상 상태로 복귀하지 않고 반대 신호가 주어질 때까지 그 상태를 유지하는 방식을 말한다.

(5) 정상 상태에서 흐름의 형식

밸브에 조작력이나 제어신호를 가하지 않은 상태를 그 밸브의 정상 상태, 또는 초기 상태라고 말한다. 즉, 밸브가 닫혀 있거나 열려 있는 상태를 정상 상태 열림(常時開, normally opcn)형 또는 정상 상태 단힌(常時閉, normally colsed)형으로 구분한다.

3포트 2위치 제어 밸브에서 P포트와 A포트가 초기 상태에서 연결된 상태이면 정상 상태 열림형이고 A포트와 R포트가 연결된 상태이면 정상 상태 닫힘형이라고 말한다.

2) 조작방식에 의한 분류

(1) 인력(人力) 조작방식

방향제어 밸브의 제어위치를 사람의 힘으로 제어하는 방식으로 누름 버튼 방식, 레버 조작방식, 페달 조작방식 등이 있다.

(2) 기계적 조작방식

밸브의 제어위치를 캠, 링크, 그 밖의 기계적인 방법으로 제어하는 방식으로 플런저, 롤러 레버, 한 방향 롤러 레버, 스프링 방식 등이 있다. 기계적 조작방식의 종류와 그 기호를 [그림 5-13]에 나타냈다.

(3) 전자 조작방식

방향제어 밸브의 제어위치를 전자석에 의해 제어하는 것으로 직접 작동방식과 간접 작동방식이 있다. 직접 작동방식이란 전자석, 즉 솔레노이드 자체가 직접 밸브의 스풀을 움직이는 것을 말하고, 간접 작동방식이란 솔레노이드로 파일럿 밸브를 조작해서 공기 압력으로 밸브를 제어하는 방식을 말한다. 이와 같이 전자석에 의해 제어되는 밸브를 일반적으로 솔레노이드 밸브 또는 전자 밸브라고 말한다.

조작방식	종 류	KS기호	비 고
인력조작방식	누름 버튼 방식 레버 방식 페달 방식	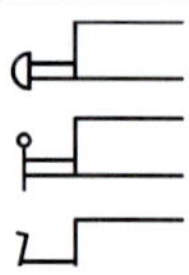	기본기호 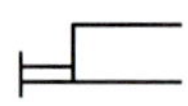
기계방식	플런저 방식 롤러 방식 스프링 방식	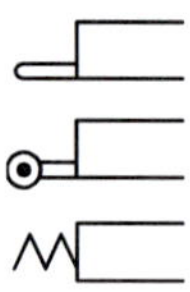	기본기호 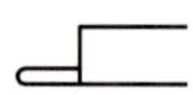
전자방식	직접작동방식 간접작동방식	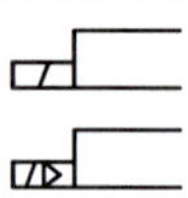 (1) (2)	(1) 직동식 (2) 파일럿식
공기압방식	직접 파일럿 간접 파일럿	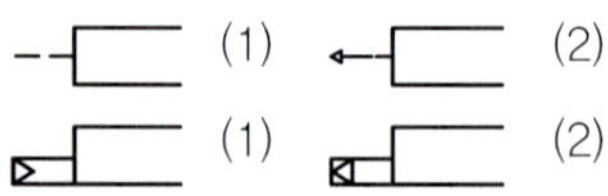	(1) 압력을 가하여 조작하는 방식 (2) 압력을 빼서 조작하는 방식
기타방식	디텐트	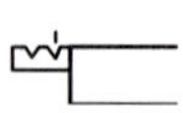	어느 값 이상의 힘을 주지 않으면 움직이지 않는다.

[그림 5-14] 방향제어 밸브의 조작방식에 따른 분류

(4) 공압 조작방식

압력을 가하거나 제거하여 밸브의 위치를 제어하는 밸브로서 대표적인 것이 마스터 밸브이다. 그 밖의 조작방식으로는 차등압력에 따라 작동되는 차등 압력 작동방식, 솔레노이드와 파일럿 신호로써 작동되는 복합 작동방식 등이 있다.

3) 주 밸브의 구조에 따른 분류

주 밸브는 구조에 따라 포핏식, 스풀식, 미끄럼식(슬라이드식)과 이것들을 조합한 것 등으로 분류된다. 일반적으로 수동 조작 밸브는 미끄럼식 밸브가 대부분이고 전자 밸브 등의 자동 조작 밸브에는 포핏식이나 스풀식이 많이 사용된다.

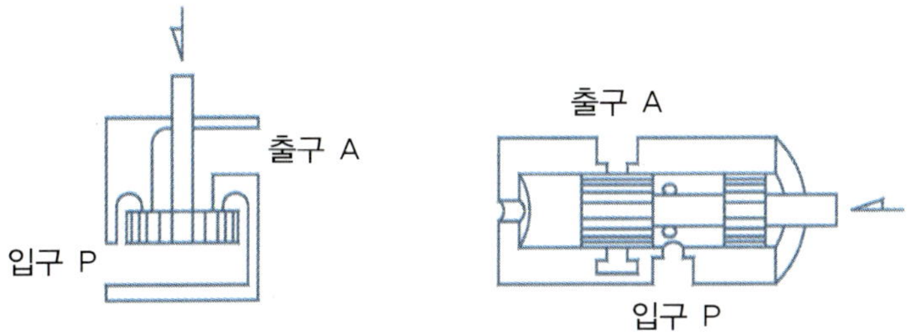

(a) 포핏 방식　　(b) 스풀 방식　　(c) 미끄럼 밸브 방식

[그림 5-15] 주 밸브의 기본 구조

(1) 포핏 밸브

포핏식 밸브는 [그림 5-15]의 (a)와 같이 밸브 몸통이 벨브자리에서 직각 방향으로 이동하는 방식으로, 구조가 간단하고 먼지나 이물질의 영향을 적게 받으므로 소형에서 대형의 밸브에까지 폭넓게 이용된다. 포핏식 밸브의 특성은 다음과 같다.

① 포핏식 밸브는 작동 유체압에 의해 밸브 몸통이 밸브 스템에 직각으로 눌러서 실(seal)하므로 실 성이 양호하고 또한 스프링이 파손되어도 유체압에 의해 닫힌다.

② 가동 부분의 이동거리가 짧으므로 개폐속도가 빠르다.

③ 완전히 열리기까지의 밸브 몸통의 리프트 양이 작으므로 유량 조절이 가능하고 대구경에도 적합하다.

④ 공급 압력이 벨브 몸통에 작용하므로 밸브 몸통을 열 때의 조작력은 유체압에 비례하여 커져야 한다.

(2) 스풀 밸브

스풀 밸브는 [그림 5-15]의 (b)처럼 빗 모양의 스풀이 원통형 미끄럼면을 축방향으로 이동하여 밸브를 개폐하는 구조로 되어 있다.

스풀 밸브는 여러 개의 가로 구멍이 뚫린 원통 모양의 슬리브 양쪽을 스풀이 이동하여 위치에 따라 유로의 연결 상태를 달리하므로 복잡한 기능의 밸브도 비교적 간단히 할 수 있으며 실의 상태에 따라 메탈식과 패킹식으로 나누어진다.

메탈식은 미끄럼면의 미세한 틈이 생기므로 이 부분에서 소량의 공기 누설이 있으며 또한 미끄럼면의 이물질은 밸브 고장의 원인이 되므로 공기의 질이나 윤활유의 관리가 필요하다. 이와 같은 스풀 밸브는 구조가 간단하고 고정밀도 가공이 용이하며 스풀이 축방향으로 이동하므로 작은 힘으로 밸브를 제어할 수 있어 고압력용이나 자동조작 밸브 등에 이용된다.

(3) 미끄럼식 밸브

미끄럼식 밸브는 밸브 몸통과 밸브체가 미끄러져 개폐작용을 하는 형식으로 스풀 밸브를 평면적으로 한 구조이다. 미끄럼식 밸브의 섭동면은 랩 다듬질하여 실 부분을 스프링 등으로 누르기 때문에 누설량은 거의 없으나 이동거리가 길고 섭동 저항이 커서 조작력이 크므로 수동 조작 밸브에 주로 이용하고 있다.

3-2 방향변환 밸브

1) 2포트 2위치 밸브

[그림 5-16]은 2포트 2위치 제어 밸브로 포핏 밸브의 일종인 볼 시트를 이용한 밸브이다. 그림에서 볼 시트는 내장된 스프링에 의해 위로 밀어 올려져 입구 P와 출구 A를 차단한 상태이고 밸브의 플런저를 작동시키면 볼은 시트로부터 떨어지게 되어 압축 공기는 P에서 A로 흐르게 된다. 여기서 플런저에 작용하는 힘은 스프링의 반력과 볼에 작용하는 압력에 의한 힘보다 커야 한다. 이러한 볼 시트 밸브는 구조가 간단하고 크기가 작기 때문에 가격도 싸서 일반적인 수동조작이나 기계적 조작 등에 많이 이용된다.

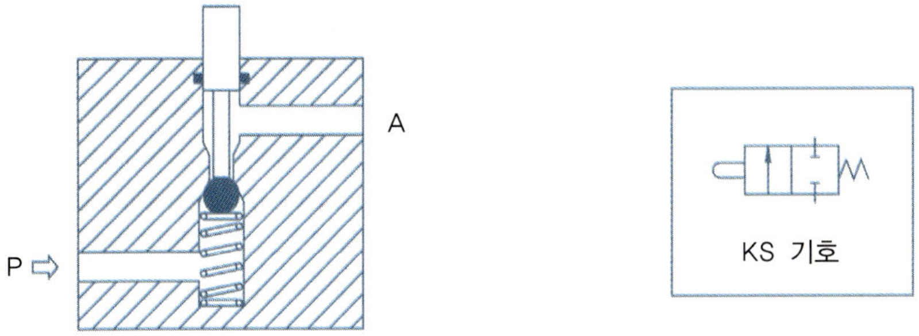

[그림 5-16] 2포트 2위치 밸브

2) 3포트 2위치 밸브

[그림 5-17]은 디스크 시트를 이용한 3포트 2위치 제어 밸브를 나타낸 것이다.

작동원리는 (a)그림은 초기 상태로서 P포트는 차단되어 있고 A포트는 R포트에 연결되어 있으나 이 상태에서 플런저를 눌러 작동시키면 (b)그림과 같이 P포트는 A포트로 통하고 R포트는 닫히게 된다. 이러한 밸브는 소형이며 수동 조작 또는 기계적 작동이 가능하기 때문에 [그림 5-18]과 같이 리밋스위치용 밸브로 많이 이용되고 있다.

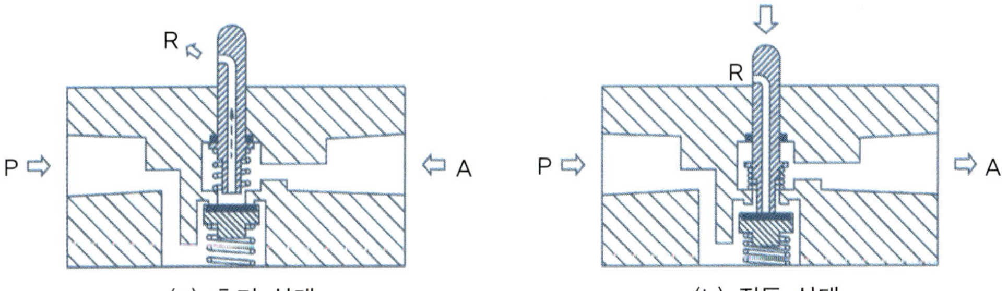

(a) 초기 상태 (b) 작동 상태

[그림 5-17] 3포트 2위치 밸브

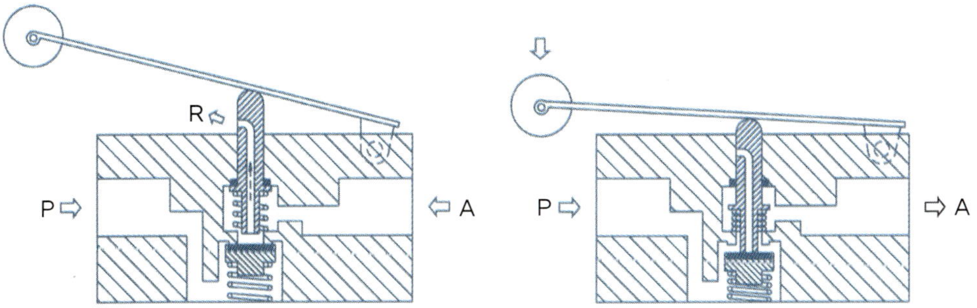

(a) 초기 상태 (b) 작동 상태

[그림 5-18] 3포트 2위치 밸브(롤러레버 작동)

[그림 5-19]는 압축 공기로 작동되는 3포트 2위치 밸브이며, (a)그림은 초기 상태로서 P포트는 차단되어 있고 A포트와 R포트가 연결된 상태이다. Z포트에 공기압력을 가하면 스풀이 이동하여 P포트는 A포트로 통하게 되고 R포트로 닫히게 된다.

[그림 5-20]은 압력 작동 3포트 2위치 밸브의 응용예로 단동실린더를 간접 작동시키는 회로이다.

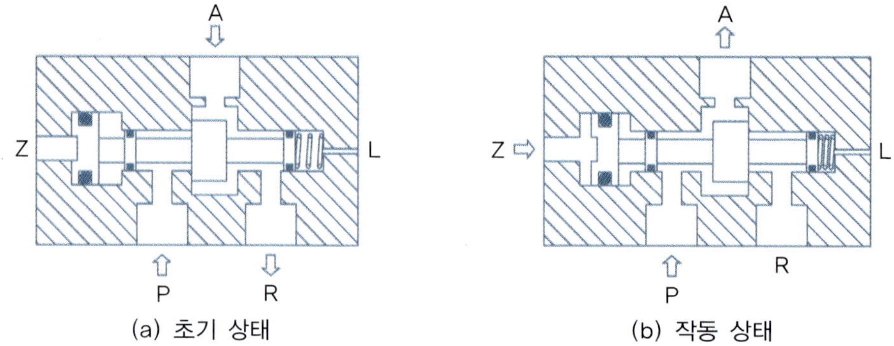

[그림 5-19] 3포트 2위치 밸브(공압작동)

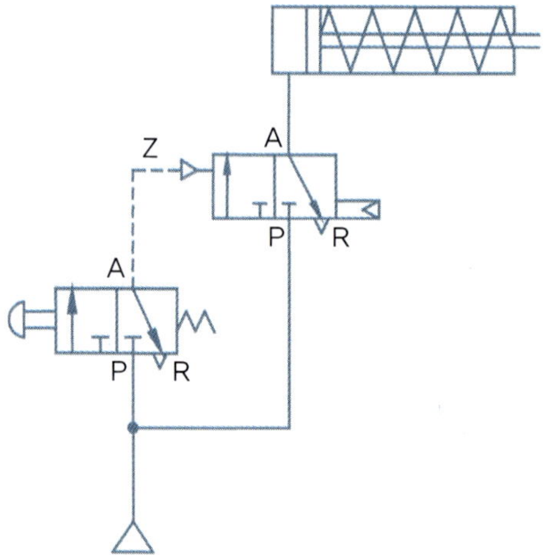

[그림 5-20] 3포트 2위치 공압 작동 밸브의 이용 예

3) 4포트 3위치 밸브

[그림 5-21]과 [그림 5-22]는 판슬라이드 밸브로 일반적으로 손이나 발로만 작동시킬 수 있는 구조이다. 이 밸브는 주로 3위치 밸브로 만들어지며 두 개의 디스크를 비틂으로서 각 포트가 연결되거나 분리된다.

[그림 5-21]은 중립 위치에서 밸브가 막혀 있는 형식으로 올포트 블록형이라 하며, [그

림 5-22]는 중립 위치에서 A, B포트가 모두 R포트에 접속된 형식으로 배기장치 중립(Exhaust Center)라 한다. 따라서 중립 위치가 폐쇄된 중립(Closed Center) 상태의 밸브를 이용하면 실린더의 행정을 임의의 위치에서 정지시킬 수 있고, 배기장치 중립(Exhaust Center) 밸브를 이용하면 중립 위치에서 외력으로 부하를 움직일 수 있게 된다.

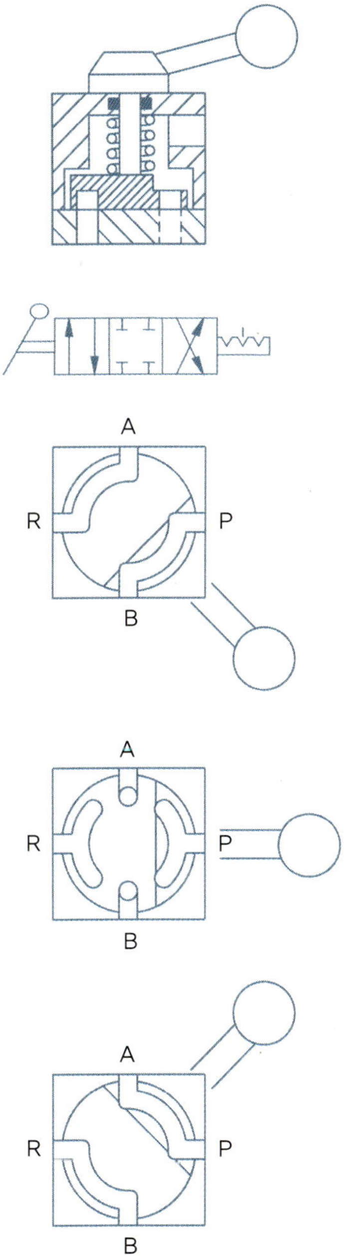

[그림 5-21] 4포트 3위치 밸브(Closed Center)

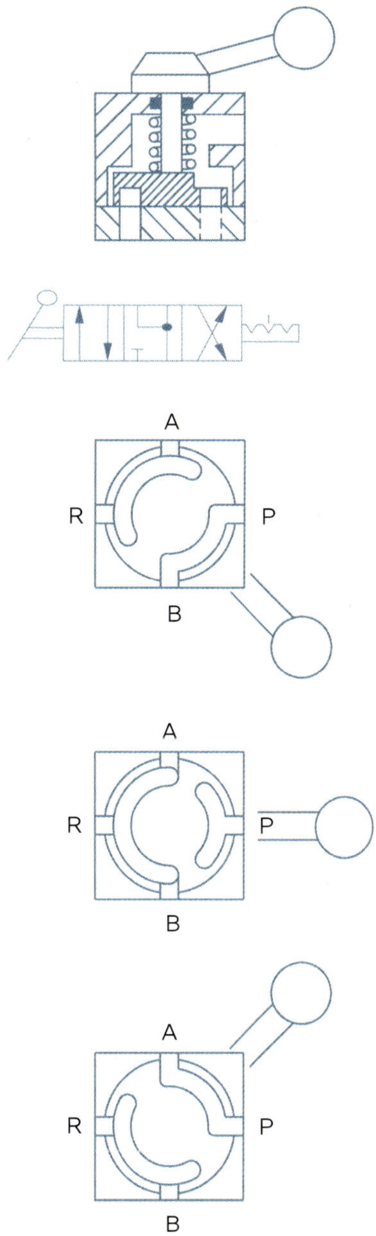

[그림 5-22] 4포트 3위치 밸브(Exhaust Center)

4) 5포트 2위치 밸브

[그림 5-23]은 압력에 의해 작동되는 5포트 2위치 스풀 밸브의 구조이다.

(a)그림은 Z포트에 공압 신호가 가해졌을 때 밸브의 위치도로, 압력 포트 P는 B포트와 연결되어 있고 A포트는 R1포트에 이어져 배기되는 것을 나타내고 있다. (b)그림은 Y포트에 압력을 가했을 때로 이때는 P포트는 A포트에, B포트는 R2포트에 연결되어 있다.

이와 같이 제어신호에 따라 출력 A포트와 B포트의 관계가 교대로 일어나기 때문에 한 개의 5포트 2위치 밸브로 복동실린더의 제어가 가능하다. 또한 이 밸브는 Z나 Y에 신호를 입력한 후 제거하여도 반대측 신호를 입력할 때까지 그 상태가 유지되므로 메모리 밸브라 하기도 한다.

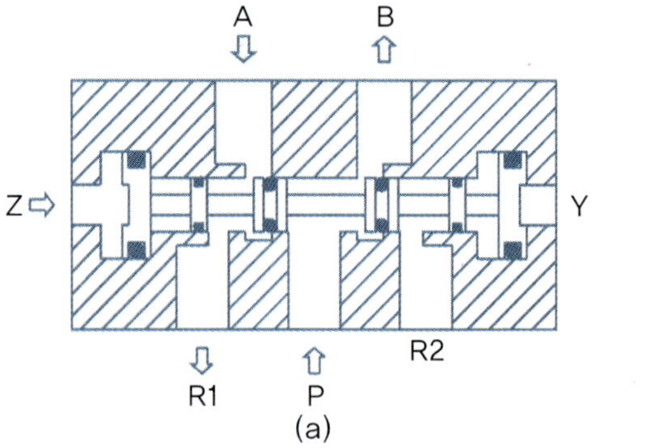

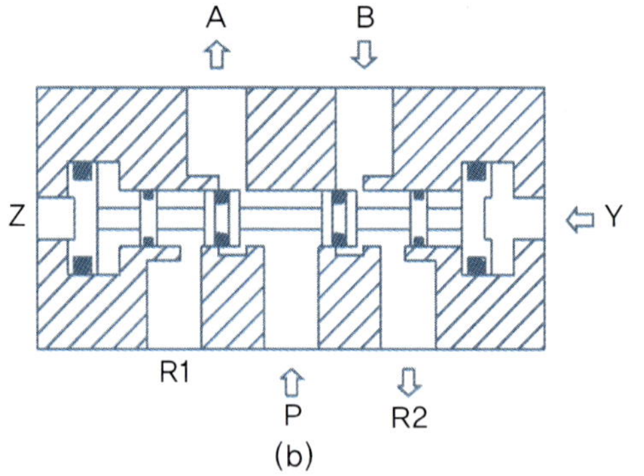

[그림 5-23] 5포트 2위치 밸브(공압작동)

3-3 기타 방향제어 밸브

1) 체크 밸브(check valve)

체크 밸브란 한쪽 방향의 흐름은 허용하고 반대방향의 흐름은 차단하는 밸브로서 역류

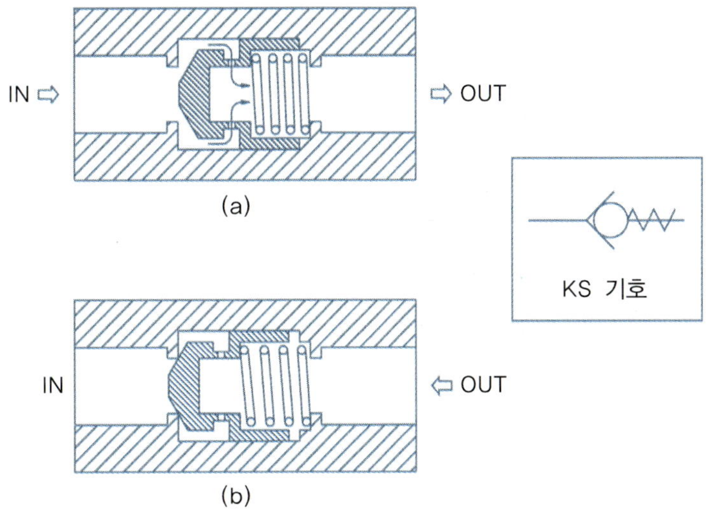

[그림 5-24] 체크 밸브의 구조원리

방지용으로 사용된다. 차단시키는 방법에는 원추(cone)나 볼(ball), 판(plate) 또는 격판(diaphragm) 등이 사용되며 종류에도 스프링이 없는 것과 내장된 것 등이 있다.

스프링이 내장된 체크 밸브는 출구의 압력이 입구의 압력보다 크거나 같을 때에 스프링과 대응되는 압력으로 차단시키는 밸브이다.

체크 밸브는 클램프 상태에 있는 회로에서 압력 저하에 따른 위험 방지나 공기 탱크와 압축기 사이에 설치하여 압축기 정지시 역류방지용 등에 이용된다.

[그림 5-24]는 스프링이 내장된 체크 밸브의 구조원리를 나타냈다.

2) 셔틀밸브(shuttle valve)

셔틀밸브는 두 개 이상의 입구와 한 개의 출구를 갖춘 밸브로서 양 체크 밸브(double check valve) 또는 OR 밸브라고도 한다.

작동원리는 [그림 5-25]와 같이 압축 공기가 Y입구측에 작용하면 볼은 X입구를 막게 되므로 출력 A에 신호가 나온다. 반대로 X에 압력을 가하면 (b) 그림과 같이 Y포트를 막아 역류를 방지하는 밸브로서 두 개 이상의 제어위치에서 독립적으로 작동되어야 할 때 사용된다.

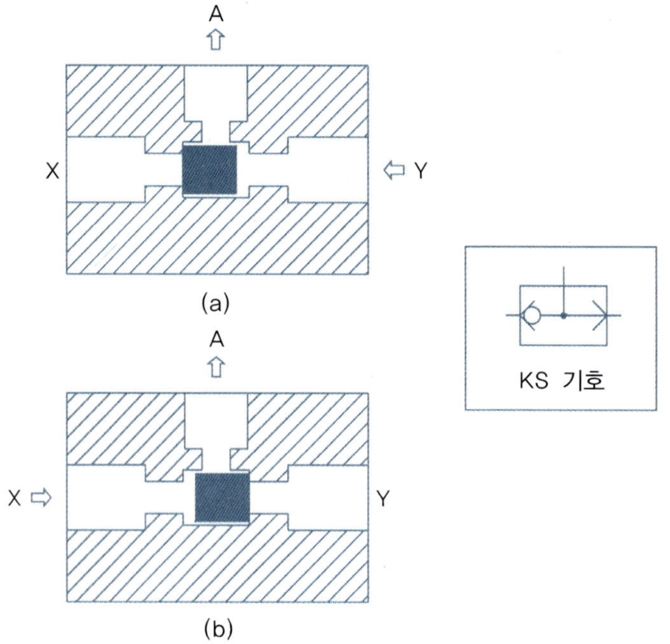

[그림 5-25] 셔틀밸브의 구조원리

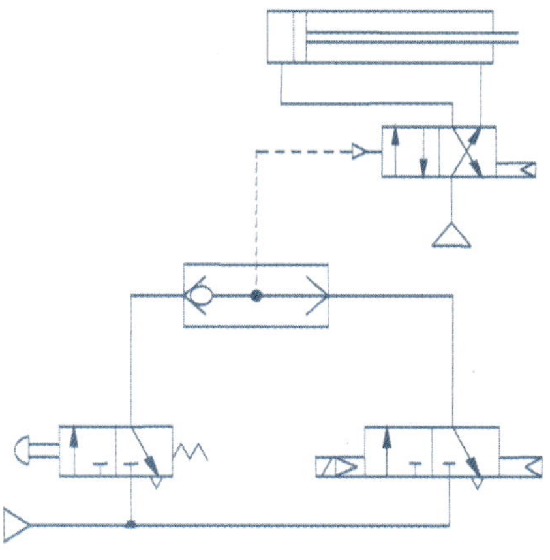

[그림 5-26] 셔틀밸브를 사용한 수동·자동변환 회로

3) 2압 밸브(two pressure valve)

2압 밸브는 두 개의 입구와 한 개의 출구를 갖춘 밸브로서 두 개의 입구에 압력이 작용할 때에만 출구에 출력이 작용하는 밸브이다. 이 밸브는 두 개의 압력 신호가 다른 압력 신호일 경우는 작은 쪽의 압력이 출구로 나가며, 동시에 입력되지 않을 경우는 늦게 들어온 신호가 출구로 나가게 된다. 따라서 이 밸브는 AND적 동작일 때 작동되므로 AND

밸브라고도 하며 안전 제어, 연동 제어, 검사 기능, 로직 작동(Logic operation) 등에 사용된다.

[그림 5-27]이 2압 밸브의 구조원리를 나타낸 것으로 (a)그림은 X에만 압축 공기가 작용하여 막혀 있는 상태이고, (b)그림은 Y측에만 작용한 상태에서 막혀 있으나, (c)와 같이 X와 Y포트에 동시에 압축 공기가 존재하면 출구 A에 신호가 나오는 밸브이다.

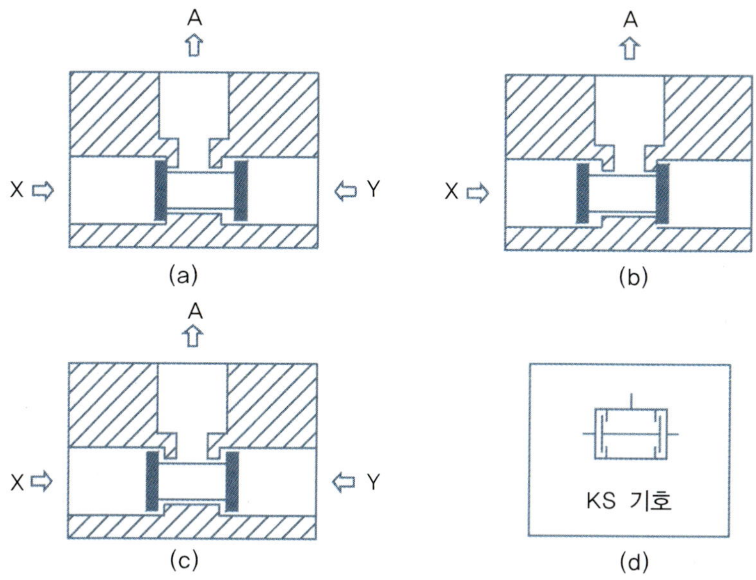

[그림 5-27] 2압 밸브의 구조원리

4) 시간지연 밸브

일반의 공압 밸브는 입력신호가 주어지면 밸브의 응답 시간 즉, 수십 [mm]초 이내에 출력이 나타나지만 시간지연 밸브는 입력이 주어지고 계획된 시간 후에 출력이 나타나거나 소멸되는 밸브로서 주로 타임 제어회로나 신호 중복을 방지하기 위한 회로, 또는 일정 시간 후에 동작이 이루어져야 하는 신호 부분에 사용된다.

시간지연 밸브의 종류에는 입력이 주어지고 나서 일정시간 후에 출력을 내는 ON시간지연 작동(ON delay) 밸브와 반대로 입력이 주어지면 바로 출력이 나타나지만 입력을 제거하면 일정 시간 후에 출력이 소멸되는 OFF 시간지연 작동(OFF delay) 밸브가 있다. [그림 5-28]은 ON delay 시간지연 밸브의 구조원리와 기호를 나타낸 것이다.

시간지연 밸브는 [그림 5-28]의 우측 표시기호로 보아 알 수 있듯이 공압 작동 3포트 2위치 밸브와 유량조절 밸브 및 공기 탱크로 구성되어 있다. 표시 기호에서 일점쇄선으로 나타낸 포위선은 두 개 이상의 기능을 갖는 유닛을 나타내는 포위선이다.

압축 공기는 P로부터 3포트 2위치 밸브에 공급되며, 제어 공기는 Z로 입력된다. 이 제어 공기는 조절 가능한 속도조절 밸브를 통해 탱크로 들어가며 공기량을 제한받게 된다. 그러므로 탱크 내의 압력이 적정 제어 압력에 도달하면 즉, 3포트 2위치 밸브를 작동시킬 수 있는 압력까지 상승되면 3포트 2위치 밸브가 위치 전환되어 A 포트에 공압이 나온다. 따라서 시간제어 밸브의 시간 설정은 이 교축 밸브를 조절하여 유로의 단면적을 넓히거나 좁힘으로써 유량을 제한하여 시간을 설정하는 것이다. [그림 5-29]는 시간제어 밸브를 이용한 공압 실린더의 제어회로로서 수동 조작 밸브 HV를 ON시키면 실린더가 전진하고 시간지연 밸브 TV에 설정된 시간 후에 복귀하는 회로이다.

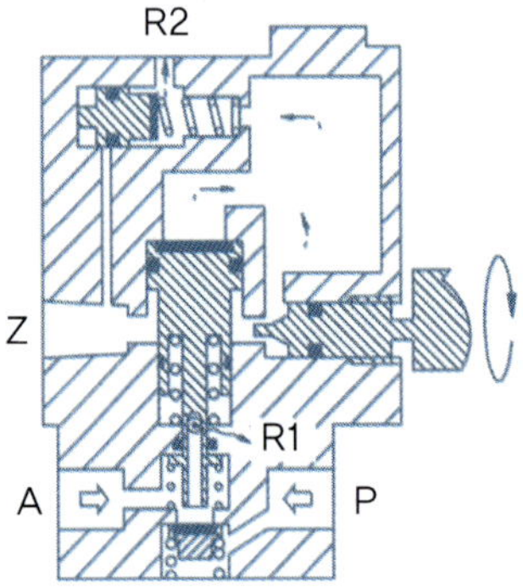

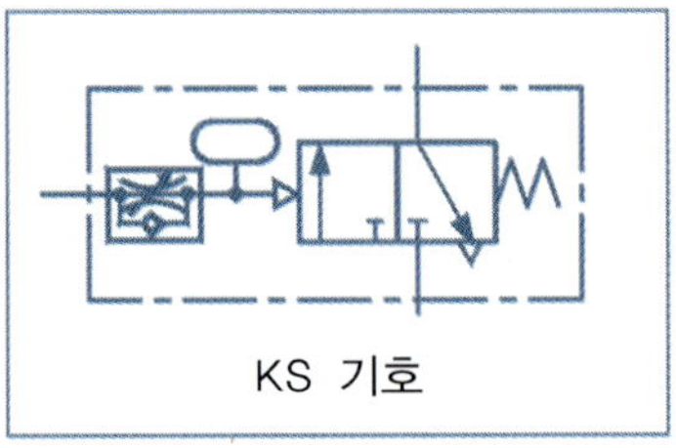

[그림 5-28] 시간지연 밸브의 구조원리와 기호

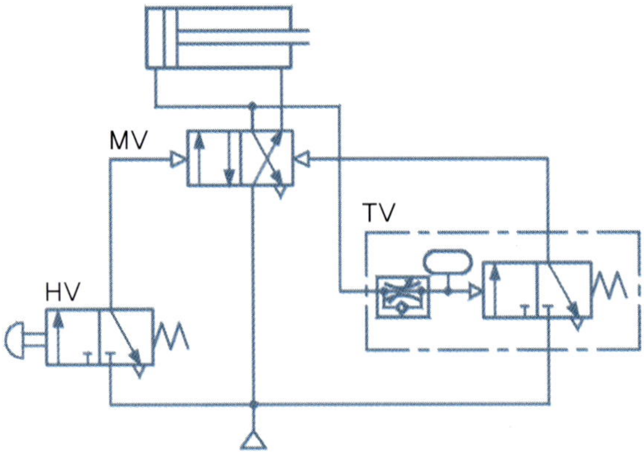

[그림 5-29] 시간지연 밸브를 이용한 자동 복귀 회로

3-4 방향제어 밸브의 도면기호 표시법

제어회로 설계시 도면에 나타내는 밸브 기호는 밸브의 내부 구조나 동작원리를 나타내는 것이 아니라 단순히 밸브의 기능만을 도면기호로 나타낸다.

따라서 밸브를 도면기호로 나타낼 때에는 정해진 지침에 따라 올바르게 표시하여야 하므로 KS B 0054에 정의된 밸브 표시법에 대해 알아본다.

① 밸브의 스위치 전환 위치는 직사각형(또는 정사각형)으로 나타낸다.

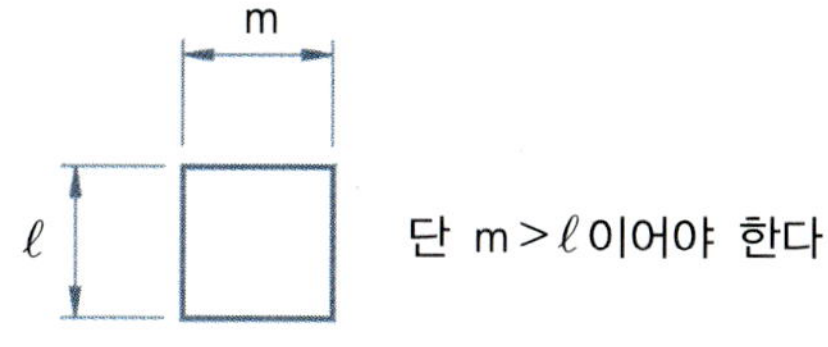

② 제어 기기의 주 기호는 1개의 직사각형(정사각형 포함) 또는 서로 인접한 복수의 직사각형으로 구성한다.

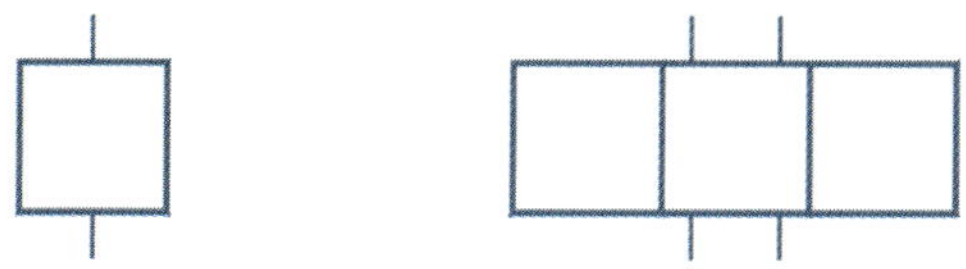

③ 유로, 접속점, 체크 밸브, 교축 등의 기능은, 특정의 기호를 제외하고 대응하는 기능 기호를 주 기호 속에 표시한다.

④ 작동 위치에서 형성되는 유로 상태는 조작기호에 의하여 눌려진 직사각형이 이동되어 그 유로가 외부 접속구와 일치되는 상태가 조립 상태가 되도록 표시한다.

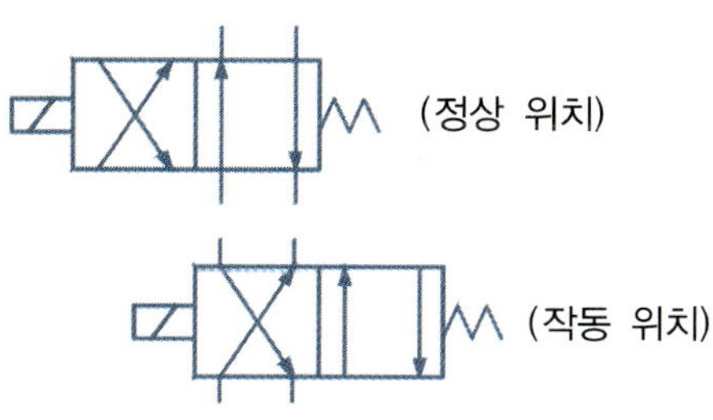

⑤ 외부 접속구는 아래와 같이 통상 일정 간격으로 직사각형과 교차되도록 표시한다. 단, 2포트 밸브의 경우는 직사각형의 중앙에 표시한다.

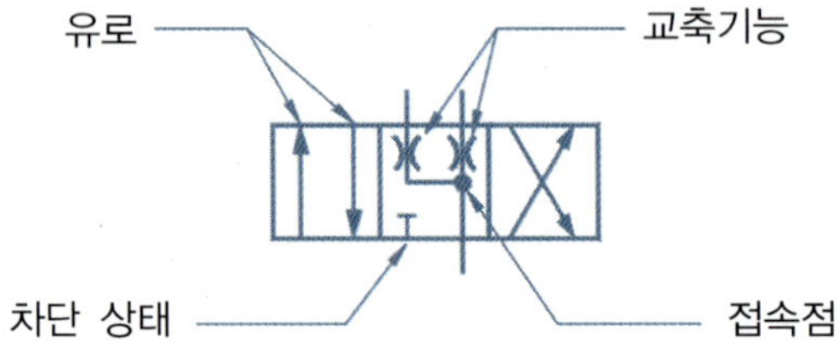

⑥ 배기구의 표시는 역삼각형으로 다음과 같이 표시한다.

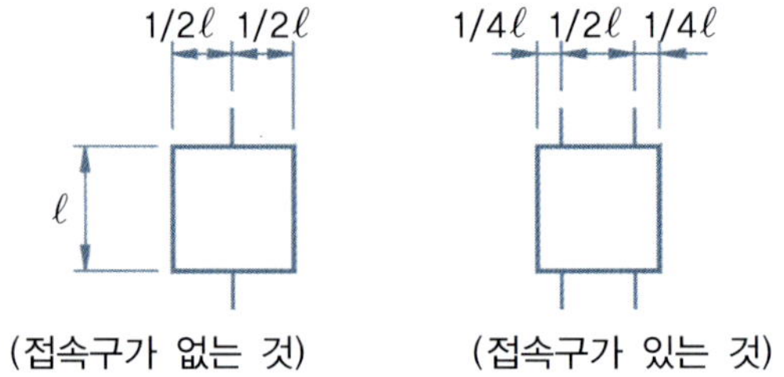

⑦ 밸브의 조작기호는 조작하는 기호요소에 접하는 임의의 위치에 써도 좋다.

⑧ 일방향 조작의 조작기호는 조작하는 기호요소에 인접해서 쓴다.

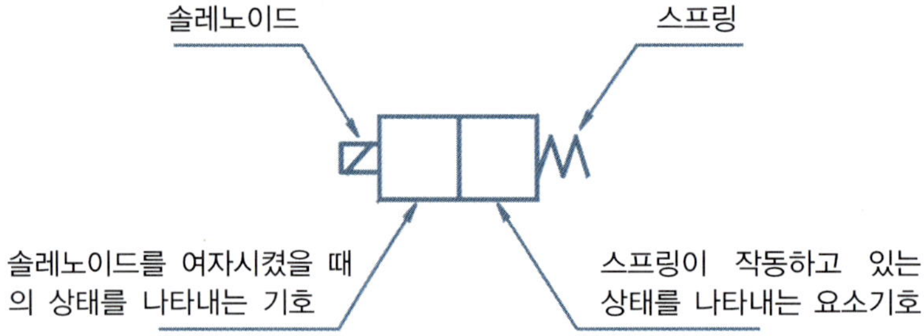

⑨ 3위치 밸브의 중앙위치 조작기호는 외측 직사각형의 양쪽 끝면에 기입해도 좋다.

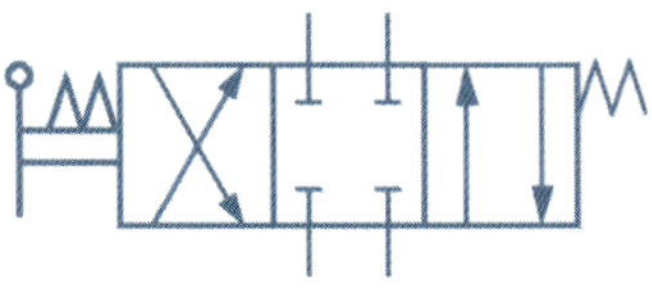

⑩ 선택조작의 조작기호는 나란히 병렬해서 표시하든가, 필요에 따라서 직사각형의 경계선을 연장하여 표시하여도 좋다. 아래 그림은 솔레노이드나 누름 버튼 스위치에 의하여 각각 독립적으로 조작될 수 있는 밸브를 나타낸다.

⑪ 순차조작의 경우는 조작기호를 조작되는 순서에 따라 직렬로 표시한다. 아래 그림은 솔레노이드가 파일럿 밸브를 조작하고, 이어 그 파일럿 압력으로 주 밸브를 작동시키는 밸브를 나타낸다.

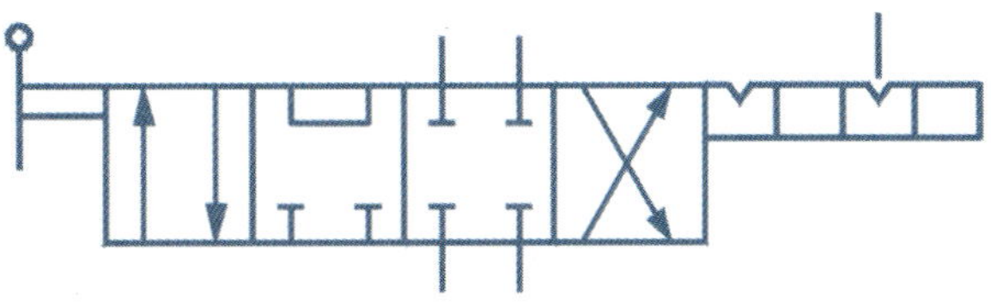

⑫ 멈춤쇠는 스풀의 위치와 동수로 그리고 같은 순서로 분할하여 표시한다.
고정용 그루브 위치는 고정하는 위치에만 표시한다.
또한 밸브의 스풀 위치에 대응시켜 고정구를 나타내는 선을 표시한다.

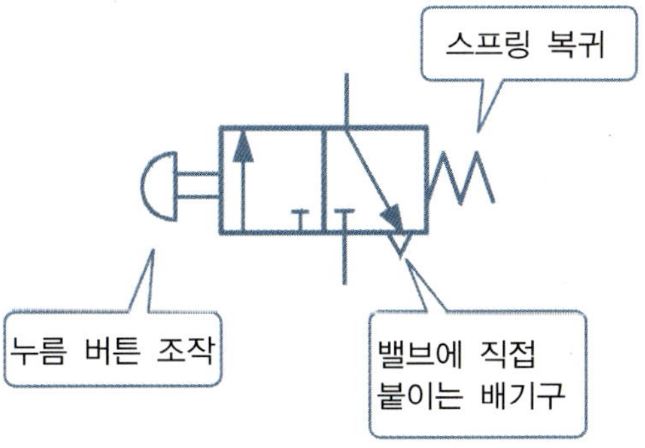

이상의 밸브를 표시법에 따라 작성된 도면기호의 일예를 다음에 나타냈다.

밸브의 호칭 : 3포트 2위치 누름 버튼 조작 스프링 복귀 밸브

CHAPTER 06

공압 시뮬레이터(PHLego plus) 개요

01 공압 시뮬레이터 소개

공압 시스템은 현대의 생산 플랜트와 제조설비에 많이 사용되고 있으며 그 적용 범위가 확대되고 있다. 최근 들어서는 단순한 저가형 오토메이션 장비뿐만 아니라 일렉트로닉스와 결합한 메카트로닉스 기기나 혹은 로봇, FA를 구성하는 기기로서도 중요한 역할을 담당하고 있다. 이러한 유용성이 있는 반면 공압 장비의 교육에 많은 비용과 노력이 투입 되어야 하는 것이 현실이다. 따라서 공압 시스템 관련요소의 지식을 전달하는 것과 동시에 시뮬레이션 가능한 소프트웨어의 개발이 필요하다.

공압 시뮬레이터(PHLego plus)는 공압 시스템을 효과적으로 교육하고 시뮬레이션하기 위해서 개발 되었다. 공압 시뮬레이터는 공압 시스템 회로실습을 웹상에서 구현해 볼 수 있도록 하기 위한 시뮬레이션 소프트웨어이다. 윈도우즈 시스템에시 웹 브리우지를 통한 가상학습 시스템의 콘텐츠로서 제공되기 위해 자바 애플릿(Java Applet)으로 구성되었으며, 동적 객체연결을 통해 임의로 구성된 공압/유압 회로 및 전기배선의 동작을 소프트웨어적으로 실험할 수 있다.

공압 시뮬레이터(PHLego plus)는 공압 시스템을 시뮬레이션하기 위하여 공압, 유압, 전기, PLC 및 디지털 회로에 관련된 요소를 제공한다. 또한 200여개의 동영상 학습자료를 제공하여 공압 시스템에 관련된 요소들의 동작을 쉽게 이해할 수 있도록 하였다.

공압 시뮬레이터(PHLego plus)를 통해 공압 시스템의 구성과 펌프, 제어 밸브 등의 기본회로에 관한 기본지식을 습득하고, 공압 응용분야의 지식을 전달할 수 있을 것이며, 동시에 다양한 공압 시스템을 구성하고 시뮬레이션할 수 있어 교육자료로 많은 활용이 기대된다.

또한 당사에서 개발한 공압 장비와 연계하여 교육효과를 높일 수 있을 뿐만 아니라 실습과정에서 발생할 수 있는 많은 위험 요소를 줄일 수 있어 효과적으로 활용이 가능하다.

이 교재에서는 공압 시뮬레이터(PHLego plus)를 사용하기 위한 기본지식, 사용방법, 실습예제, 요소설명 등으로 구성되었다. 전반부에서는 공압 시뮬레이터(PHLego plus)를 사용하기 위한 기본지식 및 사용방법에 대하여 설명하며, 후반부에서 공압 시뮬레이터(PHLego plus)의 활용방법과 여러 가지 관련 요소에 대하여 설명한다.

02 공압 시스템의 특징 및 장단점

2-1 공압 시스템의 특징

압축된 공기는 에너지를 가지고 있으며, 이 에너지를 유체 에너지 또는 유체 파워라고 한다. 공압 기술은 공기를 압축하여 이와 같은 유체 에너지를 만들고 이것을 기계적인 에너지나 파워로 변환하는 기술을 말한다.

공압 시스템은 저가로 장치를 구성할 수 있다는 장점과 함께 현재 사용하고 있는 장치나 기계를 쉽게 자동화, 성력(誠力)화 할 수 있어서 그 경제적 효과가 매우 크다. 특히 요즈음 로봇화나 공장자동화가 추진되는 과정에서 공압 기술도 소형화, 경량화의 요구에 일익을 담당하고 있으며 신뢰도가 높은 시스템의 구축에 응용되고 있다.

1) 공압 시스템의 장단점

(1) 공압 시스템의 장점

① 동력원인 압축 공기를 손쉽게 얻을 수 있다.

② 힘의 전달이 용이하고 다양한 형태로 전달 가능하다.

③ 힘의 증폭이 용이하다.

④ 속도 변경이 가능하다.

⑤ 제어가 간단하다.

⑥ 취급이 간단하다.

⑦ 인화의 위험이 없어 안전하다.

⑧ 탄력이 있다.

⑨ 에너지 축적이 용이하다.

(2) 공압 시스템의 단점

① 큰 힘을 얻을 수 없다.

② 효율이 나쁘다.

2) 공압 시스템의 응용분야

최근 자동화에 의한 생산 공정 개선이 가속화됨에 따라 공압은 여러 분야에서 많이 활용되고 있으며, 특히 간이 자동화(low cost automation)에 주로 활용되고 있다. 또한 전자 제어 기기의 발달과 가격 저하로 공압과 전기전자 제어가 병용되어 프로그래머블 컨트롤러와 함께 사용되고 있으며, 액추에이터도 종래의 ON/OFF식 제어에서 임의 위치 제어를 할 수 있는 아날로그식 운동이 가능한 것도 개발되고 있다. 공압 시스템의 이용분야를 살펴보면 다음과 같다.

① 액추에이터에 압축 공기를 공급하여 힘을 얻는 방법과 압축 공기의 분출유(噴出流)를 이용하는 방법이 있다. 전자는 자동화에 가장 일반적으로 사용되는 방법이며, 후자는 최근에 그 이용 방법이 더욱 주목되고 있다. 분출유를 이용하는 예는 공기 커튼, 공압 반송, 에어제트에 의한 검출, 공압 베어링 및 공압 자동직기(自動織機) 등을 들 수 있다.

② 압력의 범위로는 4~6[kgf/cm^2]의 압력을 이용하는 일반 산업 분야와 1[kgf/cm^2]전후의 압력을 이용하는 프로세스 제어 분야로 크게 구별된다.

③ 산업별로는 석유 화학 등의 무휴 운전(無休運轉)으로 내 환경성이 중시되는 분야, 의료 식품 등 인체에 해를 끼치지 않아야 하는 분야, 차량 등 안전과 신뢰성을 요구하는 분야, 반도체 산업 등의 소형, 기밀, 방진 등을 매우 중요시하는 분야 등 여러 분야에서 이용된다.

기능별로는 가공공정 자동화, 용접 자동화, 포장 자동화, 조립 자동화, 반송 자동화 및 계측 자동화 등에 이용되며 작동 횟수와 빈도도 연간 수회에서 수억회 작동하는 분야까지 활용된다.

2-2 공압 시뮬레이터의 필요성

공압 장비는 산업설비로써 많은 장점을 가지고 있다. 그러나 공압을 배우거나 실습해 보기 위해서는 고가 실습장치의 비용문제와 교육공간 문제를 가지고 있다. 이런 문제를 해결하기 위해서 컴퓨터상에서 소프트웨어 프로그램을 통하여 간단하게 사용되는 것이 공압 시뮬레이터이다. 공압 시뮬레이터(PHLego plus)는 이러한 공압 기기의 운용과 활용, 교육을 위한 다양한 기능과 콘텐츠를 갖는 시뮬레이션 소프트웨어이다.

03 공압 시뮬레이터 윈도우즈 작업환경

공압 시뮬레이터(PHLego plus)는 윈도우즈의 작업환경에서 동작한다. 따라서 윈도우즈의 사용법을 충분히 익혀야 원활한 사용이 가능하다.

3-1 윈도우즈 환경

부팅 과정을 마치고 나면 윈도우즈의 초기 시작화면을 보게 된다. 초기 시작화면은 다음 그림과 같은 구성으로 이루어져 있다. 초기 화면은 아이콘, 시작 버튼, 빠른 실행 아이콘, 작업 표시줄 등으로 구성되어 있다.

[그림 6-1] 윈도우즈 환경

1) 바탕화면 아이콘

바탕화면 아이콘은 자주 사용하는 응용프로그램이나 문서를 쉽게 열 수 있게 해주는 바로가기이다. 바탕화면 아이콘은 윈도우즈에 기본적으로 설정되어 있는 것 이외에도 사용자가 임의로 아이콘을 바탕화면에 등록시킬 수 있다.

[그림 6-2] 바탕화면 아이콘

(1) 내 컴퓨터

내 컴퓨터 아이콘을 이용하여 시스템의 내용을 볼 수 있고 파일 및 폴더 등을 관리할 수 있다.

(2) 시스템 등록 정보

제어판에서 가장 중요한 설정항목으로서 컴퓨터 주변기기에 관한 정보가 이곳에 모두 집결해 있다. 특히 시스템 등록정보 중에서 장치 관리자는 시스템에 붙어 있는 주변장치의 등록상황을 모두 표시해 주며 드라이버를 업데이트하거나 충돌이 발생할 때 수동설정으로 정상적인 동작을 할 수 있게 조정할 수 있는 기능도 있다.

(3) 내 문서

내 문서는 윈도우즈를 사용하는 사용자에게 작업을 보관하기 위한 기본 폴더로 제공된다. 대부분의 응용프로그램이 기본적으로 "내 문서" 폴더를 작업공간으로 사용한다.

(4) 휴지통

휴지통은 사용자가 파일을 지운 경우 지운 파일을 임시로 보관하는 장소이다. 잘못 지운 파일은 휴지통에서 복원할 수 있다.

2) 작업 표시줄

작업 표시줄은 바탕화면과 함께 윈도우즈의 시작화면을 구성하는 요소이다. 작업 표시줄은 시작 버튼, 빠른 실행, 작업 표시 등으로 구성되어 있다.

[그림 6-3] 작업 표시줄

(1) 빠른 실행

빠른 실행은 한 번의 클릭으로 응용프로그램을 실행시켜주는 도구 창이다. 자주 사용하는 응용프로그램일 경우 빠른 실행 도구모음에 등록하여 사용하면 편리하다. 아이콘을 도구모음에 등록하기 위해서는 [그림 6-4]에서와 같이 아이콘을 드래그하여 빠른 실행위치로 이동하면 된다.

[그림 6-4] 빠른 실행

(2) 시작 버튼

시작 버튼은 프로그램의 실행, 문서열기, 시스템 설정변경, 도움말 보기, 찾기 등의 작업을 수행하는 버튼이다. 시작 버튼을 클릭하면 계단식 메뉴를 통해 응용프로그램을 열거나 옵션을 사용자가 정의할 수 있다.

[그림 6-5] 윈도우즈 시작 메뉴

(3) 작업 표시

윈도우즈 응용프로그램을 실행하면 실행중인 응용프로그램은 작업 표시줄에 표시된다.

CHAPTER

07 공압 시뮬레이터(PHLego plus) 환경설정 및 설치

01 공압 시뮬레이터 설치환경

1) 컴퓨터 메모리

(1) 최소사양

펜티움 III 700MHz 이상의 CPU에 확장 메모리를 포함하여 적어도 256MB 이상의 메모리를 가진 퍼스널 컴퓨터가 필요하다.

(2) 권장사양

펜티움 IV 1GHz 이상의 CPU에 확장 메모리를 포함하여 512MB 이상의 메모리를 가진 퍼스널 컴퓨터를 권장한다.

2) 하드디스크

공압 시뮬레이터(PHLego plus)와 관련된 파일을 모두 설치하고 공압 시뮬레이터(PHLego plus)를 원활히 사용하려면 하드디스크에 사용 가능한 용량이 2GB 이상 있어야 한다.

3) CD-ROM 드라이브

공압 시뮬레이터(PHLego plus)를 설치하기 위해서 CD-ROM 드라이브가 필요하다.

4) 마우스

공압 시뮬레이터(PHLego plus)의 기능을 최대한 활용하려면 컴퓨터 본체에 연결할 수 있고 한글/영문 윈도우 98 버전 이상에 적합한 마우스가 필요하다.

5) 프린터

공압 시뮬레이터(PHLego plus)를 인쇄하려면 윈도우 98 버전 이상에서 사용할 수 있는 프린터가 필요하다.

6) 한글 윈도우(OS)

한글 윈도우 98 이상의 버전이 필요하다.

02 공압 시뮬레이터 설치방법 선택

2-1 공압 시뮬레이터의 자동 실행

공압 시뮬레이터(PHLego plus)를 설치하기 위해서는 공압 시뮬레이터 설치 CD가 필요하다. 설치 CD를 CD-ROM 드라이브에 삽입하면 설치 프로그램은 자동으로 동작한다. 자동설치 프로그램이 시작되면 공압 시뮬레이터를 설치할 수 있다.

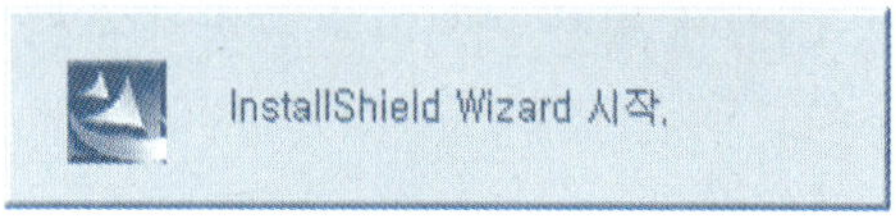

[그림 7-1] 공압 시뮬레이터 InstallShield Wizard 시작

2-2 공압 시뮬레이터의 수동 실행

자동으로 설치하지 않고 사용자가 직접 설치를 원할 경우 윈도우즈 탐색기를 이용한 방법과 실행창을 이용한 방법으로도 설치 가능하다.

(1) 탐색기 이용

탐색기를 이용한 설치방법은 윈도우즈 탐색기를 이용하여 CD로 이동한 후 공압 시뮬레이터(PHLego plus) 폴더에 "setup.exe" 파일을 실행함으로써 설치가 가능하다.

(2) 실행창 이용

실행창을 이용한 설치는 윈도우즈의 시작 버튼을 클릭한 후 실행 메뉴를 선택하여 직접 CD 안의 "setup.exe" 파일의 경로를 입력하면 된다. 그 이후의 과정은 탐색기를 이용한 방법과 같다.

마법사가 실행된 후 공압 시뮬레이터(PHLego plus) Logo가 자동으로 화면에 표시가 된다.

[그림 7-2] 공압 시뮬레이터(PHLego plus) Logo

공압 시뮬레이터(PHLego plus)의 로고가 표시된 후 일정 시간이 지나면 다음의 공압 시뮬레이터(PHLego plus) InstallShield Wizard 설치 준비 화면이 표시된다.

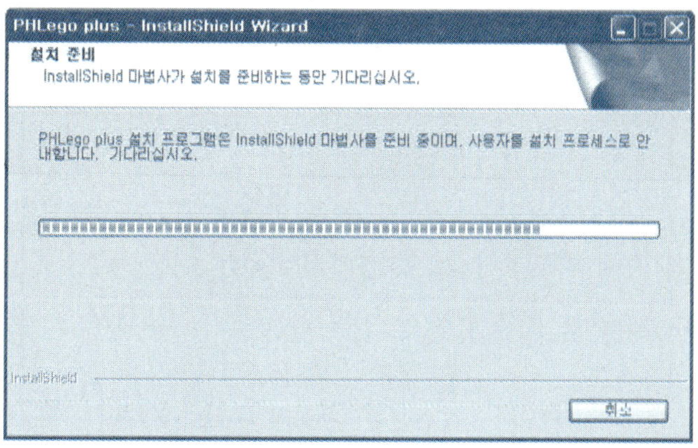

[그림 7-3] 공압 시뮬레이터(PHLego plus) InstallShield Wizard 준비 화면

03 공압 시뮬레이터 설치과정

1) 설치 시작

공압 시뮬레이터(PHLego plus) InstallShield Wizard 준비 화면이 끝나면 자동적으로 화면의 설치창이 나타난다.

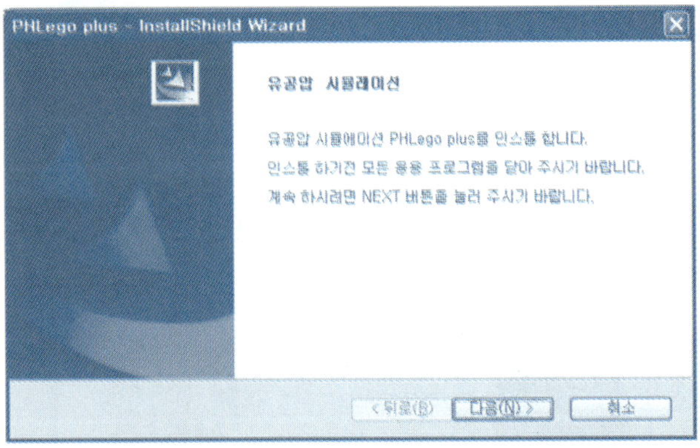

[그림 7-4] 공압 시뮬레이터(PHLego plus) InstallShield 설치

2) 사용권 계약 동의서

설치창에서 [다음]을 누르면 소프트웨어 사용권 계약 동의서가 나타난다. 중요한 내용이므로 사용자는 자세히 읽어 차후 불이익이 없도록 해야 한다.

"위의 내용에 동의합니다." 버튼을 클릭하면 [다음] 버튼이 활성화된다.

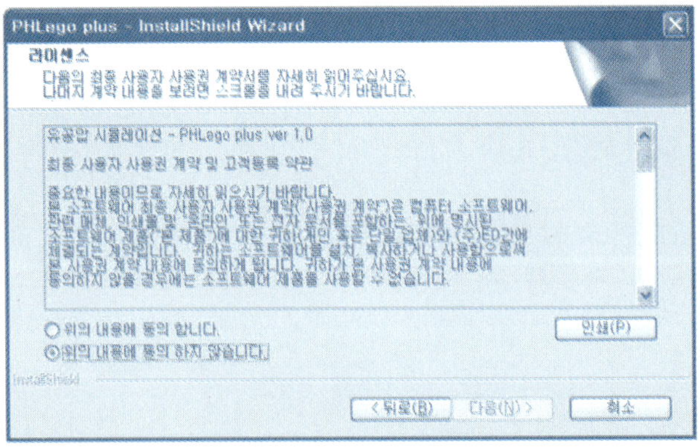

[그림 7-5] 사용권 계약 동의서

3) 사용자 정보 입력

라이센스 설치창에서 [다음] 버튼을 누르면 사용자 정보 입력창이 나온다. 이름(U)에는 사용자 이름을 입력하고, 회사(C)에는 소속을 입력한다.

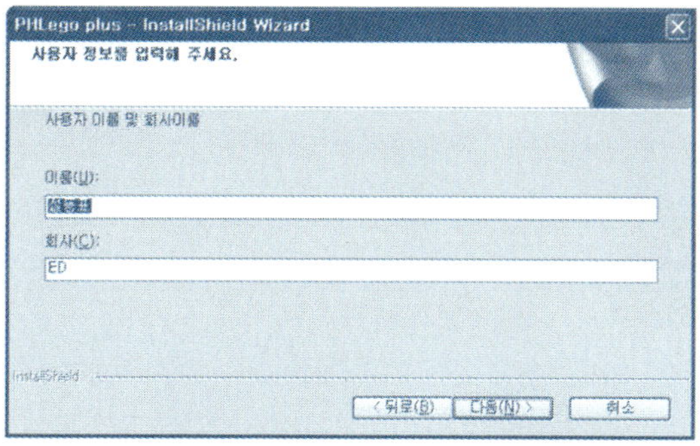

[그림 7-6] 사용자 정보 입력

4) 설치 폴더 선택

사용자 정보를 입력한 후에는 프로그램 설치 디렉토리를 선택하게 된다. 디렉토리는 기본적으로 "C:\Program Files\공압 시뮬레이터PHLego plus"가 설정되어 있다. 설치 디렉토리를 변경하고자 할 때에는 [변경] 버튼을 클릭하면 [폴더 선택] 창이 나온다. 이를 사용하여 사용자가 원하는 위치에 설치가 가능하다. 디렉토리의 입력을 끝마치면 [확인] 버튼을 누른다.

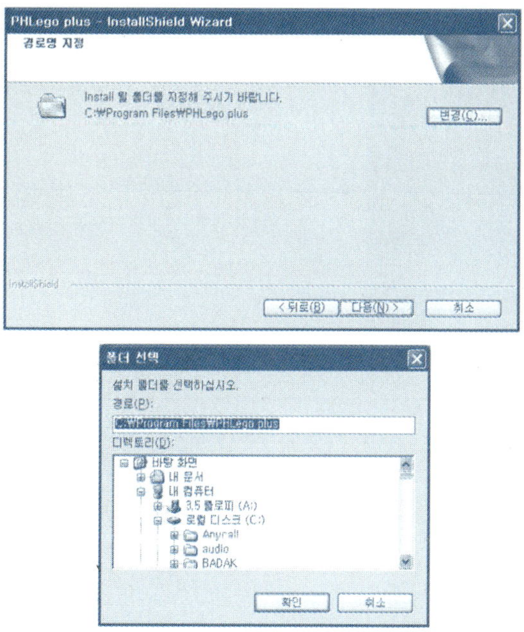

[그림 7-7] 설치 폴더 선택

5) 파일 복사

경로명을 지정한 후 [다음] 버튼을 누르면 프로그램을 사용하는데 필요한 파일이 하드에 복사된다.

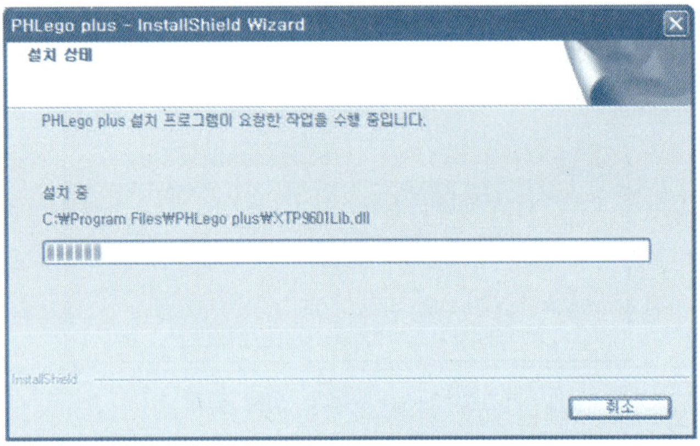

[그림 7-8] 공압 시뮬레이터(PHLego plus) 설치

6) 설치 완료

설치 과정을 끝마치고 [완료] 버튼을 눌러 재부팅하면 공압 시뮬레이터(PHLego plus)의 실행 준비가 완료된다.

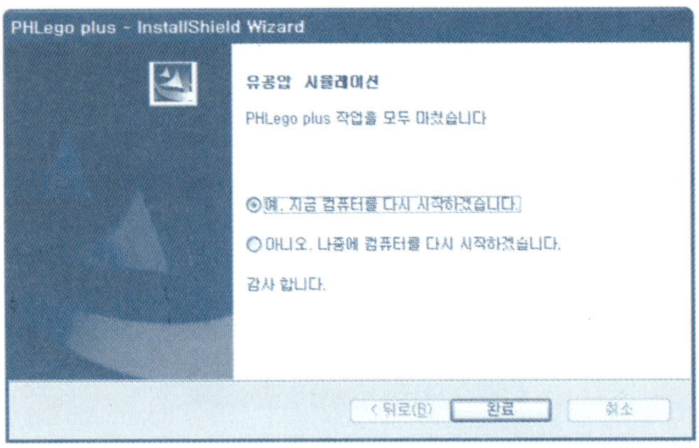

[그림 7-9] 공압 시뮬레이터(PHLego plus) 설치 완료

04 공압 시뮬레이터의 시작

4-1 공압 시뮬레이터의 실행방법

공압 시뮬레이터(PHLego plus)의 설치를 끝마치면 공압 시뮬레이터(PHLego plus)의 실행이 가능하다.

프린트 포트에 공압 시뮬레이터(PHLego plus) 전용 Key-Lock을 장착하고 공압 시뮬레이터(PHLego plus)를 실행한다. 공압 시뮬레이터(PHLego plus)를 실행하는 방법은 [시작] 버튼을 클릭하여 실행하는 방법, 실행창을 이용하여 실행하는 방법 그리고 가장 간편한 바탕화면의 아이콘을 클릭하여 실행하는 방법이 있다.

1) 시작 버튼을 이용한 실행

[시작] 버튼을 이용한 실행 방법은 [시작] 버튼을 클릭하여 [시작]-[모든 프로그램]-[공압 시뮬레이터(PHLego plus)]-[공압 시뮬레이터(PHLego plus)]의 순서로 실행하면 된다.

[그림 7-10] 공압 시뮬레이터(PHLego plus) 실행

2) 실행창을 이용한 실행

[시작] 버튼을 클릭하여 메뉴 중에 실행을 누르면 실행창이 활성화된다. 실행창이 활성화되면 [찾아보기] 버튼을 이용하여 공압 시뮬레이터(PHLego plus)가 설치된 디렉토리를 찾아 [열기] 버튼을 누른다. [열기] 버튼을 누르면 실행창의 열기에 공압 시뮬레이터(PHLego plus) 실행 파일의 위치가 입력된다. 사용자는 실행창의 [확인] 버튼을 누름으로써 공압 시뮬레이터(PHLego plus)를 실행할 수 있다.

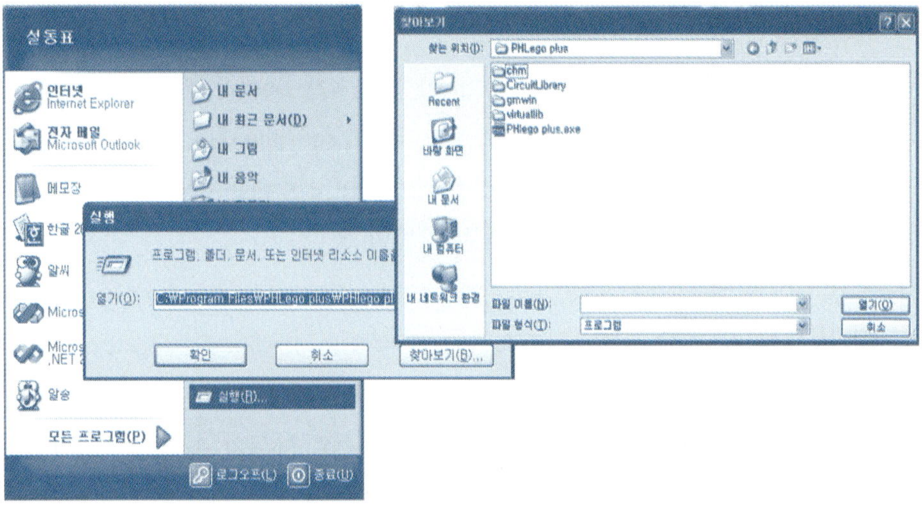

[그림 7-11] 실행창을 이용한 공압 시뮬레이터(PHLego plus) 실행

3) 바탕화면 아이콘을 이용한 실행

마지막 방법은 가장 간편한 방법인 바탕화면의 아이콘을 이용한 방법이다. 공압 시뮬레이터(PHLego plus)를 설치하면 바탕화면에 자동으로 아이콘이 등록된다. 따라서 이 아이콘을 더블클릭하면 공압 시뮬레이터(PHLego plus)를 실행할 수 있다. [그림 7-12]와 같이 실행창을 이용한 공압 시뮬레이터(PHLego plus) 실행을 할 수 있다.

[그림 7-12] 실행창을 이용한 공압 시뮬레이터(PHLego plus) 실행

05 공압 시뮬레이터 실행

앞에서 언급한 여러 가지 실행방법 중 하나로 공압 시뮬레이터(PHLego plus)를 실행하면 다음과 같이 공압 시뮬레이터(PHLego plus)가 실행된다.

[그림 7-13] 공압 시뮬레이터(PHLego plus) 실행

주의해야 할 것은 공압 시뮬레이터(PHLego plus)는 PC 프린트 포트에 Key-Lock을 장착한 상태에서 동작하며, 만약 Key-Lock을 장착하지 않은 경우 아래와 같이 라이센스를 등록해야만 동작한다. 라이센스가 정상적으로 입력되면 "축하합니다! 라이센스 인증이 완료되었습니다!"는 메시지가 나타난다.

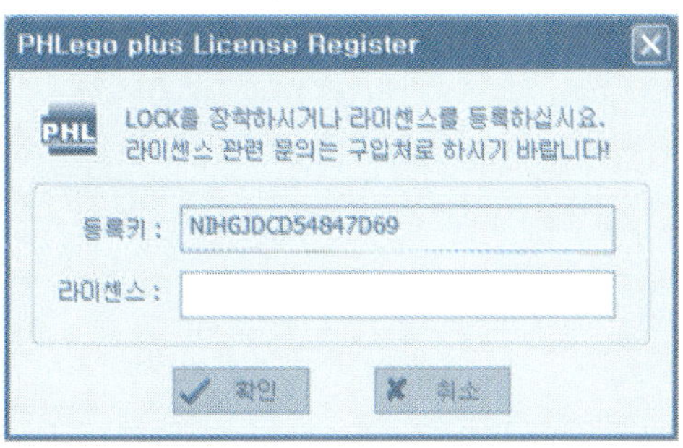

[그림 7-14] 라이센스 등록기

CHAPTER

08 공압 시뮬레이터(PHLego plus) 화면구성

01 공압 시뮬레이터 전체 화면구성

공압 시뮬레이터(PHLego plus)의 화면구성은 제목 표시줄, 메뉴 표시줄, 도구모음, 워크스페이스창, 요소창, 파트리스트창, 회로도창, 실배선창, 상태도구로 구분한다.

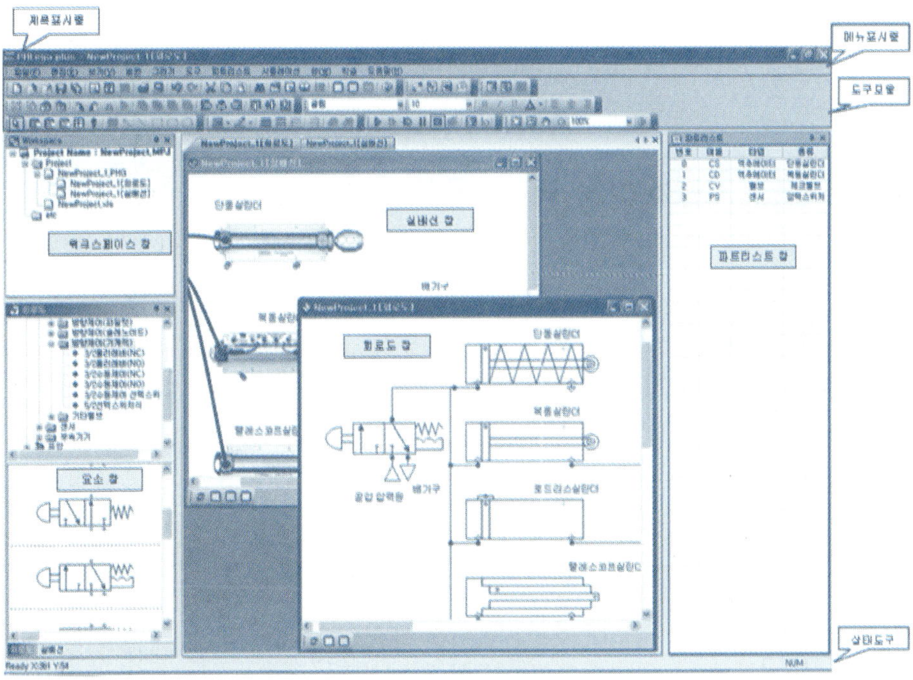

[그림 8-1] 공압 시뮬레이터(PHLego plus) 전체 화면

① 제목 표시줄 : 현재 선택된 창의 제목을 나타낸다.

② 메뉴 표시줄 : 풀다운 메뉴로 구성되어 있고, 선택된 창 구성에 따른 메뉴를 나타낸다.

③ 도구모음 : 표준 도구를 비롯하여 그리기 도구, 정렬 도구, 글꼴 도구, 시뮬레이션 도구, 파트리스트 도구, 확대/축소 도구 등으로 구성되어 있다.

④ 워크스페이스창 : 현재 작업중인 프로젝트의 이름과 프로젝트를 구성하는 파일을 표시한다.

⑤ 요소창 : 공압 시뮬레이터(PHLego plus)에서 지원되는 요소의 목록을 보여주며 목록에서 요소를 선택하여 사용할 수 있다.

⑥ 파트리스트창 : 회로도 및 실배선에서 사용한 요소의 목록을 보여준다.

⑦ 회로도창 : 요소창에서 요소를 선택하여 회로도창에 회로를 구성 시뮬레이션을 해 볼 수 있게 한다.

⑧ 실배선창 : 요소창에서 요소를 선택하여 실배선창에 회로를 구성 시뮬레이션을 해 볼 수 있게 한다.

⑨ 상태도구 : 공압 시뮬레이터(PHLego plus)에 대한 정보가 나타난다. 공압 시뮬레이터(PHLego plus) 메뉴의 정보와 객체의 위치 좌표를 표시한다.

02 공압 시뮬레이터 메뉴 구성

2-1 파일 메뉴

[파일] 메뉴는 새 프로젝트, 새 파일, 열기, 닫기, 저장, 인쇄 등 공압 시뮬레이터(PHLego plus)의 가상 유·공압 프로젝트를 작성하는데 가장 기본이 되는 메뉴로 구성되어 있다.

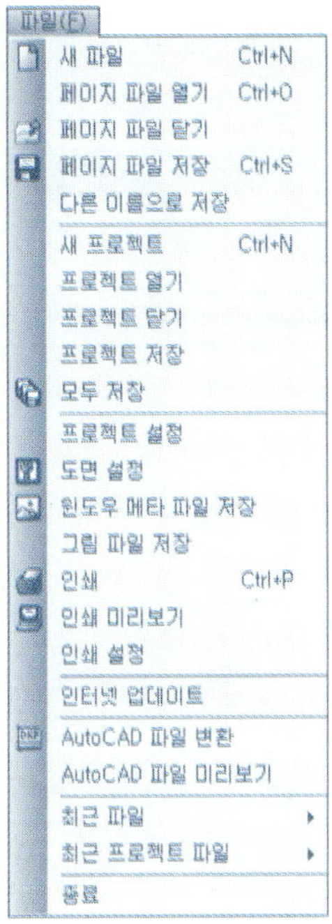

[그림 8-2] 파일 메뉴

1) 새 파일(Ctrl+N)

새 프로젝트, 페이지 파일을 선택하여 파일을 새로 만든다.

[그림 8-3] 새 파일

현재 프로젝트가 열려 있는 상태에서 페이지 파일을 새로 만들 경우 그림에서와 같이 새로운 파일을 프로젝트에 추가시킬 것인지 물어본다.

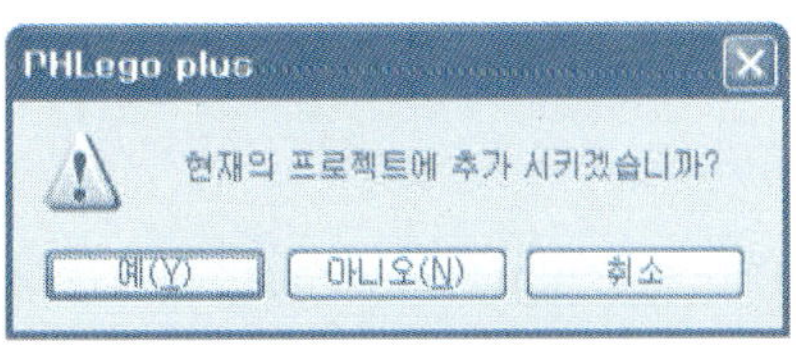

[그림 8-4] 프로젝트에 추가

프로젝트에 포함될 파일은 워크스페이스창에서 Project에 포함되며, 프로젝트에 포함되지 않는 파일은 etc에 포함된다.

[그림 8-5] 새 프로젝트 추가

프로젝트가 열려 있는 상태에서 새로운 프로젝트를 생성하면 계속 진행할 것인지 물어본다.

2) 페이지 파일 열기(Ctrl+O)

파일로 저장되어진 페이지 파일을 불러온다. 페이지 파일은 회로도창과 실배선창 두 개로 구성되어 있으며, 프로젝트가 열려있는 경우 새 파일 메뉴와 마찬가지로 불러올 파일이 프로젝트에 포함될 것인지 물어본다.

[그림 8-6] 페이지 파일 프로젝트에 추가

3) 페이지 파일 닫기

현재 작업중인 페이지 파일을 닫는다.

4) 페이지 파일 저장(Ctrl+S)

현재 선택되어진 페이지 파일을 "PHG" 확장자를 가지는 파일로 저장한다.

5) 다른 이름으로 저장

현재 선택되어진 페이지 파일을 다른 이름으로 저장한다.

6) 새 프로젝트(Ctrl+N)

새로운 공압 시뮬레이터(PHLego plus) 프로젝트를 만든다.

[그림 8-7] 새 프로젝트

7) 프로젝트 열기

"MPJ" 확장자로 저장되어진 파일을 불러온다.

8) 프로젝트 닫기

현재 작업중인 프로젝트를 닫는다. 프로젝트에 포함된 모든 페이지 파일을 닫는다.

9) 프로젝트 저장

현재 작업중인 프로젝트를 "MPJ" 확장자를 가지는 프로젝트 파일로 저장한다.

10) 모두 저장

현재 열려 있는 모든 창들의 내용을 저장한다.

11) 프로젝트 설정

현재 작업중인 프로젝트에 관련된 설정을 할 수 있다.

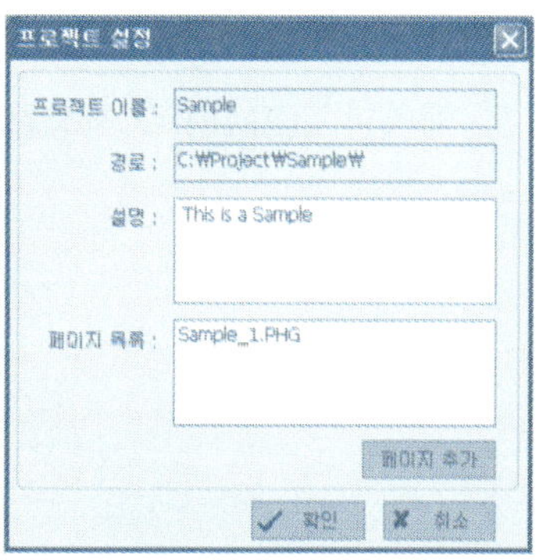

[그림 8-8] 프로젝트 설정

12) 도면 설정

현재 선택되어진 창의 도면 속성 및 인쇄옵션을 선택할 수 있다.

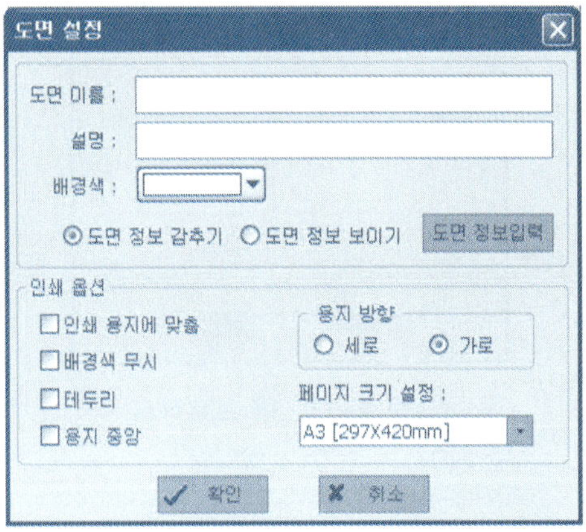

[그림 8-9] 도면 설정

- 도면정보 입력 : 도면에 대한 정보를 입력하면 입력된 도면의 정보는 인쇄시 도면의 우측 하단에 출력된다. 인쇄된 도면에 도면정보가 포함되어 있으면 다른 도면과 혼돈되지 않고 도면에 대한 특징을 한눈에 확인할 수 있다.

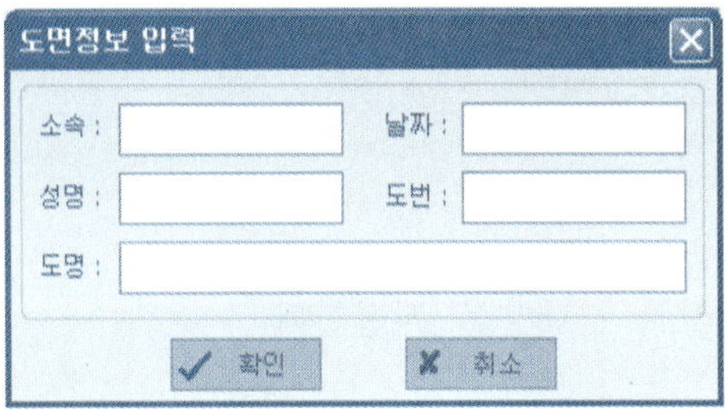

[그림 8-10] 도면 정보입력

13) 윈도우 메타 파일 저장

현재 선택되어진 창을 윈도우 메타파일(EMF)로 저장한다.

14) 그림 파일 저장

현재 선택되어진 창을 그림 파일로 저장한다.

15) 인쇄(Ctrl+P)

현재 선택되어진 회로도 혹은 실배선창을 인쇄한다. 프린터 등록정보를 확인할 수 있으며 인쇄범위를 설정하고 인쇄매수를 지정한다.

16) 인쇄 미리보기

현재 선택되어진 창의 인쇄하고자 하는 화면을 확대, 축소하여 미리 볼 수 있다.

17) 인쇄 설정

컴퓨터와 연결된 프린트의 정보를 설정한다. 인쇄용지의 크기 및 방향을 지정할 수 있다.

18) 인터넷 업데이트

인터넷을 통한 업그레이드가 가능하다.

19) AutoCAD 파일 변환

작성한 회로도 및 실배선을 AutoCAD에서 수정 가능한 DXF 파일 포맷으로 변환한다.

20) AutoCAD 파일 미리보기

AutoCAD에서 작성한 DXF 파일을 불러와서 볼 수 있다.

21) 최근 파일

최근 작성하거나 열어본 파일의 목록이 보여진다.

22) 최근 프로젝트 파일

최근 작성하거나 열어본 프로젝트 파일의 목록이 보여진다.

23) 종 료

공압 시뮬레이터(PHLego plus)를 종료한다.

페이지 파일, 프로젝트 파일을 저장하지 않고 종료 명령을 실행하면 저장할 것인지를 묻는 대화 상자가 나타난다. 저장을 하려면 [예] 버튼을 클릭하고, 저장을 하지 않고 종료하려면 [아니오] 버튼을 클릭한다. 종료를 취소하고자 한다면 [취소] 버튼을 클릭한다.

2-2 편집 메뉴

[편집] 메뉴는 객체를 복사, 삭제, 붙여 넣기, 찾기 등과 같이 객체의 편집시 필요한 명령을 포함하고 있다.

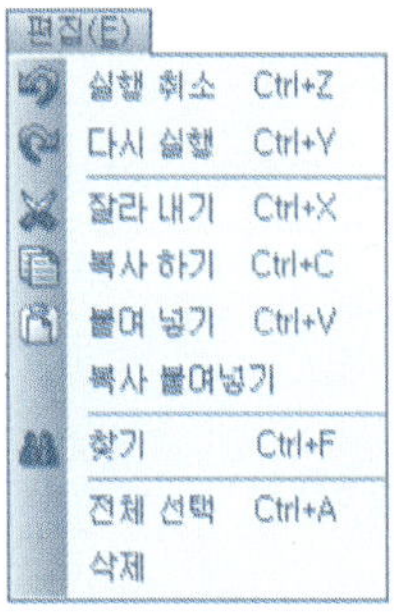

1) 실행 취소(Ctrl+Z)

가장 최근에 사용된 명령부터 차례대로 실행된 명령을 취소한다.

2) 다시 실행(Ctrl+Y)

"실행 취소" 명령에 의해 취소했던 작업을 다시 복구한다.

3) 잘라 내기(Ctrl+X)

파일을 작성할 때 특정 객체를 다른 파일로 옮기거나 다른 곳에서 사용하기 위해 잠시 잘라둔다. 잘라 내기한 객체는 클립보드에 저장되므로 여러 번 붙여 넣기 할 수도 있다.

4) 복사 하기(Ctrl+C)

선택되어진 내용을 다른 곳에서 사용하기 위해 복사한다.

5) 붙여 넣기(Ctrl+V)

복사되어 클립보드에 있는 내용을 마우스 포인터의 위치에 붙인다. 객체가 선택된 상태에서 [Ctrl]키를 누르고 객체를 드래그하면 선택된 객체와 동일한 객체가 복사되어 붙여 넣기 된다.

6) 복사 붙여넣기

복사 하기와 붙여 넣기 기능을 합친 기능이다.

7) 찾기(Ctrl+F)

현재 선택되어진 회로도 및 실배선창의 특정 요소를 찾아간다.

[그림 8-11] 찾기창

8) 전체 선택(Ctrl+A)

현재 선택되어진 작업창의 모든 내용을 선택한다.

9) 삭 제

선택된 객체나 내용을 지운다.

2-3 보기 메뉴

[보기] 메뉴는 페이지의 확대/축소를 비롯하여 작업시 필요한 환경에 대한 메뉴들로 이루어져 있다. 또한 공압 시뮬레이터(PHLego plus) 사용을 위한 상태 표시줄, 도구모음, 격자 등을 지정할 수 있고 객체에 대한 속성을 설정할 수 있는 객체 속성 설정창이나 워크스페이스창, 요소 라이브러리창을 보이게 한다.

1) 확대 / 축소

현재 선택되어진 작업창의 내용을 확대하거나 축소해서 보이게 한다.

기본적으로 100%(표준)의 크기로 보이고 지정된 크기로 확대하거나 축소해서 보이게 할 수 있으며, [사용자 정의] 명령을 이용하여 확대/축소 비율을 직접 지정할 수도 있다.

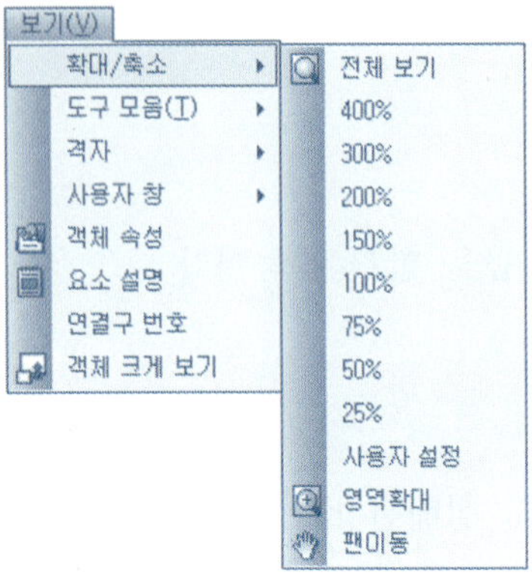

2) 도구모음

공압 시뮬레이터(PHLego plus) 툴바의 구성 요소들을 감추거나 표시한다.

① 표준 도구 : 새 파일, 저장, 인쇄 등 사용자가 많이 사용하게 될 도구 창

② 그리기 도구 : 객체를 그리기 위해 기본적으로 사용되는 도구 창

③ 시뮬레이션 도구 : 시뮬레이션에 대한 이벤트를 부여하는 도구 창

④ 정렬 도구 : 객체를 회전하거나 정렬하기 위해 사용되는 도구 창

⑤ 변경 도구 : 라인 색이나 타입 등을 변경하기 위해 사용하는 도구 창

⑥ 확대 / 축소 도구 : 현재창의 내용을 확대하거나 축소할 수 있도록 사용되는 도구 창

⑦ 파트리스트 도구 : 파트리스트를 보기, 생성, 적용할 수 있는 도구 창

⑧ 글꼴 도구 : 글꼴을 바꾸거나 글자의 스타일을 지정하기 위해 사용되는 도구 창

⑨ 사용자 창 : 워크스페이스창이나 요소 라이브러리창 등을 감추거나 표시하는 도구 창

⑩ 상태 표시줄 : 메인 프레임의 하단에 위치하고 메뉴의 특정 항목을 선택하면 해당 항목의 도움말을 출력하거나 위치좌표를 표현하는 도구 창

3) 격 자

① 격자 설정 : 격자(Grid)의 간격을 설정한다.

② 격자 보기 : 격자를 보이게 할 것인지 보이지 않게 할 것인지 설정한다.

③ 선격자 보기 : 선격자를 보이게 할 것인지 보이지 않게 할 것인지 설정한다.

④ 실습판 보기 : 실배선의 경우 실습판을 보이게 할 것인지 보이지 않게 할 것인지 설정한다.

4) 사용자 창

공압 시뮬레이터(PHLego plus)의 워크스페이스창이나 요소 라이브러리창 등을 보여준다.

① 워크스페이스창 : 워크스페이스창을 보여준다.

② 회로도창 : 회로도 라이브러리창을 보여준다.

③ 실배선창 : 실배선 라이브러리창을 보여준다.

④ 파트리스트창 : 파트리스트창을 보여준다.

5) 객체 속성

회로도 및 실배선을 구성하는 객체의 속성을 설정한다. 객체 고유의 이름을 설정할 수 있으며 객체들의 속성을 설정하여 시뮬레이션시 변화에 영향을 준다. 각 객체마다 고유의 객체 속성 입력창을 가진다.

6) 요소 설명

요소들의 동작 방법이나 요소들에 대한 설명을 보여준다. 요소 설명에서는 각 요소를 쉽게 이해할 수 있도록 요소 동영상을 제공한다.

7) 요소 동영상 보는 방법

① 요소 편집창에서 요소를 선택 후 오른쪽 마우스를 누르면 팝업메뉴가 생성된다.

② 팝업메뉴 중 요소설명을 클릭하면 요소설명이 새로운 창에 나타나고 중앙 부분에 동영상이 나타난다.

③ 스크롤은 동영상의 진행속도를 조절한다.

④ 버튼을 클릭하면 동영상이 시작된다.

⑤ 버튼을 클릭하면 진행중이던 동영상이 일시적으로 정지한다.

⑥ 일시 정지된 상태에서 버튼 또는 버튼을 클릭하면 정지된 지점에서 다시 진행된다.

⑦ 진행중이던 동영상을 정지시키고자 한다면 버튼을 클릭한다.

⑧ 버튼을 클릭하면 한 스텝 진행 후 멈춘다.

CHAPTER 08

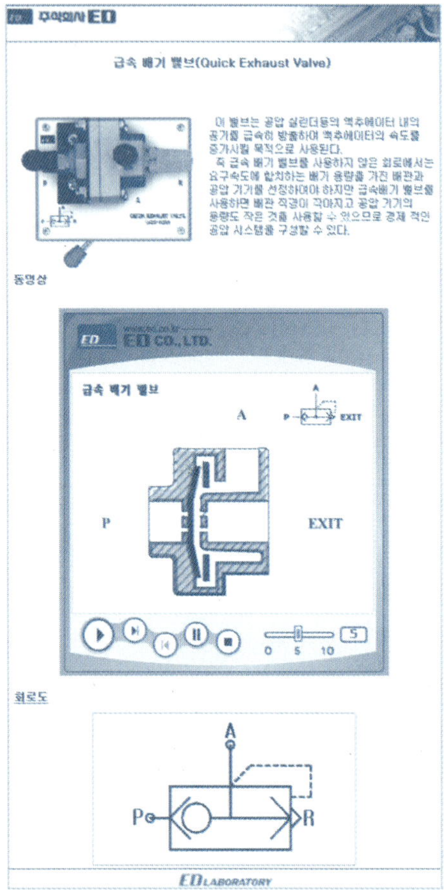

[그림 8-12] 요소 설명 보기

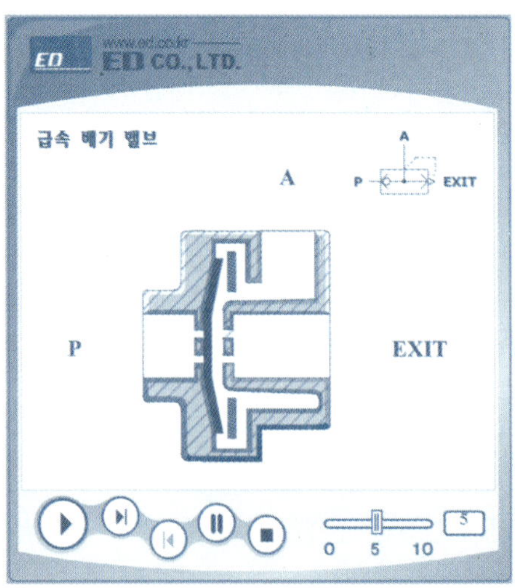

[그림 8-13] 요소 동영상 보기

8) 연결구 번호

요소의 연결구 번호를 출력해 준다.

2-4 배관 메뉴

[배관] 메뉴는 공압, 유압, 전기 등의 요소들 사이의 속성값을 연결시켜주는 역할을 하는 배선과 현재 연결이 맞게 되어 있는지 확인할 수 있는 회로검사로 구성되어 있다.

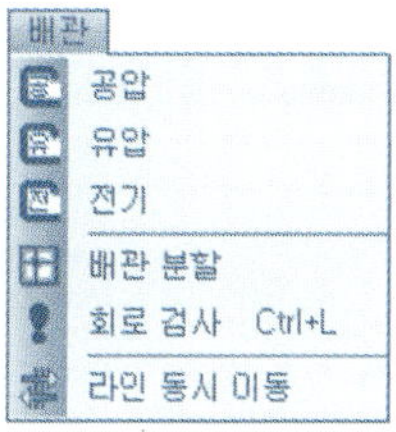

1) 공압

공압 요소들을 연결하는 배선을 그린다.

2) 유압

유압 요소들을 연결하는 배선을 그린다.

3) 전기

전기 요소들을 연결하는 배선을 그린다.

4) 배관 분할

회로도에서 각 요소를 연결시켜주는 배선을 분할할 수 있다.

5) 회로 검사(Ctrl+L)

공압, 유압, 전기 라인들이 맞게 연결되어 있는지 검사한다.

6) 라인 동시 이동

요소들을 이동시, 요소와 라인을 동시에 이동시킨다.

2-5 그리기 메뉴

[그리기] 메뉴는 새로운 객체를 그리거나 문자를 출력할 수 있다.

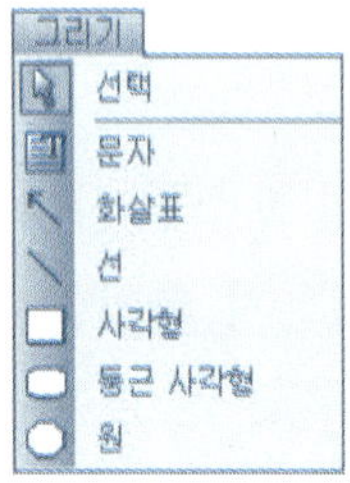

1) 선택

그리기 모드에서 객체 선택 모드로 바꾼다.

2) 문자

문자를 표시하는 글상자 객체를 추가한다. [문자] 메뉴를 선택하고 마우스를 클릭하면 [문자열 입력] 대화상자가 실행된다. 문자를 작성하고 [확인] 버튼을 클릭하면 마우스 포인터의 위치에 텍스트 박스의 문자객체가 그려진다.

3) 화살표

화살표를 그린다. 메뉴를 선택하고 회로도 또는 실배선창에 마우스를 가져가면 마우스 커서가 [+]로 바뀐다. 화살표의 시작점에서 마우스 왼쪽 버튼을 누르고 드래그하면 화살표가 그려진다.

4) 선

직선을 그린다. 메뉴를 선택하고 회로도 또는 실배선창에 마우스를 가져가면 마우스 커서가 [+]로 바뀐다. 직선의 시작점에서 마우스 왼쪽 버튼을 누르고 드래그하면 선이 그려진다.

5) 사각형

직사각형을 그린다. [사각형] 메뉴를 선택하고 회로도 또는 실배선창에 마우스를 가져가면 마우스 커서가 [+]로 바뀐다. 사각형의 시작점에서 마우스 왼쪽 버튼을 누르고 드래그하면 사각형이 그려진다.

6) 둥근 사각형

둥근 사각형을 그린다. 사각형 그리기와 동일한 방법으로 둥근 사각형을 그린다. 그려진 둥근 사각형의 오른쪽 모서리 안쪽에 [□]에 마우스를 올리면 커서가 [✥]으로 바뀐다. 마우스 왼쪽 버튼을 누르고 이동시키면 둥근 사각형의 모서리 각도가 바뀐다. 안쪽으로 이동하면 원에 가까운 각도를 가지고 밖으로 이동시키면 사각형에 가까운 각도를 가진다.

7) 원

타원을 그린다. 사각형 그리기와 동일한 방법으로 그린다.

2-6 도구 메뉴

[도구] 메뉴에서 객체를 이동, 그룹화할 수 있으며, 객체의 위치를 맞춤하거나 크기를 맞춤할 수 있다.

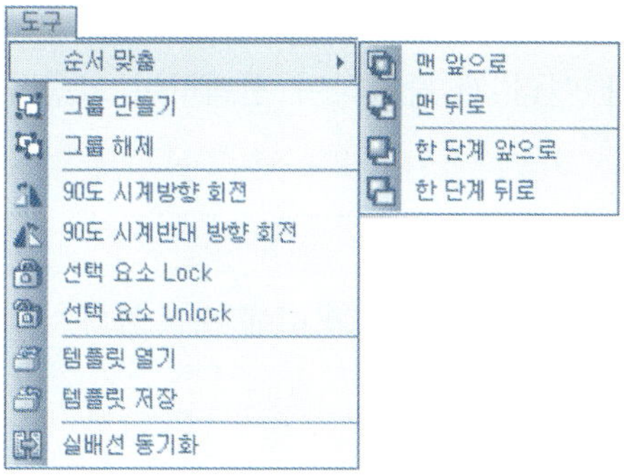

1) 순서 맞춤

① 맨 앞으로 : 선택된 객체를 가장 앞으로 나오게 한다.

② 맨 뒤로 : 선택된 객체를 가장 뒤로 가게 한다.

③ 한 단계 앞으로 : 선택된 객체를 한 단계 앞으로 가져온다.

④ 한 단계 뒤로 : 선택된 객체를 한 단계 뒤로 보낸다.

2) 그룹 만들기

여러 개의 객체를 묶어 하나의 객체처럼 사용한다.

3) 그룹 해제

묶여 있는 객체를 그룹되기 전 상태로 만든다.

4) 90도 시계방향 회전

선택된 객체를 시계방향으로 90도 회전시킨다.

5) 90도 시계반대 방향 회전

선택된 객체를 시계반대 방향으로 90도 회전시킨다.

6) 선택 요소 Lock

요소를 하나 선택하거나 여러 개 중복하여 선택하여 움직임을 고정시킬 수 있다.

7) 선택 요소 Unlock

요소를 하나 선택하거나 여러 개 중복하여 선택하여 고정을 해제시킬 수 있다.

8) 템플릿 열기

사용자가 작성한 객체를 템플릿 라이브러리에 등록한다.

9) 템플릿 저장

속성이 설정되어 있는 템플릿 라이브러리를 가져와서 사용자 용도에 맞게 수정하여 사용할 수 있다.

10) 실배선 동기화

회로도 요소들을 실배선에서 사용할 수 있도록 동기화시켜 준다.

2-7 파트리스트 메뉴

[파트리스트] 메뉴는 작성된 프로젝트에서 사용한 요소들의 목록을 사용자에게 보여주고, 엑셀 파일로 저장할 수 있는 기능을 가진다.

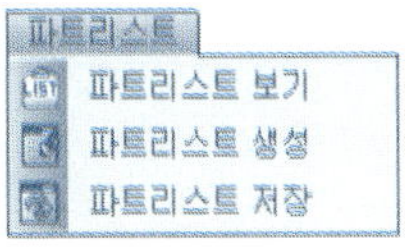

1) 파트리스트 보기

작성된 파트리스트의 목록을 보여준다.

2) 파트리스트 생성

프로젝트에서 사용한 요소의 목록을 파트리스트로 생성한다.

3) 파트리스트 저장

파트리스트의 목록에서 작성한 내용을 엑셀 파일로 저장할 수 있다.

2-8 시뮬레이션 메뉴

[시뮬레이션] 메뉴는 작성된 공압 시뮬레이터(PHLego plus) 파일을 시뮬레이션하기 위하여 필요한 정보를 설정하거나 시뮬레이션을 제어하기 위한 메뉴로 구성되어 있다.

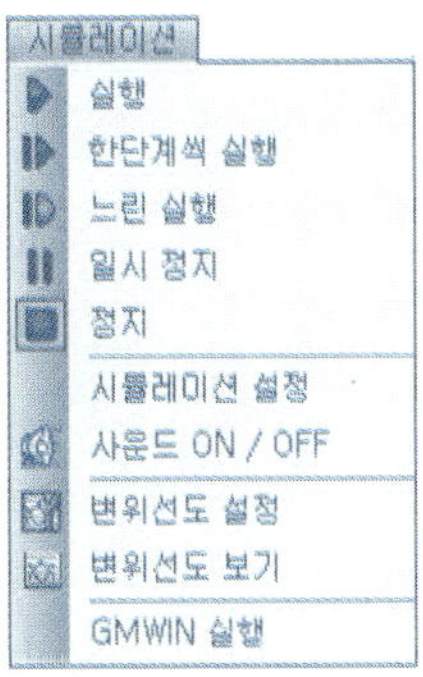

1) 실행

작성된 회로에 대한 시뮬레이션을 시작한다.

2) 한 단계씩 실행

한 단계씩 시뮬레이션을 실행한다.

3) 느린 실행

느린 속도로 시뮬레이션을 실행한다.

4) 일시 정지

시뮬레이션중이던 회로를 일시 정지시킨다.

5) 정지

시뮬레이션중이던 회로를 정지시킨다.

6) 시뮬레이션 설정

시뮬레이션의 속도를 설정할 수 있다.

[그림 8-14] 시뮬레이션 설정창

7) 사운드 ON/OFF

시뮬레이션시 사운드 사용여부에 대해 설정한다.

8) 변위선도 설정

변위선도에 표현할 요소를 선택할 수 있다.

9) 변위선도 보기

선택한 요소에 대한 변위선도를 볼 수 있다. 각 요소를 아날로그/디지털 형태로 구분하였으며, 인쇄 및 설정 기능을 가지고 있다.

10) GMWIN 실행

GMWIN을 실행한다.

2-9 창 메뉴

[창] 메뉴는 여러 개의 창을 아래의 3가지 형태로 정렬하여 작업이 가능하도록 하는 메뉴이다.

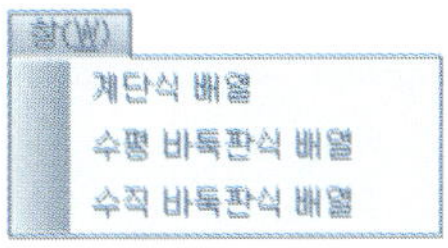

1) 계단식 배열

현재 열려 있는 모든 창들을 서로 엇갈려 겹치도록 계단 형태로 정렬한다.

2) 수평 바둑판식 배열

현재 열려 있는 모든 창들을 수평 바둑판 형태로 정렬한다.

3) 수직 바둑판식 배열

현재 열려 있는 모든 창들을 수직 바둑판 형태로 정렬한다.

2-10 학습 메뉴

[학습] 메뉴는 공압 시뮬레이터(PHLego plus)를 보다 효율적으로 사용하기 위한 메뉴이다.

1) 실습 예제

기초에서 응용에 이르는 여러 단계의 예제를 실습한다.

2) 전자 교재

전자 교재 및 공압 시뮬레이터(PHLego plus)를 통하여 쉽게 공압에 접할 수 있게 구성되어 있다.

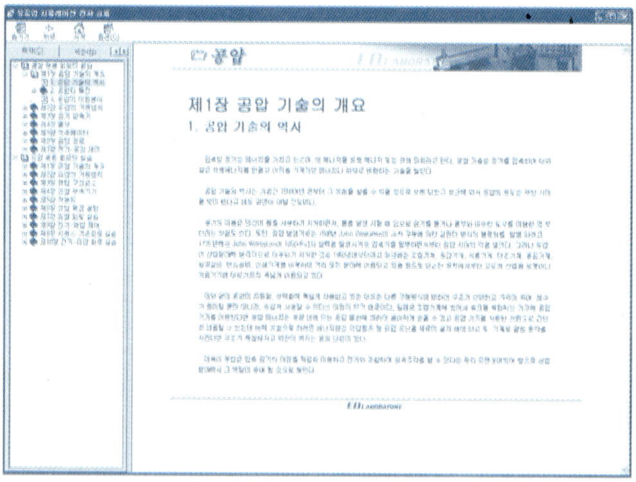

[그림 8-15] 전자 교재

2-11 도움말 메뉴

[도움말] 메뉴는 공압 시뮬레이터(PHLego plus)의 사용 설명서와 정보를 보여준다.

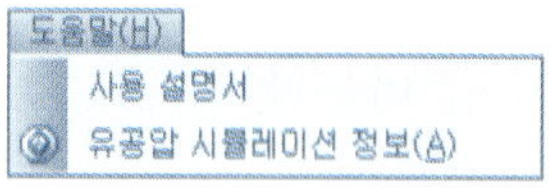

1) 사용 설명서

공압 시뮬레이터(PHLego plus)의 여러 가지 기능들에 대해 기술된 사용 설명서가 실행된다.

2) 공압 시뮬레이션 정보

공압 시뮬레이터(PHLego plus)의 정보, 버전 번호, 저작권을 표시한다.

03 공압 시뮬레이터 도구모음 구성

사용자가 자주 사용하는 기능 중 유사한 기능들을 툴바로 구성하여 작업을 용이하게 하였다. 툴바를 드래그하면 툴바의 위치를 옮길 수 있다.

3-1 표준 도구

명 령	설 명
새로운 파일	새로운 프로젝트(MPJ)나 페이지(PHG)를 추가한다.
열기	파일로 저장된 프로젝트(MPJ)나 페이지(PHG) 파일을 불러온다.
닫기	현재 선택된 작업중인 페이지를 닫는다.
저장	현재 선택된 작업중인 페이지를 저장한다.
모두 저장	현재 열려 있는 모든 페이지를 파일로 저장한다.
윈도우 메타파일 저장	현재 선택된 작업창을 윈도우 메타파일(EMF)로 저장한다.
도면 설정	현재 작업중인 도면에 대한 설정을 한다.
AutoCAD 파일 변환	현재 선택된 회로도를 AutoCAD에서 볼 수 있는 형태로 저장한다.
인쇄	현재 선택된 작업창을 프린터로 출력한다.
미리보기	현재 작업중인 창을 인쇄될 모양으로 화면에 보여준다.
실행 취소	바로 전에 했던 작업을 취소한다.
다시 실행	취소한 실행을 다시 실행한다.
잘라 내기	선택되어진 내용을 다른 곳에서 사용하기 위해 잘라둔다.
복사 하기	선택되어진 내용을 다른 곳에서 사용하기 위해 복사한다.
붙여 넣기	복사/잘라내기 되어 있는 내용을 마우스의 위치에 넣는다.
찾기	현재 선택되어진 작업창의 특정 문자열을 찾는다.
객체 속성	객체 속성을 설정한다.
실습 예제	실습 예제를 볼 수 있다.
전자 교재	전자 교재를 볼 수 있다.
요소 설명	객체의 설명과 플래시 동영상을 본다.
객체 크게 보기	객체의 그림 크기를 크게 보여준다(실배선에서만 사용).
격자	격자를 보이게 할 것인지 보이지 않게 할 것인지 설정한다.
선격자	선격자를 보이게 할 것인지 보이지 않게 할 것인지 설정한다.
실습판	실습판을 보이게 할 것인지 보이지 않게 할 것인지 설정한다.
실배선 동기화	회로도 요소들을 실배선에서 사용할 수 있도록 동기화시킨다.
도움말	공압 시뮬레이터(PHLego plus)의 정보, 버전 정보, 저작권을 표시한다.

3-2 그리기 도구

명 령	설 명
선택	작성된 객체를 선택할 때 사용한다.
공압	공압 요소들을 연결하는 배선을 그릴 때 사용한다.
유압	유압 요소들을 연결하는 배선을 그릴 때 사용한다.
전기	전기 요소들을 연결하는 배선을 그릴 때 사용한다.
배관 분할	하나의 배선을 둘로 나눌 때 사용한다.
회로 검사	요소들의 연결이 잘 되었는지 검사한다.
라인 동시 이동	요소와 라인을 동시에 이동시킨다.
문자	문자열 객체를 추가한다.
화살표	화살표를 그린다.
직선	직선을 그린다.
사각형	사각형을 그린다.
둥근 사각형	둥근 사각형을 그린다.
원	원을 그린다.

3-3 정렬 도구

명 령	설 명
그룹	여러 개의 객체를 하나의 객체처럼 사용한다.
그룹 해제	묶여 있는 객체를 그룹되기 전 상태로 만든다.
잠금	객체를 고정시킨다.
잠금 해제	객체 고정을 해제시킨다.
90도 시계방향 회전	선택된 객체를 시계방향으로 90도 회전시킨다.
90도 시계반대 방향 회전	선택된 객체를 시계반대 방향으로 90도 회전시킨다.
맨 앞으로	선택된 객체를 가장 앞으로 나오게 한다.
맨 뒤로	선택된 객체를 가장 뒤로 보낸다.
한 단계 앞으로	선택된 객체를 한 단계 앞으로 가져온다.
한 단계 뒤로	선택된 객체를 한 단계 뒤로 보낸다.

3-4 글꼴 도구

명　령	설　명
글꼴	선택된 영역의 글꼴을 바꾼다.
글꼴 크기	선택된 영역의 글꼴의 크기를 바꾼다.
진하게	선택된 영역의 글자를 진하게 보이게 하거나 해제한다.
기울임꼴	선택된 영역의 글자를 오른쪽으로 기울이거나 해제한다.
밑줄	선택된 영역의 글꼴에 밑줄을 긋거나 해제한다.
글자색	선택된 영역의 글자색을 설정한다.
왼쪽 정렬	선택된 영역의 문단을 각 줄의 왼쪽에 직선으로 맞추어 정렬한다.
가운데 정렬	선택된 영역의 문단을 각 줄의 가운데에 맞추어 정렬한다.
오른쪽 정렬	선택된 영역의 문단을 각 줄의 오른쪽에 직선으로 맞추어 정렬한다.

3-5 시뮬레이션 도구

명　령	설　명
시작	작성된 회로에 대한 시뮬레이션을 시작한다.
한 단계 실행	단계적으로 시뮬레이션을 실행한다.
느린 실행	느린 동작으로 시뮬레이션을 실행한다.
일시 정지	시뮬레이션중이던 회로를 일시 정지한다.
정지	시뮬레이션중이던 회로를 정지한다.
시뮬레이션 설정	시뮬레이션의 속도를 설정할 수 있다.
사운드	사운드를 ON 또는 OFF한다.
변위선도 설정	변위선도에 표현할 요소의 목록을 설정한다.
변위선도	변위선도를 실행한다.

3-6 확대/축소 도구

명 령	설 명
전체 보기	현재창의 전체 보기를 실행한다.
영역 확대	선택된 영역을 확대시킨다.
팬 이동	팬 이동을 실행한다.
축소	현재창을 축소시킨다.
사용자 설정	현재창을 리스트 형태로 축소하거나 확대한다.
확대	현재창을 확대시킨다.

3-7 변경 도구

명 령	설 명
색 채우기	그리기 요소일 때 요소를 선택 후 색을 채운다.
선 색	선색을 지정한다.
선 두께	선의 두께에 따른 선의 타입을 지정한다.
선 스타일	선의 스타일을 지정한다.
왼쪽 화살표 모양	왼쪽 화살표의 모양을 선택한다.
오른쪽 화살표 모양	오른쪽 화살표의 모양을 선택한다.
템플릿 라이브러리 저장	템플릿 라이브러리로 저장한다.
템플릿 라이브러리 열기	템플릿 라이브러리를 불러온다.

3-8 파트리스트 도구

명 령	설 명
파트리스트 생성	프로젝트일 경우 파트리스트를 생성한다.
파트리스트 저장	파트리스트를 저장한다.

3-9 사용자 창

명 령	설 명
WorkSpace	워크스페이스창을 보여준다.
회로도	회로도 라이브러리창을 보여준다.
실배선	실배선 라이브러리창을 보여준다.
파트리스트	파트리스트창을 보여준다.

3-10 상태 도구

메인 프레임의 하단에 위치한다. 메뉴의 도움말을 출력하거나 페이지의 커서 좌표를 표시한다.

04 공압 시뮬레이터의 오른쪽 마우스 메뉴 구성

4-1 기본 오른쪽 마우스 메뉴(Popup Menu)

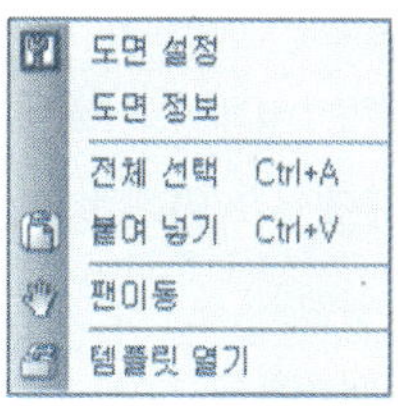

명 령	설 명
도면 설정	현재창의 페이지 설정 및 인쇄 옵션, 도면 정보 등을 설정한다.
도면 정보	현재창의 소속, 날짜, 도번 등의 입력을 한다.
전체 선택	현재창의 모든 요소를 선택한다.
붙여 넣기	복사된 혹은 잘라내어진 내용을 붙여 넣는다.
팬 이동	팬 이동을 실행한다.
템플릿 열기	템플릿 라이브러리 저장 파일을 불러온다.

4-2 요소 오른쪽 마우스 메뉴(Popup Menu)

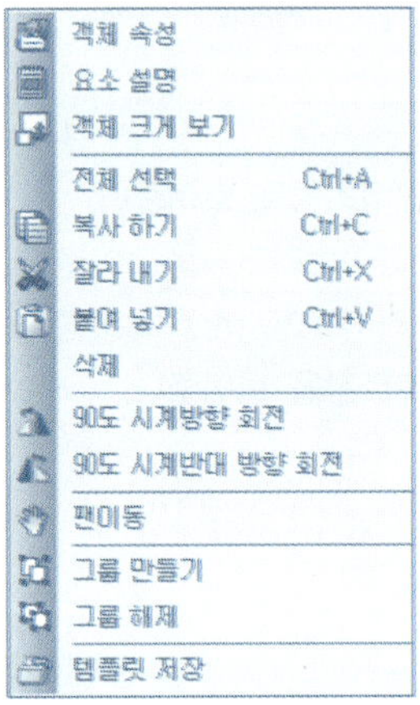

명 령	설 명
객체 속성	각각의 객체 속성을 설정한다.
요소 설명	각각 요소에 대한 설명을 보여준다.
객체 크게 보기	객체의 그림 크기를 크게 보여준다(실배선에서만 사용).
전체 선택	현재창의 모든 요소를 선택한다.
복사 하기	선택되어진 내용을 다른 곳에서 사용하기 위해 복사한다.
잘라 내기	선택되어진 내용을 잘라낸다.
붙여 넣기	복사/잘라 내기 되어 있는 내용을 마우스의 위치에 넣는다.
삭제	선택된 내용을 삭제한다.
90도 시계방향 회전	선택된 객체를 시계방향으로 90도 회전시킨다.
90도 시계반대방향 회전	선택된 객체를 시계반대 방향으로 90도 회전시킨다.
팬 이동	팬 이동을 실행한다.
그룹 만들기	여러 개의 객체를 하나의 객체처럼 사용한다.
그룹 해제	묶여 있는 객체를 그룹되기 전 상태로 만든다.
템플릿 저장	템플릿 라이브러리로 저장한다.

05 공압 시뮬레이터 회로도 및 실배선창 구성

5-1 워크스페이스(Workspace)창

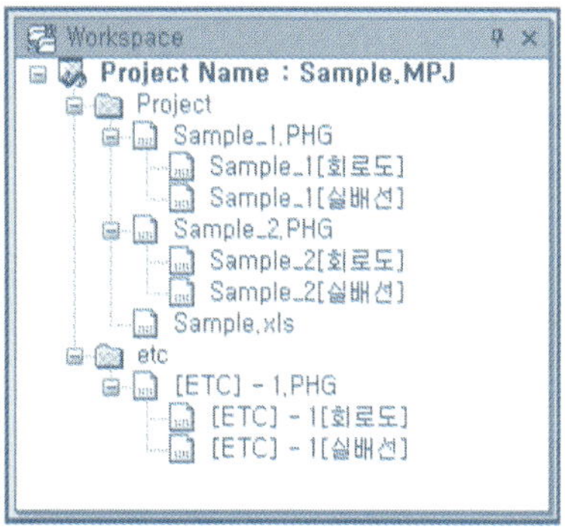

[그림 8-16] 워크스페이스창

1) Project Name

위의 그림을 보면 "ProjectName : Sample.MPJ"을 볼 수 있다. Project Name은 사용자가 새로운 프로젝트를 생성하거나 Open했을 때 현재 프로젝트의 이름을 말한다.

2) Project

Project에 딸린 페이지 파일들이다. 각각의 페이지 파일은 회로도와 실배선창으로 구성되어 있다. 위에서는 2개의 페이지 파일과 하나의 엑셀(xls) 파일이 있음을 알 수 있다. 엑셀 파일은 파트리스트 요소들이 저장되어 있다.

3) etc

사용자가 새로운 페이지를 생성시켰을 경우나 Open했을 경우 열어본 창의 목록을 볼 수 있다. etc는 프로젝트가 열려 있는 상태에서 프로젝트에 추가를 시키지 않고 생성한 경우나 Open시에 프로젝트에 추가를 시키지 않을 경우 추가된다.

5-2 요소 선택창

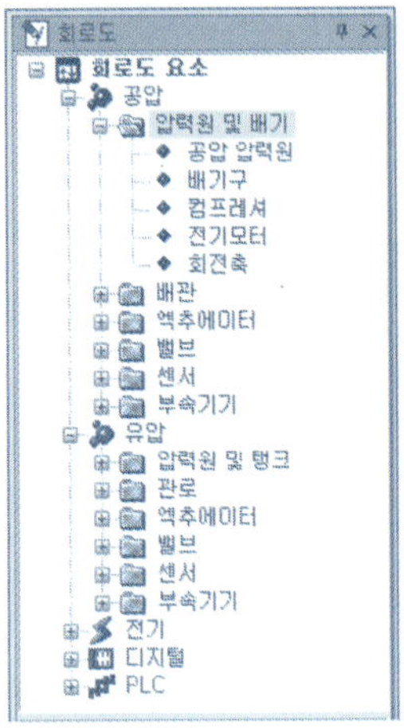

[그림 8-17] 회로도 요소 선택창

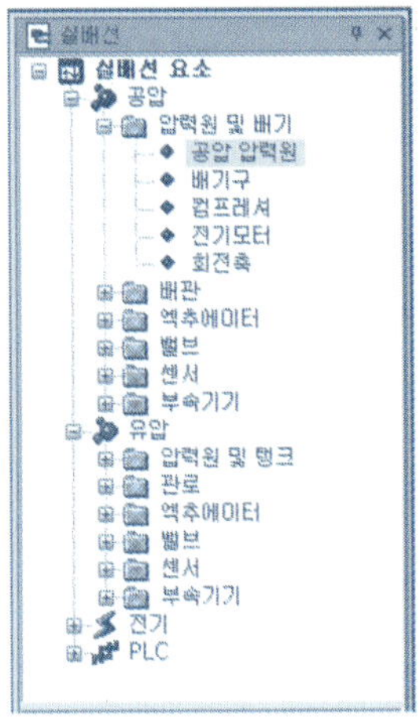

[그림 8-18] 실배선 요소 선택창

요소 선택창은 회로도 및 실배선에서 사용할 요소들의 목록이 나열되어 있다. 사용자는 이 목록에서 필요한 요소를 선택해서 회로도 및 실배선창에 삽입하여 사용할 수 있다. 목록을 클릭하면 그 목록에 맞는 요소들이 미리보기창에 보여지게 된다.

5-3 미리보기창

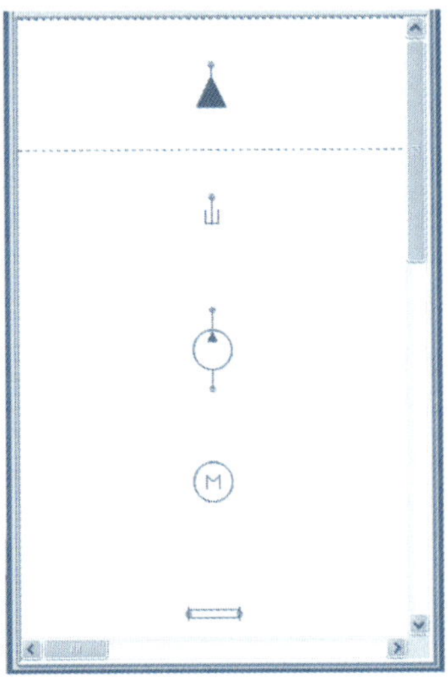

[그림 8-19] 회로도 요소 미리보기

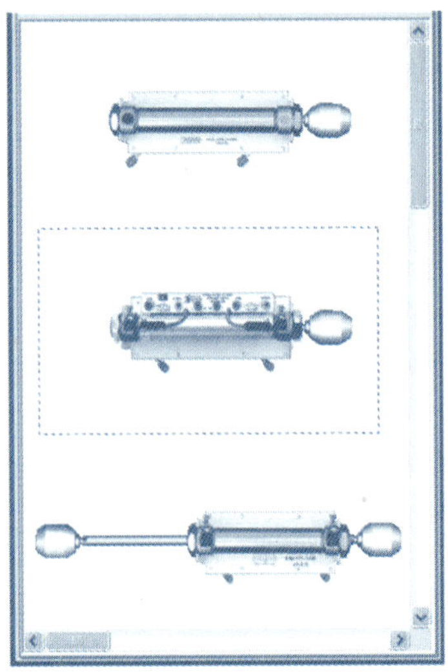

[그림 8-20] 실배선 요소 미리보기

회로도 및 실배선 요소 선택창에서 요소를 클릭했을 경우 거기에 맞는 요소들을 요소 미리보기창에서 볼 수 있으며 요소를 선택했을 경우 거기에 맞는 요소들이 빨간 점선으로 요소 미리보기창에 표시된다.

미리보기창에 있는 요소들을 더블클릭하거나, 선택하여 회로도 및 실배선창에 드래그하여 옮길 수 있다. 주의할 점은 회로도와 실배선의 요소를 혼합하여 사용할 수 없다.

5-4 파트리스트창

파트리스트창은 프로젝트 내의 현재 작업중인 회로도 및 실배선의 요소들의 리스트를 출력해주는 기능을 가지며, 여기서 생성된 파트리스트는 엑셀(xls) 파일로 생성된다.

파트리스트

번호	이름	형태	분류	종류
0	CD	공압	엑추에이터	복동실린더
1	CDL	공압	엑추에이터	양로드실린더
2	CL	공압	엑추에이터	로드리스실린더
3	CS	공압	엑추에이터	단동실린더
4	CV	공압	방향제어(기계적)	3/2수동제어 선택스위치식

[그림 8-21] 파트리스트

CHAPTER

09 공압 시뮬레이터(PHLego plus) 기본 기능

01 공압 시뮬레이터 프로젝트 및 파트리스트 생성

공압 시뮬레이터(PHLego plus)는 페이지의 묶음인 프로젝트를 생성하여 회로를 작성할 수 있다. 프로젝트는 도면이 복잡해 여러 장으로 나누어 사용하고자 할 때 유용하다.

1-1 공압 시뮬레이터 프로젝트 생성

공압 시뮬레이터(PHLego plus)는 프로젝트라는 단위로 여러 개의 페이지 파일과 파트리스트로 구성되어 있다.

① [파일] 메뉴의 [새 프로젝트]를 실행한다.

② [새 프로젝트] 대화상자가 실행된다. 새 프로젝트 파일의 이름을 작성하고 프로젝트가 저장될 경로를 지정하고 [확인] 버튼을 누른다.

[그림 9-1] 새 프로젝트

③ 지정한 경로에 프로젝트 이름의 폴더가 생성된다. 폴더 안에 프로젝트 이름과 동일한 프로젝트 파일은 확장자가 MPJ로, 파트리스트 파일은 확장자가 xls로, 그리고 페이지 파일은 확장자가 PHG로 생성된다. 페이지 파일은 회로도창과 실배선창 두 개로 구성되어 있다.

④ 워크스페이스창에도 생성된 프로젝트에 대한 페이지 파일과 파트리스트 파일 트리가 생성된다.

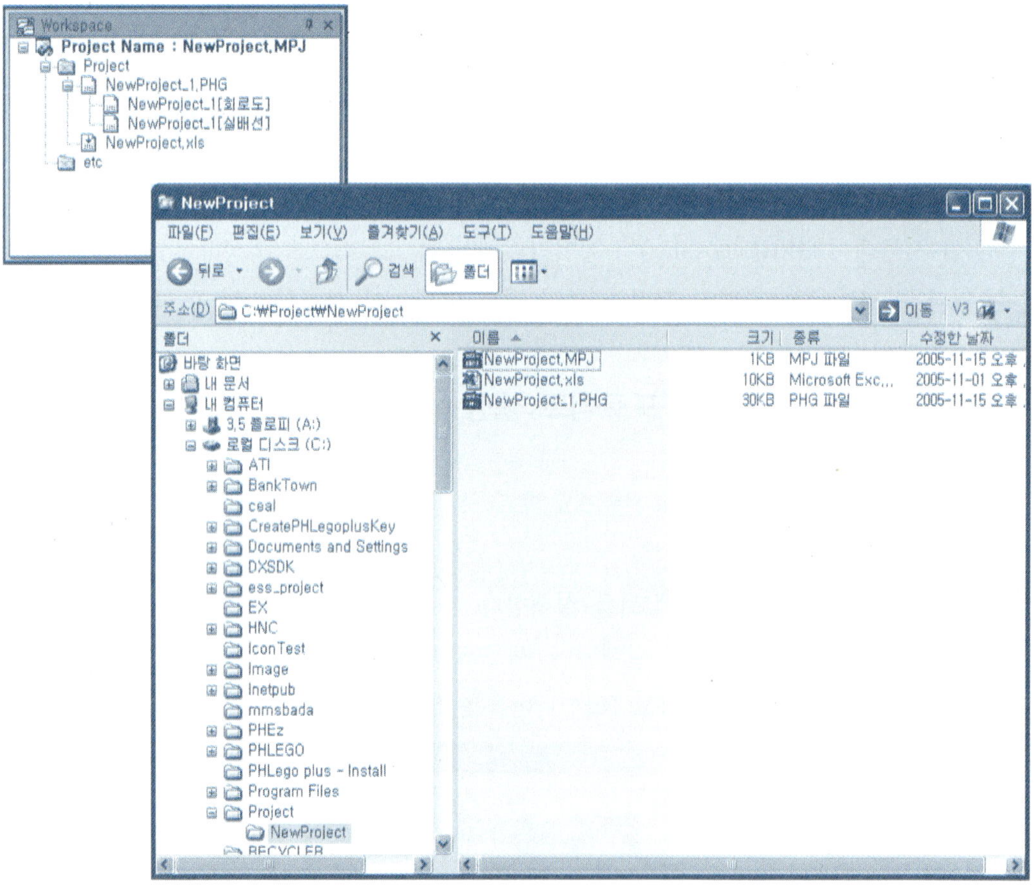

[그림 9-2] 프로젝트 파일 생성

1-2 파트리스트 생성

현재 작성중인 프로젝트의 회로도 또는 실배선도의 부품 요소의 종류를 파트리스트로 작성하여 사용할 수 있다. 파트리스트 작성을 위해서는 요소 이름이 꼭 있어야 한다.

1) 파트리스트 생성

① [파일] 메뉴의 [파트리스트]에 있는 [파트리스트 생성]을 선택한다.

② 파트리스트창에 현 프로젝트에서 이름을 가지는 요소들의 목록이 보여지게 된다.

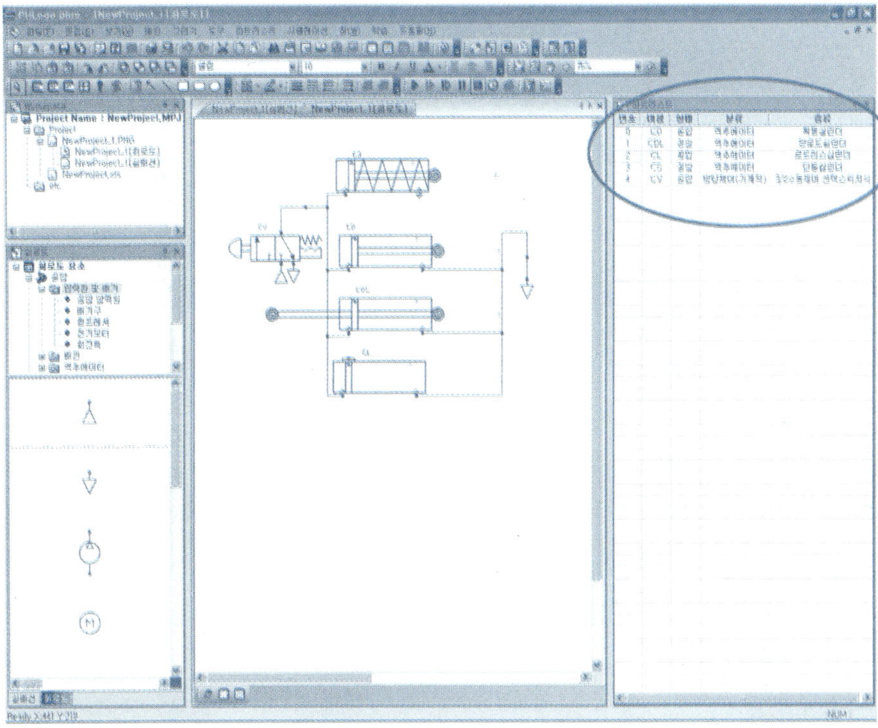

[그림 9-3] 파트리스트 생성

2) 파트리스트 저장

① [파일] 메뉴의 [파트리스트]에 있는 [파트리스트 저장]을 선택하면 파트리스트가 저장된다.

② 파트리스트는 프로젝트 이름의 엑셀(xls) 파일로 저장된다.

1-3 저장하기

현재 작업중인 페이지를 저장할 수 있다.

1) 프로젝트에 있는 페이지 저장

① [파일] 메뉴의 [페이지 파일 저장] 또는 툴바의 를 선택한다.

② 페이지 파일을 저장할 것인지 물어보는 창이 나타난다.

③ 작업중인 프로젝트 경로에 PHG라는 확장자로 자동 저장된다.

[그림 9-4] 파일 저장

2) etc에 있는 페이지 저장

① [파일] 메뉴의 [페이지 파일 저장] 또는 툴바의 를 선택한다.

② [파일 저장 대화상자]창이 나타난다.

③ 원하는 위치의 폴더로 이동한다.

④ 파일 이름을 지정하고 PHG라는 확장자를 붙여 [저장] 버튼을 클릭한다.

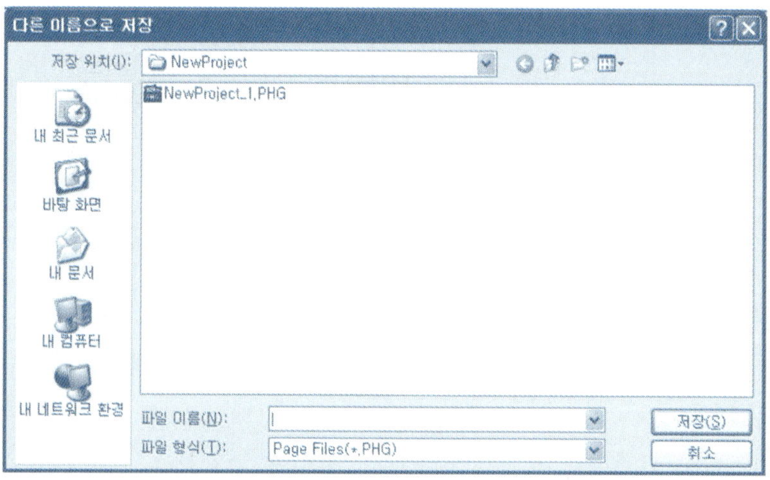

[그림 9-5] 저장 대화상자

1-4 불러오기

사용자가 저장해 놓은 프로젝트(MPJ)나 페이지(PHG) 파일을 편집창으로 불러올 수 있다.

1) 프로젝트 불러오기

① [파일] 메뉴의 [프로젝트 열기]를 선택한다.

② [프로젝트 열기]창이 나타난다.

③ 원하는 위치의 폴더로 이동한다.

④ 확장자가 MPJ인 파일을 선택한 후 [열기] 버튼을 클릭한다.

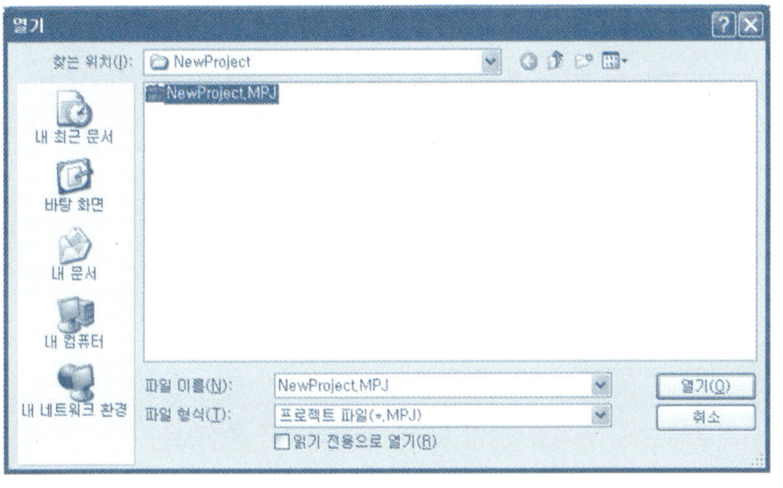

[그림 9-6] 프로젝트 파일 열기 대화상자

2) 페이지 파일 불러오기

① [파일] 메뉴의 [페이지 파일 열기] 또는 툴바의 를 선택한다.

② [파일 열기]창이 나타난다.

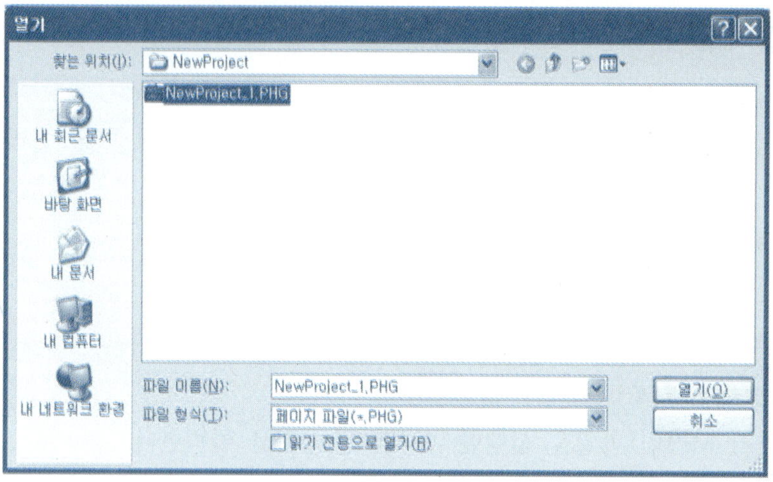

[그림 9-7] 열기 대화상자

③ 열고자 하는 파일이 있는 폴더로 이동한다.

④ 확장자가 PHG인 파일을 선택 후 [열기] 버튼을 클릭한다.

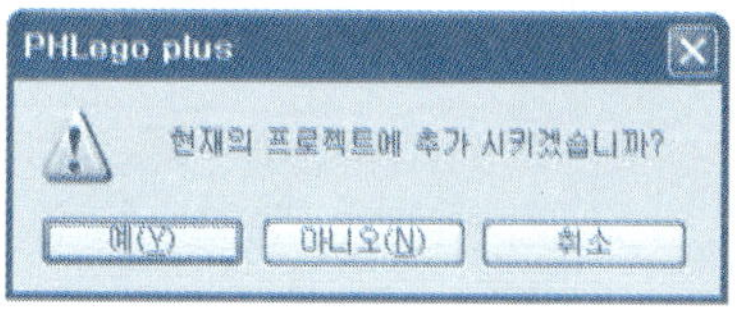

[그림 9-8] 페이지 파일 추가

⑤ 현재의 프로젝트에 추가를 할지 etc로 열 것인지 물어보는 창이 나타난다.

⑥ [예] 버튼을 누르면 현재의 프로젝트에 추가된다.

⑦ [아니오] 버튼을 누르면 [etc]에 추가된다.

02 공압 시뮬레이터 변위선도 설정 및 보기

2-1 변위선도 설정

작업창에 회로를 작성한 후 변위선도 설정을 실행하면 요소 리스트를 가진 다이얼로그 창이 뜨는데, 여기서 변위선도에서 표현하고 싶은 요소들을 선택한다.

변위선도에 표현하기 위해서는 요소 이름이 있어야 한다.

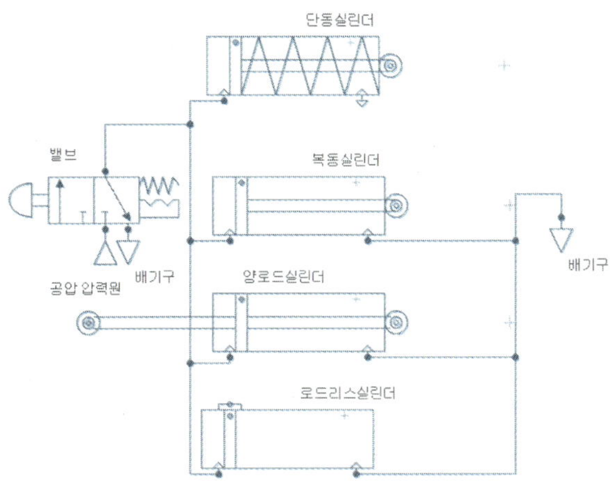

[그림 9-9] 회로도

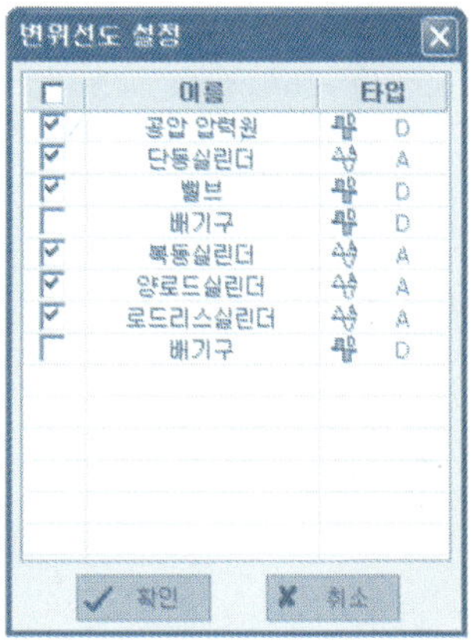

[그림 9-10] 변위선도 설정

변위선도 설정은 현재 작업중인 창이 프로젝트인지 etc인지에 따라서 달라진다.

① 프로젝트일 경우 : 현재 작업중인 창이 프로젝트에 속했을 경우 프로젝트 내의 열려 있는 모든 창의 요소 리스트가 변위선도 설정창에 보여지게 된다. 프로젝트 안의 모든 페이지들은 같이 시뮬레이션이 적용되기 때문이다.

② etc일 경우 : 현재 작업중인 창이 etc일 경우에는 현재창에 있는 요소 리스트만 변위선도 설정창에 보여지게 된다.

2-2 변위선도 보기

변위선도 설정 후 확인 또는 변위선도 보기를 클릭하면 다음과 같은 변위선도가 실행된다. 시뮬레이션이 실행되면서 요소의 속성값에 따라 변위선도가 작동하게 된다.

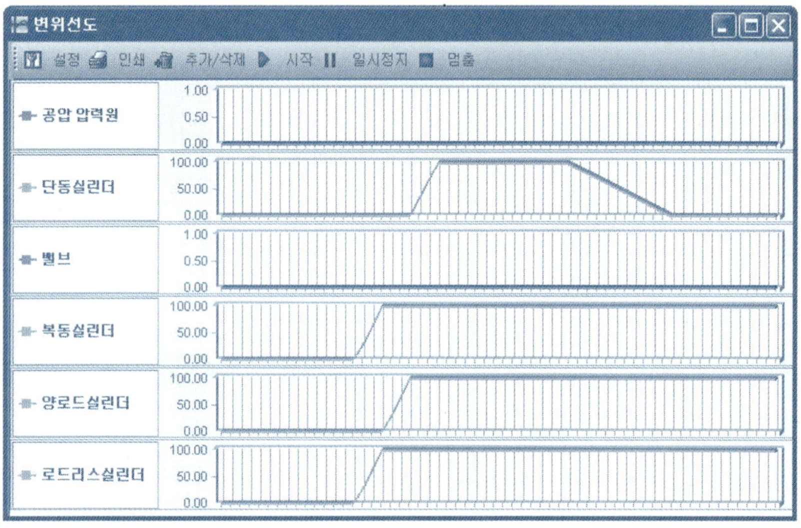

[그림 9-11] 변위선도

1) 설 정

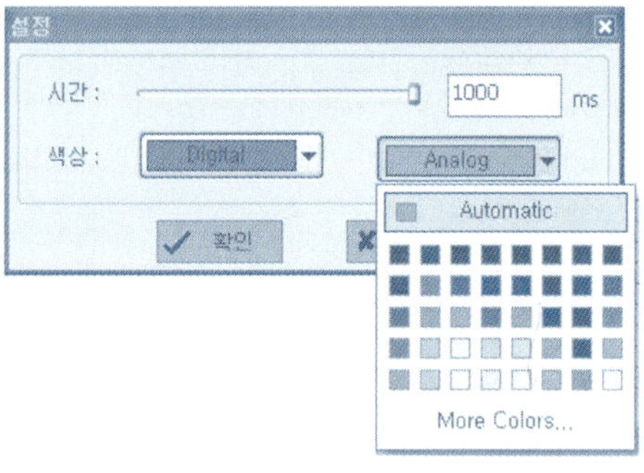

[그림 9-12] 설정

설정에서 현재 변위선도의 시간과 디지털/아날로그 요소의 그래프 색상을 변경할 수 있다.

2) 인 쇄

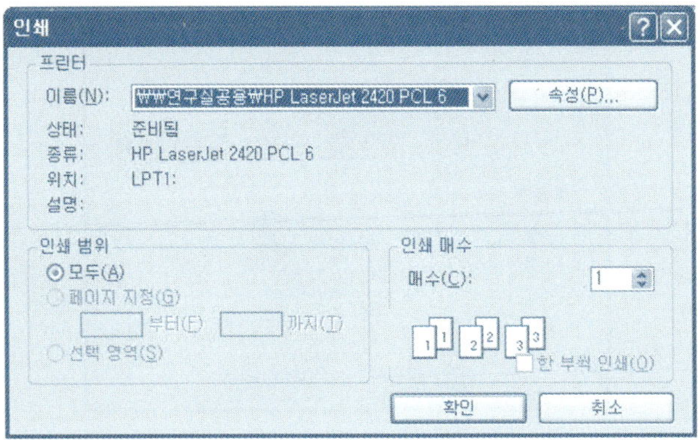

[그림 9-13] 인쇄하기

일시 정지나 정지 버튼을 누르고, 현재의 변위선도의 상태를 프린터로 인쇄할 수 있다. 속성에서 용지종류와 용지방향 등 설정값을 변경할 수 있다.

3) 추가 및 삭제

다른 요소를 추가시키고 싶거나, 불필요한 요소를 삭제하고 싶을 때 요소목록을 다시 세팅할 수 있다.

4) 시작 / 일시 정지 / 정지

시뮬레이션과 별도로 변위선도만의 시작 / 일시 정지 / 정지 기능을 가진다.

03 공압 시뮬레이터 도면 설정

각 도면마다 이름, 설명, 배경색, 용지종류, 도면 정보 및 인쇄 옵션을 지정할 수 있다. [파일] 메뉴의 [도면 설정]을 클릭하거나 오른쪽 마우스 메뉴의 [도면 설정]을 선택하면 다음과 같은 도면 설정창이 나타난다.

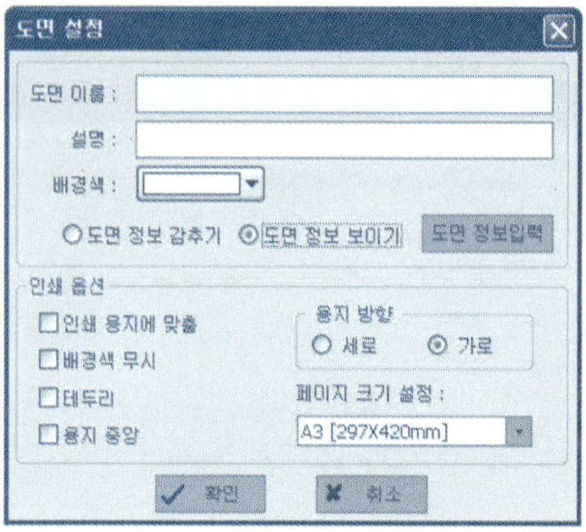

[그림 9-14] 도면 설정

인쇄된 도면에 도면정보가 포함되어 있으면 다른 도면과 혼동되지 않고, 도면에 대한 특징을 한눈에 확인할 수 있다. [도면 설정]에서 [도면 정보입력]을 선택하면 다음과 같은 [도면 정보입력]창이 나타난다.

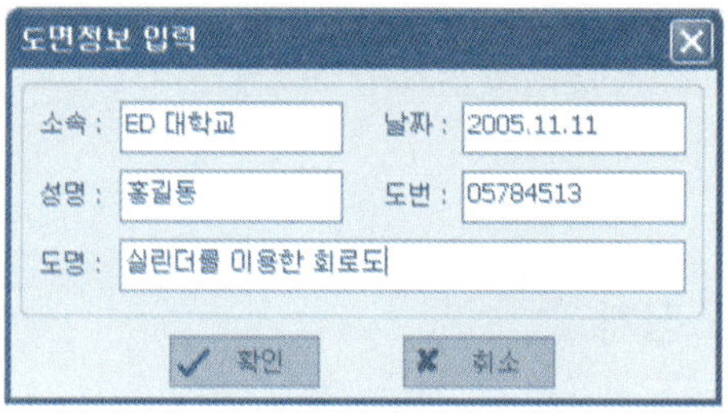

[그림 9-15] 도면정보 입력

소속, 도면작성 날짜, 도면 작성자, 도면의 번호, 도면의 이름을 입력할 수 있다.

도면정보를 인쇄물과 함께 출력하지 않고자 한다면 [도면 설정]의 도면정보 감추기를 체크하면 된다. 그러면 인쇄물 출력시 도면정보가 출력되지 않는다.

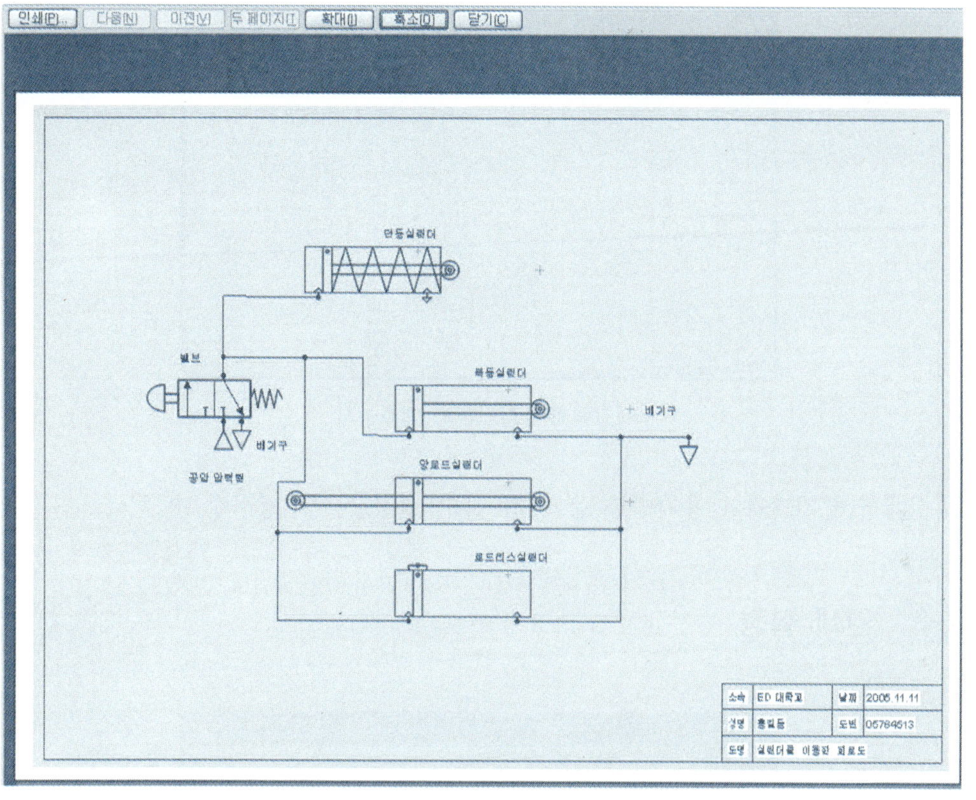

[그림 9-16] 인쇄시 도면정보 출력

3-1 인 쇄

편집창의 도면을 출력하고자 한다면 [파일] 메뉴의 [인쇄]를 선택하거나 툴바의 를 선택하면 다음과 같이 인쇄할 수 있는 창이 나타난다. 그러면 인쇄할 프린터를 선택한 후에 인쇄매수를 설정하고 [인쇄] 버튼을 누르면 된다.

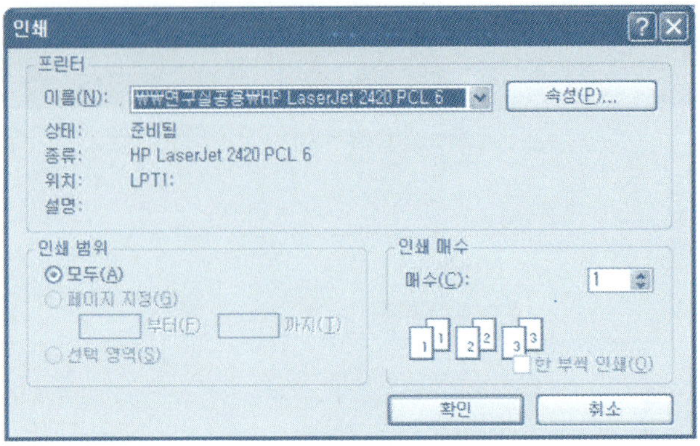

[그림 9-17] 인쇄 대화상자

속성에서 용지크기와 용지방향 등 여러 가지 설정값을 변경시킬 수 있다.

3-2 인쇄 설정

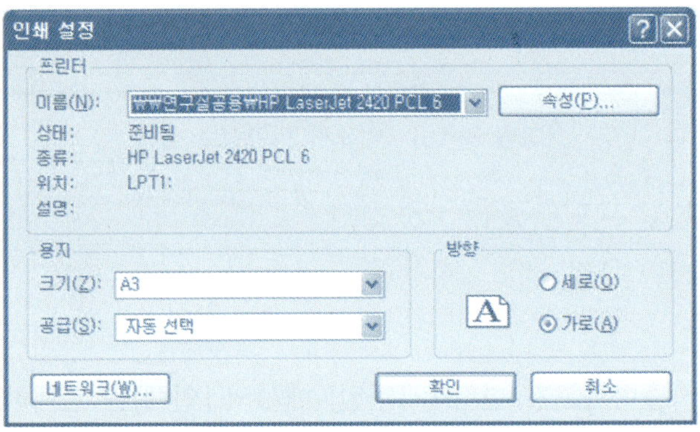

[그림 9-18] 인쇄 설정 대화상자

① 용지크기 : 인쇄하고자 하는 용지의 크기를 설정한다. 공압 시뮬레이터(PHLego plus)는 기본적으로 A3용지에 출력이 가능하다.

② 인쇄방향 : 세로나 가로로 인쇄할지 설정한다. 공압 시뮬레이터(PHLego plus)는 기본적으로 도면 설정이 가로로 되어 있다. 인쇄 설정이나 도면 설정에서 용지방향을 변경할 수 있다.

04 공압 시뮬레이터 인터넷 업데이트

인터넷 업데이트는 공압 시뮬레이터(PHLego plus)를 최신 버전의 제품으로 사용하기 위한 메뉴이다.

인터넷 업데이트를 실행하는 법은 인터넷에 접속되어 있는 상태에서 [파일]→[인터넷 업데이트]를 클릭하면 된다.

[그림 9-19] 편집창이 없을 때의 인터넷 업데이트 메뉴

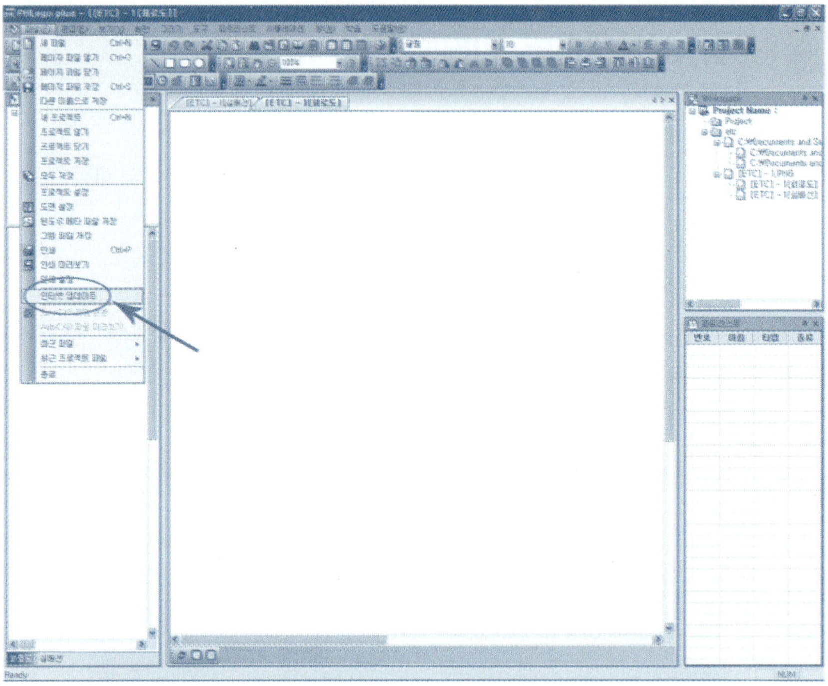

[그림 9-20] 회로도창이 활성화일 때의 인터넷 업데이트 메뉴

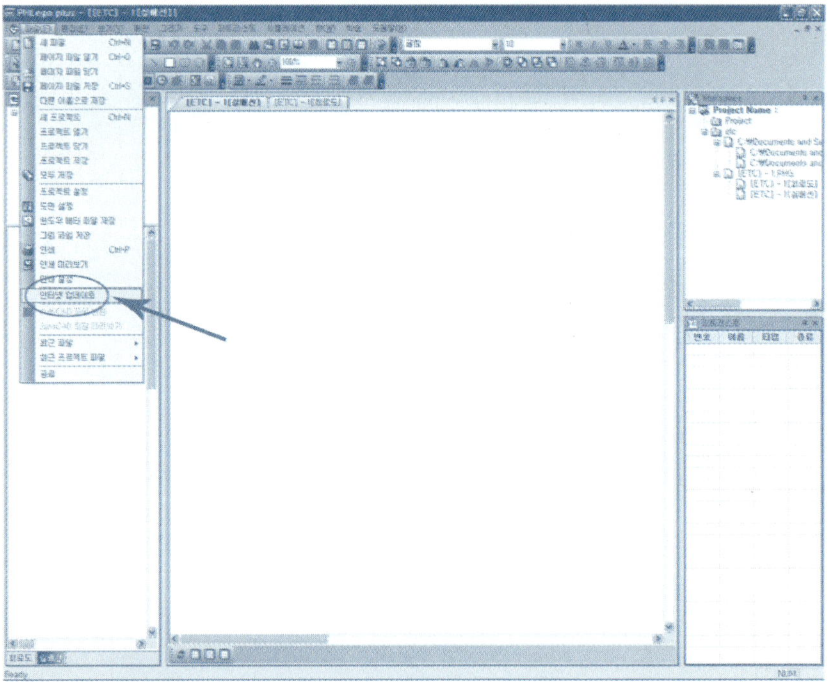

[그림 9-21] 실배선창이 활성화일 때의 인터넷 업데이트 메뉴

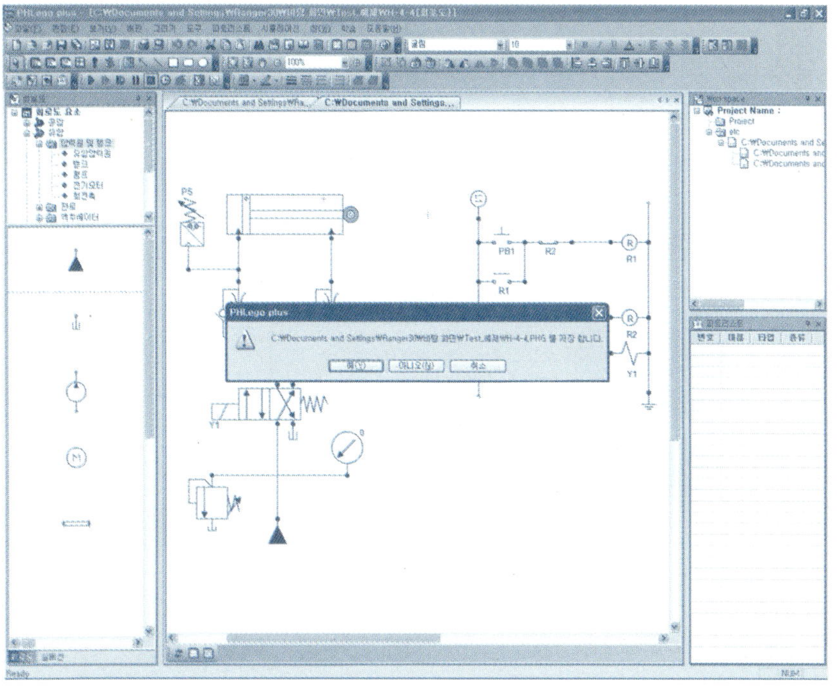

[그림 9-22] 현재창이 저장되지 않았을 경우 저장할 것인지의 유무를 묻는다.

편집창에서 회로도 또는 실배선을 편집하고 있는 경우에 [파일]→[인터넷 업데이트]를 클릭한다. 현재 파일을 저장하지 않았을 때는 현재 파일의 저장 유무를 묻고 나서 공압 시뮬레이터(PHLego plus)가 자동으로 종료된 후 인터넷 업데이트창이 떠오른다.

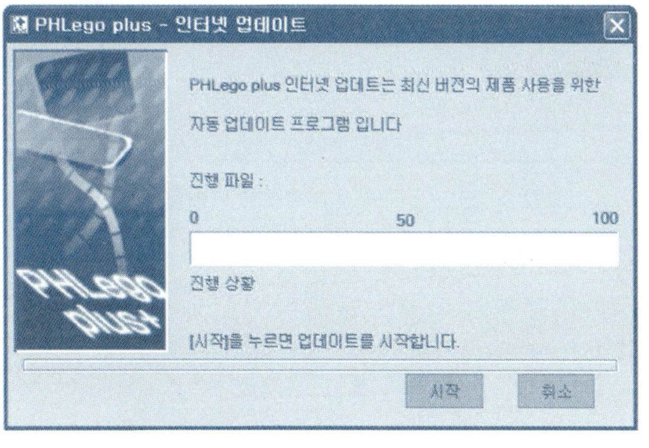

[그림 9-23] 인터넷 업데이트창

[그림 9-23]과 같은 창이 실행됐을 경우 [시작] 버튼을 눌렀을 때 사용자의 버전이 서버의 버전보다 낮을 때는 업데이트를 시작하고, 서버와의 버전이 같을 때는 업데이트할 내용이 없다는 메시지를 보인다.

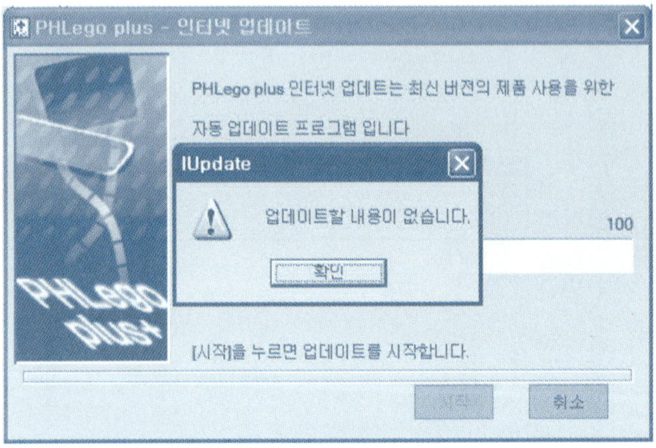

[그림 9-24] 업데이트 내용이 없을 때의 메시지

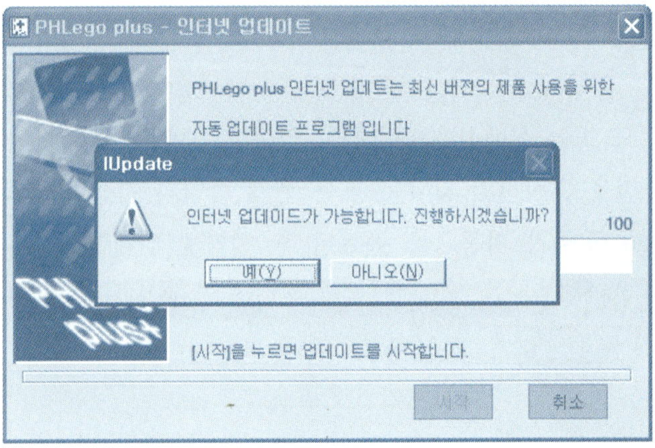

[그림 9-25] 인터넷 업데이트가 가능할 때의 창

인터넷 업데이트가 가능할 때는 진행 여부를 묻는데, [예] 버튼을 클릭할 경우 업데이트를 시작한다. 진행 여부에서 [아니오]를 클릭할 때는 공압 시뮬레이터(PHLego plus)가 자동으로 다시 시작하게 된다.

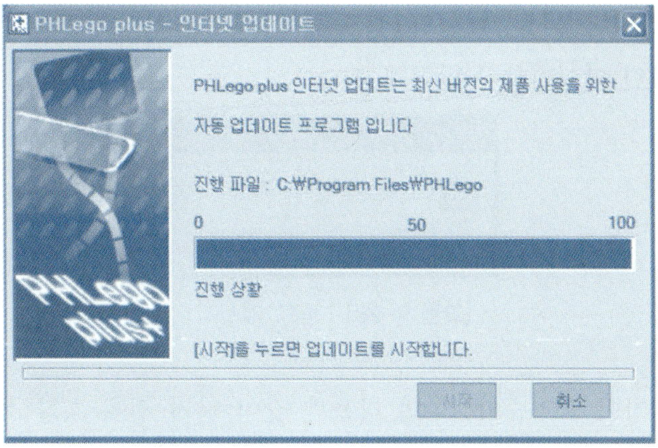

[그림 9-26] 인터넷 업데이트 진행 상황

인터넷 업데이트가 모두 진행되었다면 "인터넷 업데이트가 완료 되었습니다." 라는 메시지창이 나타나고 [확인] 버튼을 클릭하면 공압 시뮬레이터(PHLego plus)가 자동으로 다시 실행되게 된다.

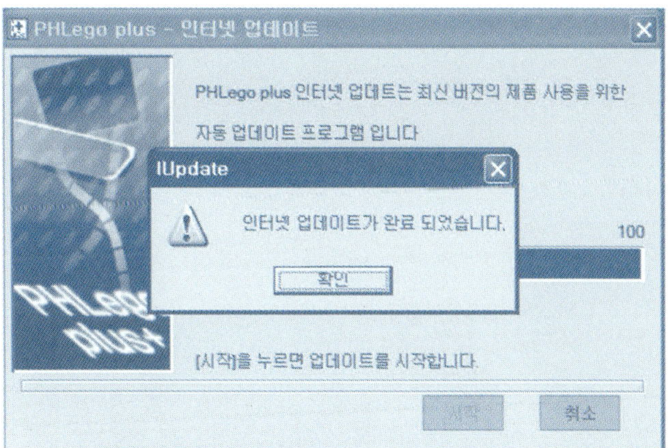

[그림 9-27] 인터넷 업데이트 완료

05 공압 시뮬레이터 종료

페이지를 종료하려면 [파일] 메뉴의 [종료]를 선택하거나 제목 표시줄의 [⊠]를 클릭하면 현재 실행중인 페이지창이 닫히게 된다.

[그림 9-28] 종료 메시지

만약 현재 편집창이 작업중이었다면 다음과 같이 닫기 전에 저장 여부를 물어본다.

[그림 9-29] 파일 저장

CHAPTER

10 공압 시뮬레이터(PHLego plus)의 유저 인터페이스

01 공압 시뮬레이터의 편리한 유저 인터페이스

1-1 창 숨기기 / 보이기

워크스페이스창, 회로도 요소창, 실배선 요소창, 파트리스트창은 도킹창이라 하여 위, 아래, 옆으로 붙이거나 뗄 수 있다.

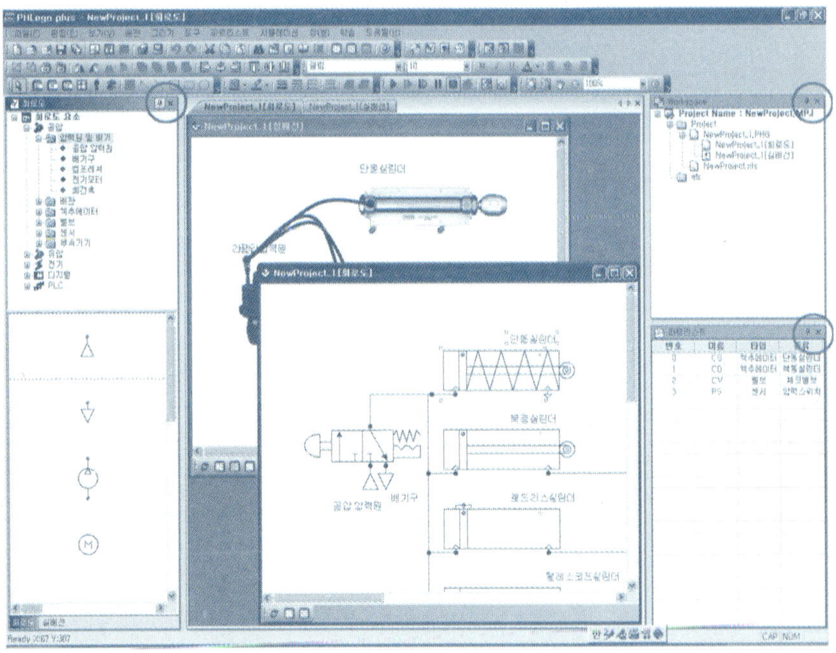

[그림 10-1] 창 숨기기 / 보이기1

버튼을 클릭하면 창들이 아래와 같이 옆으로 숨게 되어 사용자가 더 넓은 작업공간에서 원하는 작업을 할 수 있다.

버튼을 클릭한 도킹창들은 [그림 10-2]와 같이 이름만 남기고 모습을 감추는데, 마우스 커서를 원 위에 있는 이름에 올려놓으면 창이 다시 나타나며, 버튼을 다시 클릭하면 원래의 창으로 다시 보여진다.

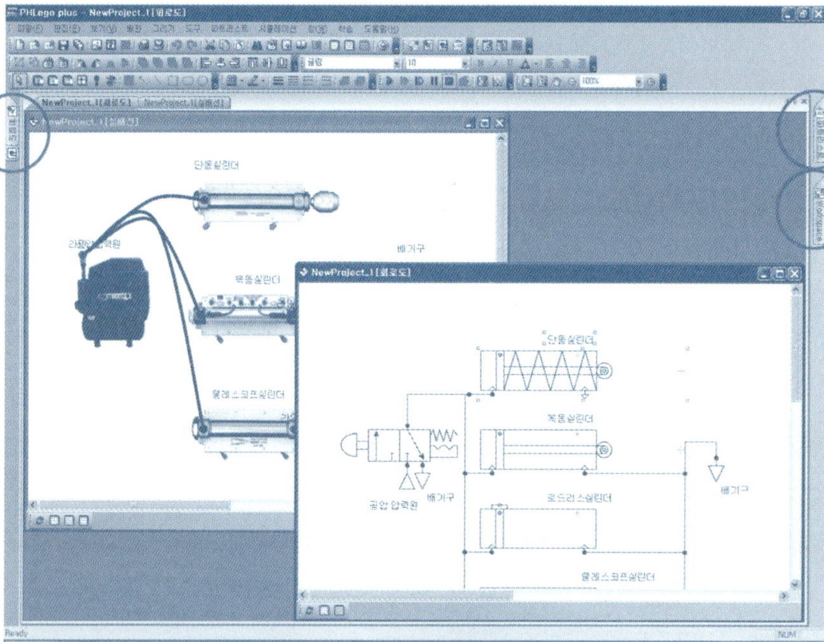

[그림 10-2] 창 숨기기 / 보이기2

1-2 창 이동하기

워크스페이스창, 회로도 요소창, 실배선 요소창, 파트리스트창을 도킹(붙일 때)할 때 공압 시뮬레이터(PHLego plus)에서는 다음 그림과 같이 도킹할 수 있는 부분을 표시해줌으로써 손쉽고 편한 유저 인터페이스(UI)를 제공한다. 사용자는 파란 사각형을 화살표에 이동시킴으로써 창 이동을 편리하게 할 수 있다.

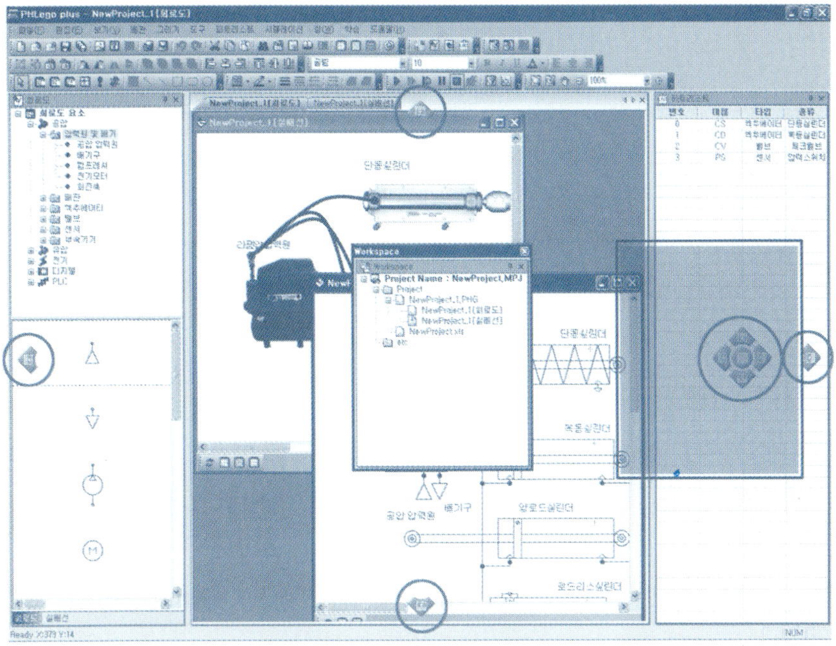

[그림 10-3] 창 이동하기

1-3 회로도/실배선창의 편리한 기능

1) 툴바

회로도 및 실배선창의 아랫부분에는 작업시 자주 사용하는 도구가 존재한다. 여기에는 격자 보기와 관련 뷰 열기 기능이 있다. 관련 뷰 열기는 한 페이지 안에 있는 회로도창이나 실배선창을 열어주는 기능을 가지는데, 회로도창과 실배선창이 많이 열려 있을 때 관련된 창을 쉽게 찾을 수 있다.

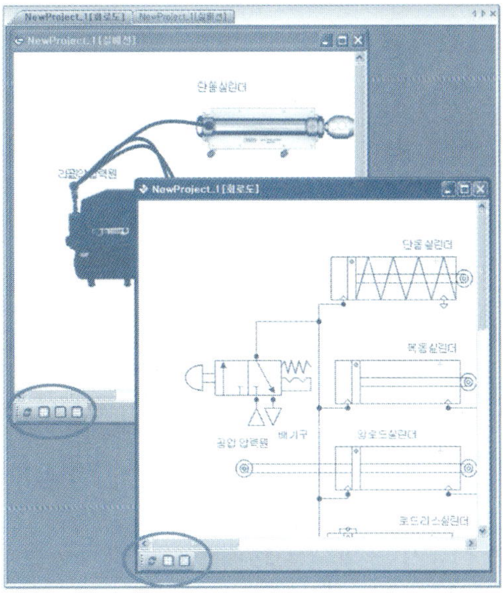

[그림 10-4] 창의 툴바

명　　령	설　　　　명
관련 뷰 열기	관련된 회로도/실배선창을 열어준다.
격자	격자를 보이게 할 것인지 보이지 않게 할 것인지 설정한다.
선격자	선격자를 보이게 할 것인지 보이지 않게 할 것인지 설정한다.
실습판	실습판을 보이게 할 것인지 보이지 않게 할 것인지 설정한다(실배선에서 사용).

2) 탭뷰(TabView)

공압 시뮬레이터(PHLego plus)는 회로도/실배선창을 탭뷰(TabView) 형식으로 나타내어 현재 열려 있는 창이 무엇인지 쉽게 알아볼 수 있다. 하나의 페이지속의 회로도/실배선창의 탭(Tab) 색은 기본적으로 같은 색상이어서 다른 페이지의 회로도/실배선창과 쉽게 구별할 수 있다. 또한 탭뷰(TabView)는 팝업메뉴(Popup Menu) 기능을 가진다.

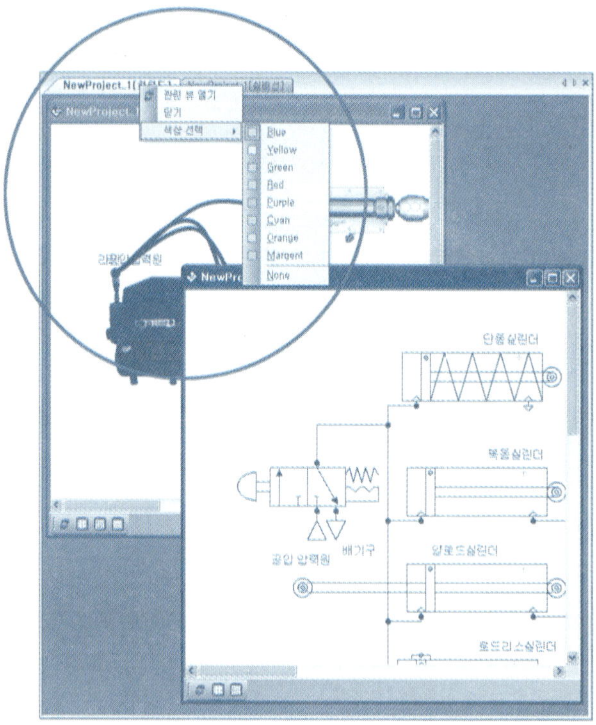

[그림 10-5] 탭 기능

사용자는 회로도/실배선창의 탭(Tab)을 원하는 색깔로 변경할 수 있으며, 관련 뷰(회로도/실배선창)를 열고 현재창을 닫을 수 있다.

3) 회로도/실배선 요소창 자동 보기

공압 시뮬레이터(PHLego plus)는 회로도/실배선창에 요소를 삽입하는데 편리하게 하기 위해서 현재 활성화되어 있는 창에 맞는 요소창이 보여지게 되어 있다.

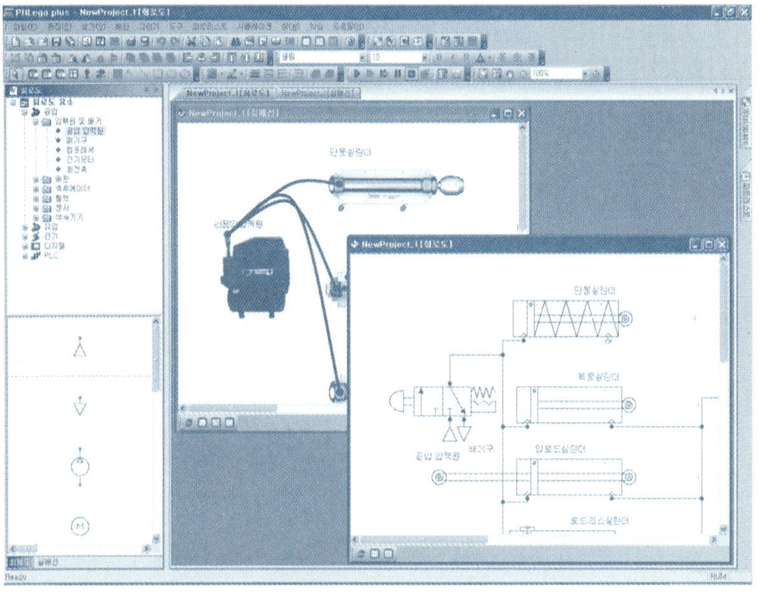

[그림 10-6] 회로도/실배선 요소창 자동 보기1

회로도창이 활성화되어 있는 상태에서 실배선창을 선택했을 때 왼쪽의 요소창이 자동으로 실배선 요소창으로 변하게 된다.

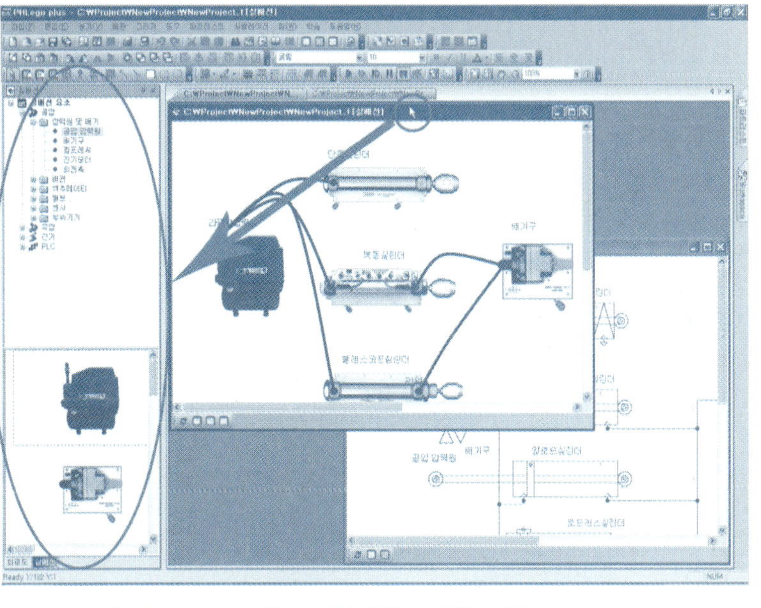

[그림 10-7] 회로도/실배선 요소창 자동 보기2

현재 활성화되어 있는 작업창에 따라서 요소창이 자동으로 변하게 되어 있어서 사용자는 회로도와 실배선창을 번갈아 사용하는데 편리하다.

1-4 공압 시뮬레이터 도구모음 설정

도구모음에서 오른쪽 마우스를 클릭했을 때 메뉴가 나타난다. [Customize..]를 클릭하면 툴바를 설정할 수 있는 창이 나타나며, 여기서 새로운 툴바를 만들어 사용할 수 있으며, 기존의 툴바를 편집해서 사용할 수 있다.

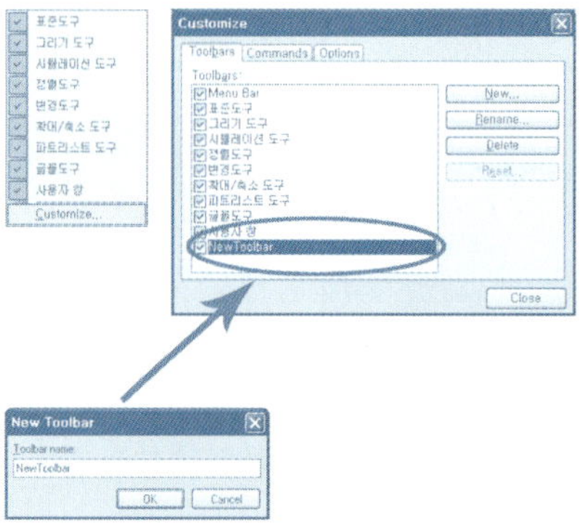

[그림 10-8] 도구모음 설정

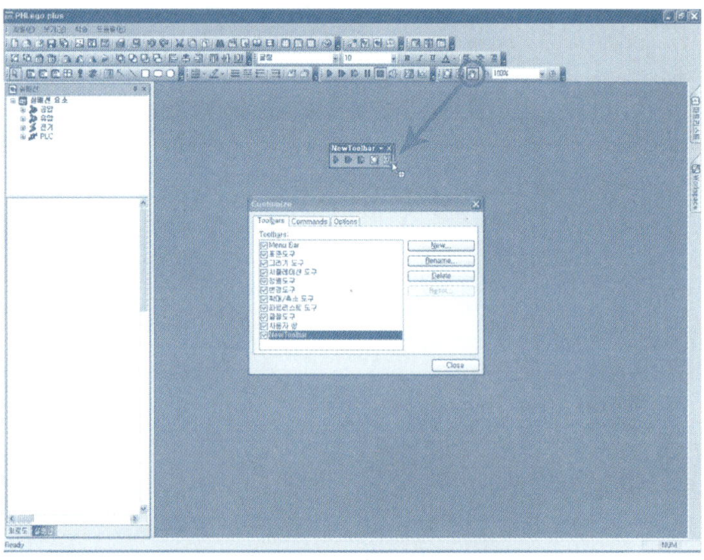

[그림 10-9] 도구모음 설정

사용자는 새로운 툴바를 생성하여 자주 쓰는 기능을 따로 모아서 사용할 수 있다.

도구모음 설정창이 있는 상태에서 새로 만든 툴바에 필요한 기능의 아이콘을 Ctrl + 드래그해서 옮기면 새로운 툴바를 만들 수 있다.

[그림 10-10] 새로 만든 툴바

1-5 공압 시뮬레이터의 확대 / 축소 기능

1) 전체 화면

현재 작업중인 회로도 또는 실배선창의 모든 요소를 한 눈에 볼 수 있다.

2) 영역 확대

사용자는 보고 싶은 부분만을 마우스로 영역을 잡아서 볼 수 있다.

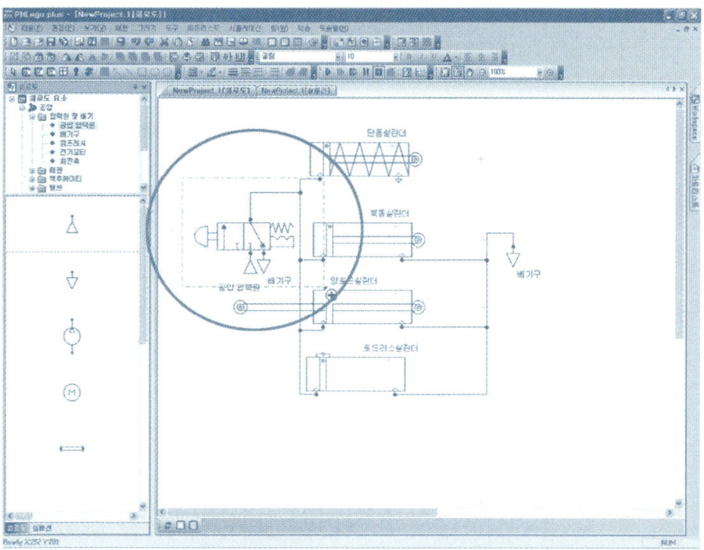

[그림 10-11] 선택영역 확대 전

사용자는 그림과 같이 마우스로 보고 싶은 영역을 잡는다.

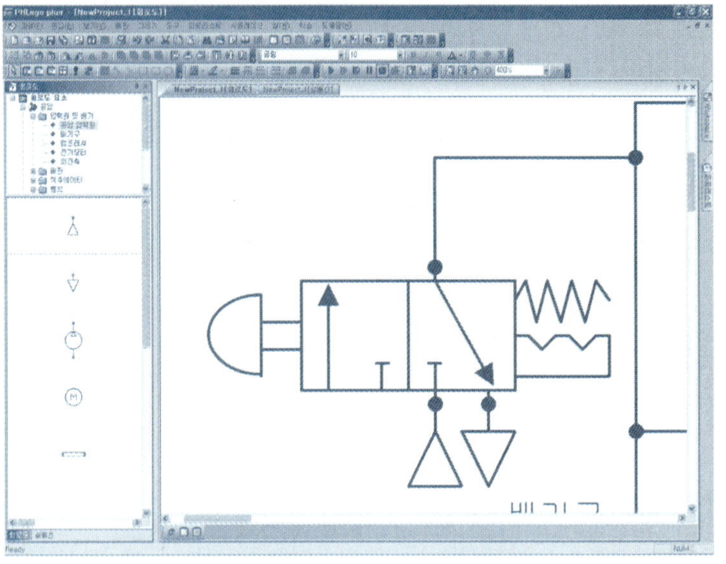

[그림 10-12] 선택영역 확대 후

마우스로 잡은 영역만 확대되어 보여진다.

3) 팬 이동

회로도 또는 실배선창에서 보고 싶은 부분을 마우스 왼쪽 버튼을 누른 상태에서 마우스를 이동하여 옮길 수 있다.

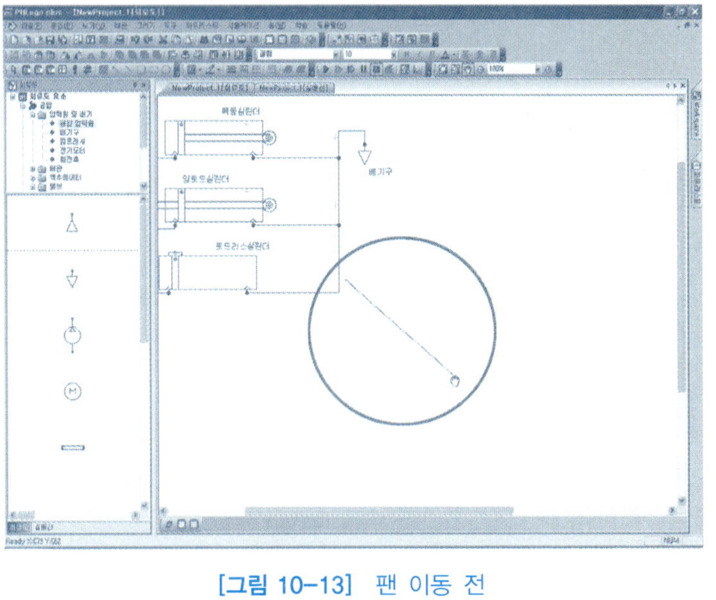

[그림 10-13] 팬 이동 전

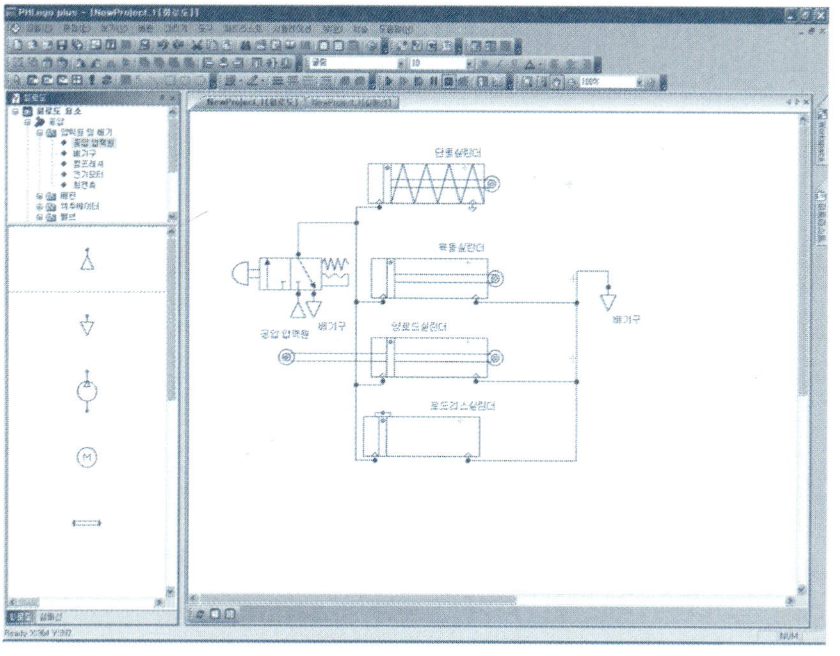

[그림 10-14] 팬 이동 후

사용자는 도면을 마우스의 왼쪽 버튼을 누른 상태에서 움직여 원하는 부분으로 이동할 수 있다.

CHAPTER

11 공압 시뮬레이터(PHLego plus) 회로설계

01 편집창에 요소 삽입

참고

왼쪽 하단의 회로도 / 실배선 탭에서 회로도 탭을 선택하면 회로도 요소를 선택할 수 있다. 요소 선택창에서 선택된 미리보기창의 요소를 편집창으로 가져와 요소를 연결하고 편집하면 시뮬레이션이 가능한 도면이 작성된다.

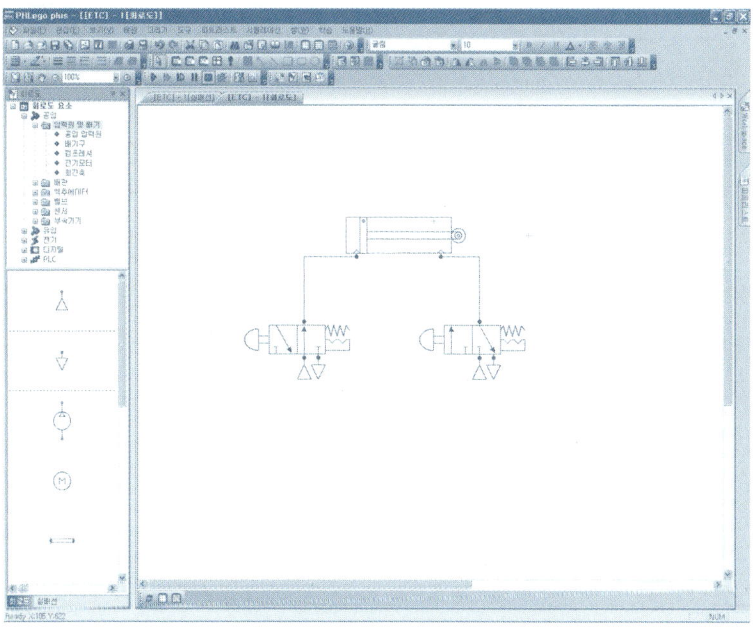

[그림 11-1] 회로도 화면구성

1-1 요소 삽입

1) 자기근접 센서 편집창으로 가져오기

① 경로 : [회로도 요소]→[공압]→[압력원 및 배기]→[공압 압력원]

[그림 11-2] 요소 삽입

② 왼쪽 좌측 하단의 [회로도]탭을 클릭한다.

③ [회로도]에 속하는 부품들이 왼쪽 상단부품 선택창에 나타난다.

④ [회로도]의 [공압] 중 [압력원 및 배기]를 클릭하면 위의 미리보기창에 압력원 및 배기 공압 심볼이 나타나며, 편집창으로 가져갈 수 있는 상태가 된다.

⑤ 미리보기창에 보여진 부품을 클릭한 채 마우스 포인트를 편집창으로 끌어오면 포인트를 따라 부품이 움직인다.

⑥ 편집창의 적당한 위치에서 클릭한 마우스의 왼쪽 버튼을 놓으면 포인트를 따라 움직이던 부품이 해당 위치에 고정된다.

1-2 요소 이동

① 이동할 요소를 마우스로 클릭하면 선택된 요소에 선택 표시가 나타나게 된다.

② 마우스 왼쪽 버튼을 누른 상태를 유지하면서 마우스를 이동시키면 왼쪽 버튼을 놓는 순간까지 마우스 포인터를 따라서 요소가 이동하고, 왼쪽 버튼을 떼는 위치에 요소가 놓이게 된다.

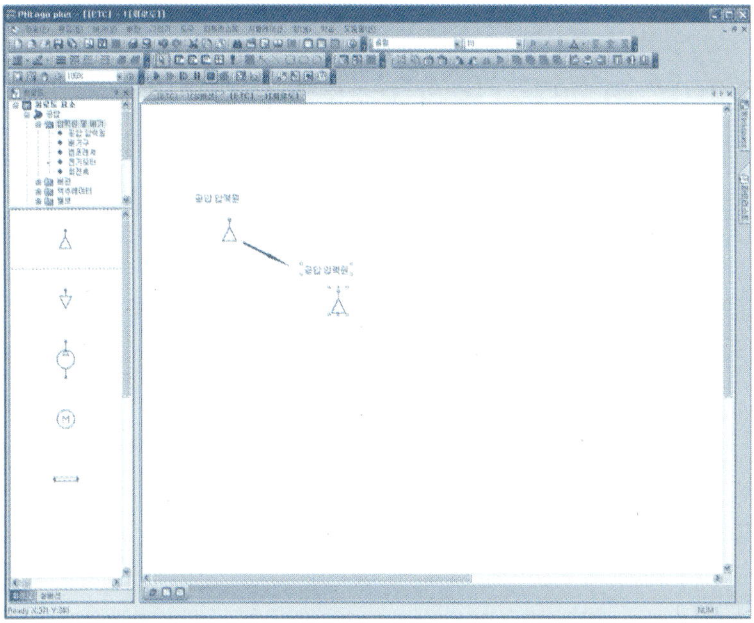

[그림 11-3] 요소 이동

1-3 요소 선택

편집창으로 이동된 요소들은 적절한 회로의 구성을 위하여 이동, 복사, 잘라 내기, 지우기, 회전 등의 조작을 필요로 하는 경우가 있다. 이러한 편집 작업이 수행되기 위해서는 대상이 될 요소를 선택하여야만 한다.

요소를 선택하는 방법에는 세 가지가 있다. 편집의 용도에 따라 적절한 방법을 선택할 수 있다.

1) 단일 요소를 선택하기

① 마우스 커서를 요소 위로 올려놓은 후 마우스를 클릭하면 요소의 주위에 파란색 선택 표시가 나타나게 된다. 라인의 경우 요소가 선택되면 분홍색으로 변한다.

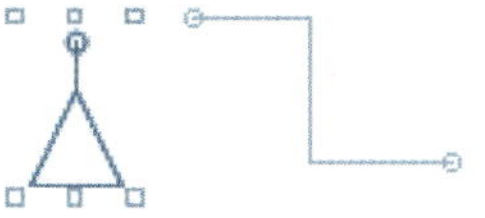

[그림 11-4] 요소 선택

2) 영역지정으로 하나 또는 다수의 요소들을 선택하기

① 선택하고자 하는 요소들이 포함될 수 있게 왼쪽 마우스 버튼을 누르면서 드래그하여 회색의 직사각 영역을 그린다. 영역의 시작점은 편집창의 빈 공간에서 시작되어야 한다.

② 왼쪽 마우스 버튼을 놓으면 직사각 영역 내에 위치한 요소들이 [그림 11-5]와 같이 요소의 주위에 선택 표시로 나타나게 된다.

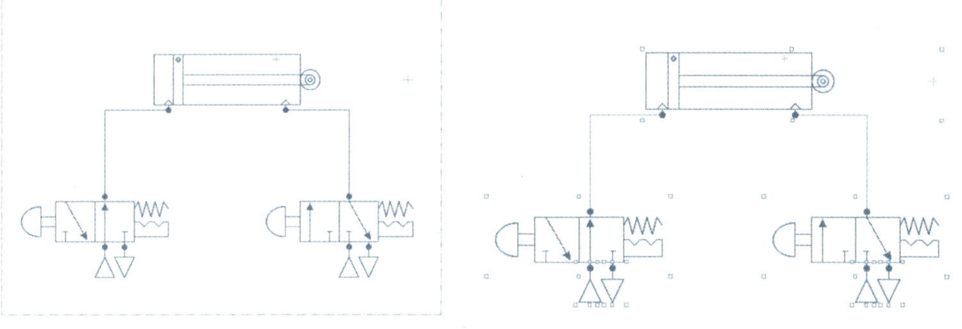

[그림 11-5] 영역지정

3) 전체 선택

① [편집] 메뉴의 [전체 선택] 메뉴를 선택하거나 편집창이 활성화된 상태에서 Ctrl + A를 누른다.

② 편집창에 있는 라인을 제외한 모든 요소에 선택표시가 나타나고 라인이 분홍색으로 바뀌는 것은 편집창 내의 모든 요소가 선택되었음을 의미한다.

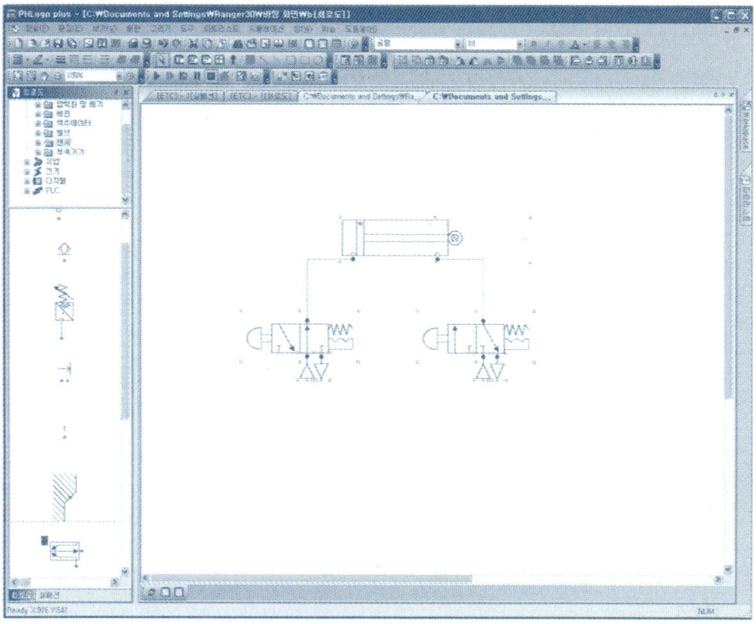

[그림 11-6] 전체 선택

1-4 요소 편집

요소가 선택된 상황에서 요소의 이동뿐만이 아니라 선택된 요소를 여러 형태로 편집할 수 있다. 도면의 구성상 회전이 필요할 때도 있고, 요소를 지우거나, 복사하여 붙이거나, 잘라내는 등의 여러 형태의 편집을 필요로 한다.

편집을 위한 메뉴의 선택은 메뉴를 이용하는 방법, 마우스의 오른쪽 버튼에 의한 [팝업] 메뉴를 이용하는 방법, 그리고 단축키를 이용하는 방법이 있다. 편집할 요소가 선택된 상태에서 세 가지 방법 모두 동일한 효과를 나타낸다.

1) 회 전

선택한 요소를 [도구] 메뉴의 [90도 시계방향 회전] / [90도 시계반대 방향 회전]을 이용하거나 툴바의 / 아이콘 또는 마우스 오른쪽 버튼의 [팝업] 메뉴를 이용하여 여러 방향으로 회전시킬 수 있다.

① 시계방향 90도 회전　　② 시계반대 방향 90도 회전

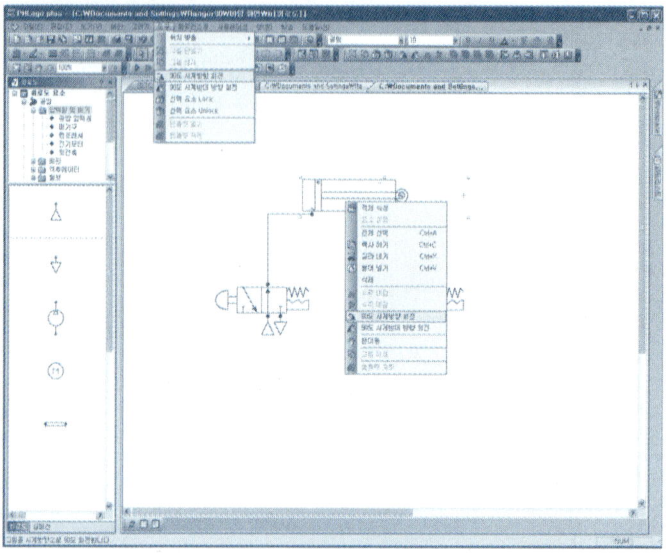

[그림 11-7] 회전

2) 요소 삭제

① 지울 요소를 선택한다.

② 키보드의 [Delete] 키를 누르거나 오른쪽 마우스 메뉴의 [삭제] 메뉴를 통해 선택된 요소를 편집창에서 삭제할 수 있다.

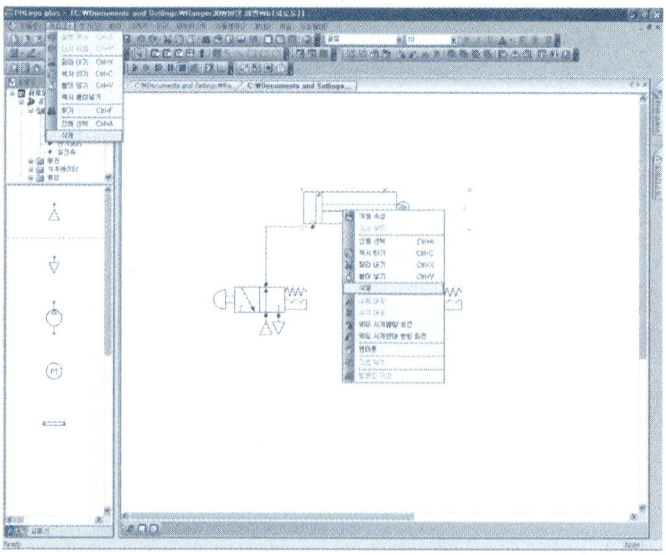

[그림 11-8] 삭제

3) 복사 하기

① 복사할 요소를 선택한다.

② 편집 메뉴의 복사 하기를 선택한다.

③ 또는 툴바의 버튼을 선택한다.

④ 또는 오른쪽 마우스 메뉴의 복사 하기를 선택한다.

⑤ 또는 키보드의 Ctrl과 C를 동시에 누른다(Ctrl + C).

⑥ 요소가 클립보드에 저장되어 있으므로 붙여 넣기를 통해 편집창에 복사된 요소를 복사해 넣을 수 있다.

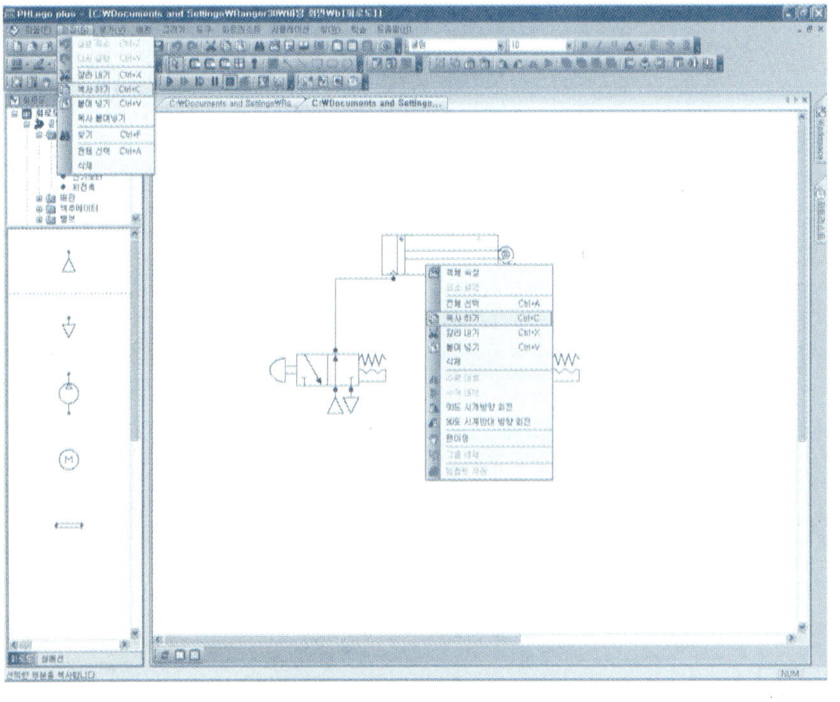

[그림 11-9] 복사 하기

4) 잘라 내기

① 요소를 선택한다.

② 편집 메뉴의 잘라 내기를 선택한다.

③ 또는 툴바의 를 선택한다.

④ 또는 오른쪽 마우스 메뉴의 잘라 내기를 선택한다.

⑤ 또는 키보드의 Ctrl과 X를 동시에 누른다(Ctrl + X).

⑥ 요소가 클립보드에 저장되면서 화면에서는 보이지 않게 된다. 붙여 넣기를 하면 동일한 요소가 생성된다.

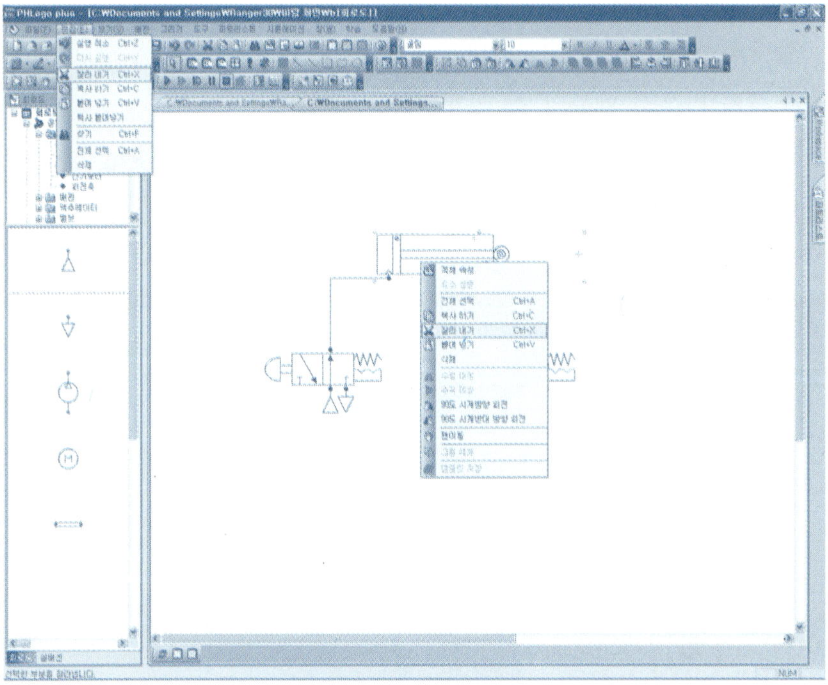

[그림 11-10] 잘라 내기

5) 붙여 넣기

① 요소를 선택하여 복사 하기나 잘라 내기를 먼저 수행한다.

② [편집] 메뉴의 붙여 넣기를 선택한다.

③ 또는 툴바의 를 선택한다.

④ 또는 오른쪽 마우스 메뉴의 붙여 넣기를 선택한다.

⑤ 또는 키보드의 Ctrl과 V를 동시에 누른다(Ctrl + V).

⑥ [그림 11-11]과 같이 복사하거나 잘라낸 요소와 동일한 요소가 생성된다.

⑦ [그림 11-11]의 우측 아래 그림은 붙여 넣기 했을 때의 그림이다.

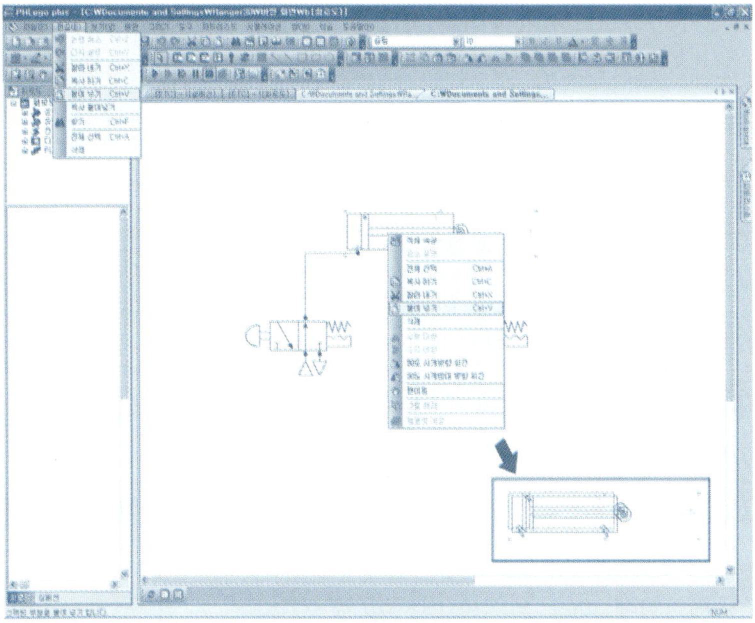

[그림 11-11] 붙여 넣기

02 요소 연결

2-1 포트의 정의

포트는 유압, 공압, 전기가 들어오거나 나갈 수 있는 출입구의 개념으로 전기부품들이 연결되는 단자라 할 수 있다.

공압 시뮬레이터(PHLego plus) 회로도에서의 포트는 각각의 요소들이 연결되는 연결점이다. 모든 요소들은 포트를 통해서 연결된다.

2-2 배 선

공압 시뮬레이터(PHLego plus)는 배선을 통해 흐르며 배선의 종류에는 유압, 공압, 전기가 있다. 이는 흐름의 방향을 조작하거나 제어를 하기 위해 사용되고, 공압 시뮬레이터

(PHLego plus)에서의 회로도에 사용되는 각각의 요소들을 연결하기 위하여 요소들을 배선해야 한다.

요소들을 연결해야만 시뮬레이션이 가능하기 때문이다.

툴바의 / / 버튼들을 이용하여 배선을 할 수 있다.

공압은 파란색, 유압은 빨강색, 전기는 녹색으로 화면에 표시된다.

1) 포트와 연결하는 배선 그리기

① 툴바의 / / 을 클릭하면 마우스 커서가 [ ] 에서 [+] 모양으로 바뀌고 배선을 할 수 있는 상태가 된다(공압, 유압, 전기동일).

② 배선을 시작하고자 하는 포트에 마우스 포인터를 위치시킨 후 클릭하여 배선을 시작한다.

③ 마우스를 움직임에 따라 분홍색 배선이 생성된다.

④ 배선의 끝점이 될 포트까지 임시배선을 진행시킨 후 마우스의 포인터가 해당 위치에 도달하였을 때 왼쪽 버튼을 더블클릭하여 배선을 마치면 분홍색 배선이 완성된다.

⑤ 배선을 더이상 그리지 않으려면 키보드의 [Esc] 키나 버튼을 한번 클릭하거나

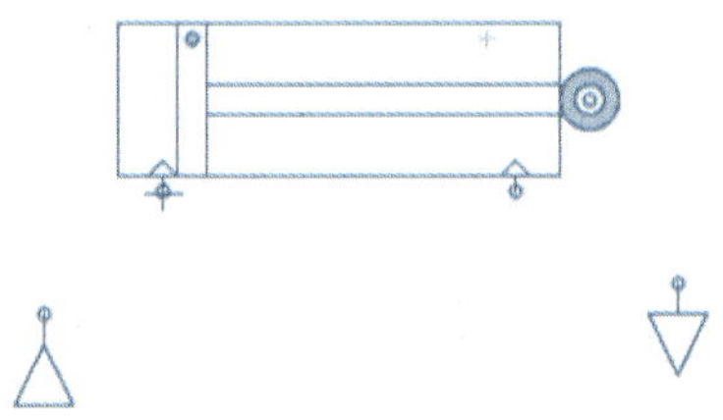

[그림 11-12] 배선 시작

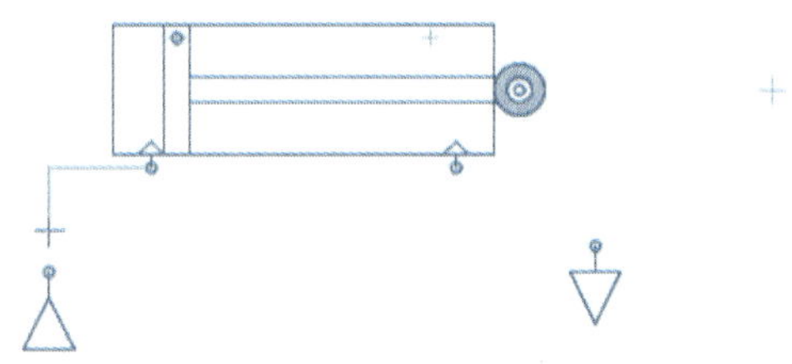

[그림 11-13] 배선 그리기

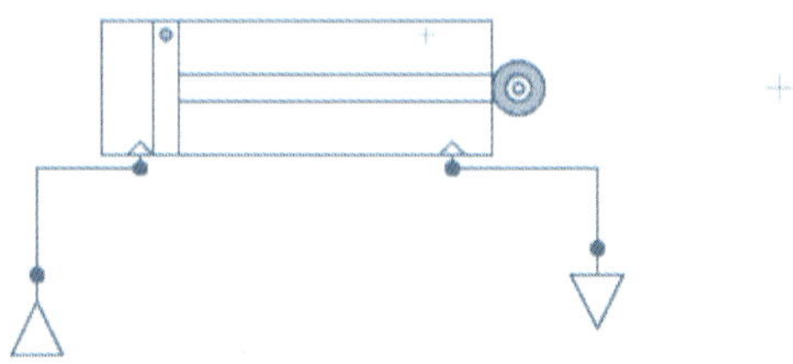

[그림 11-14] 배선 완료

마우스 오른쪽 버튼을 누르면 배선 그리기 모드가 해제된다.

⑥ 만일 잘못된 배선을 그렸다면 끝점을 지정하지 않은 상황에서 배선 그리기 모드를 해제, 작성중이던 임시배선은 마지막으로 마우스를 클릭한 지점까지만 생성된다.

2) 꺾어진 배선 그리기

① 툴바의 / / 을 클릭하면 마우스 커서가 [↖]에서 [+] 모양으로 바뀌고 배선을 할 수 있는 상태가 된다.

② 배선을 시작하고자 하는 포트에 마우스 포인터를 위치시킨 후 클릭하여 배선을 시작한다.

③ 배선이 굴절되어야 할 부분에서 마우스의 왼쪽 버튼을 한번 클릭하고 배선의 진행 방향을 바꾸면 해당 지점에서 굴절된 배선을 작성할 수 있다.

④ 필요로 하는 배선의 모양을 만들기 위해 여러 번의 굴절을 만들어낼 수 있다.

⑤ 배선의 끝점에 도달하였을 경우 해당 포트의 위치에 마우스 포인터를 위치시킨 후 왼쪽 버튼을 더블클릭하여 배선을 완성할 수 있다.

⑥ 배선을 더이상 그리지 않으려면 버튼 혹은 마우스 오른쪽 버튼을 한번 클릭하여 배선 그리기 모드를 해제한다.

3) 배선 삭제

필요 없는 배선을 삭제하는 방법은 우선 삭제하고자 하는 배선을 선택한 후 오른쪽 마우스 버튼 메뉴의 [삭제] 메뉴로 삭제하거나 키보드의 [Delete] 버튼으로 삭제할 수 있다.

2-3 연결하기

요소들을 연결하는 방법은 포트와 포트사이를 배선으로 연결하는 방법이다. 회로도에서 포트는 각 부품에 [그림 11-15]와 같이 표시된다.

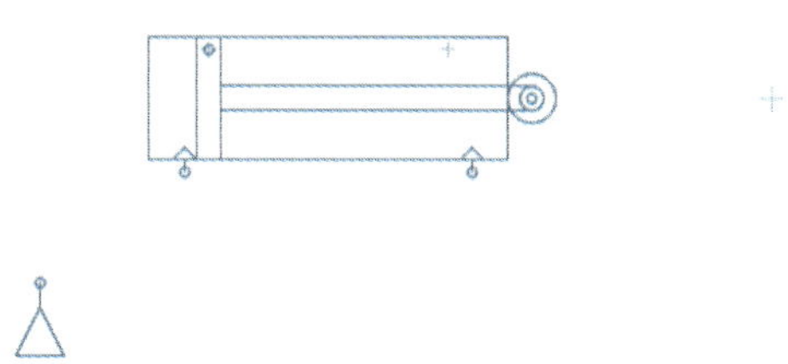

[그림 11-15] 배선 전

포트와 포트 사이를 배선을 이용하여 연결하는 방법은 [그림 11-16]과 같이 배선으로 요소를 연결하면 된다.

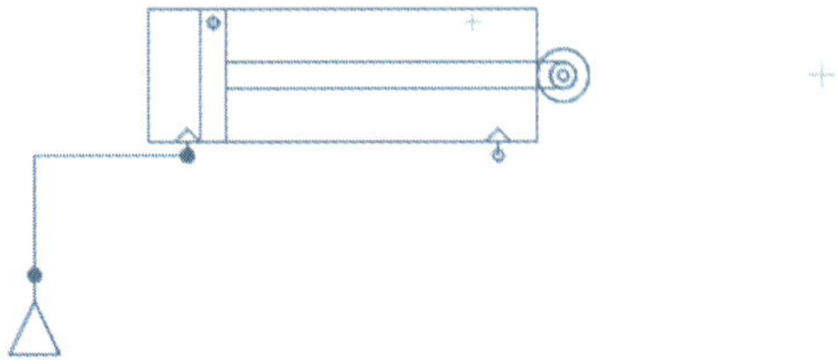

[그림 11-16] 배선 후

참고

포트와 포트가 만나는 곳은 검은색으로 표시가 된다.

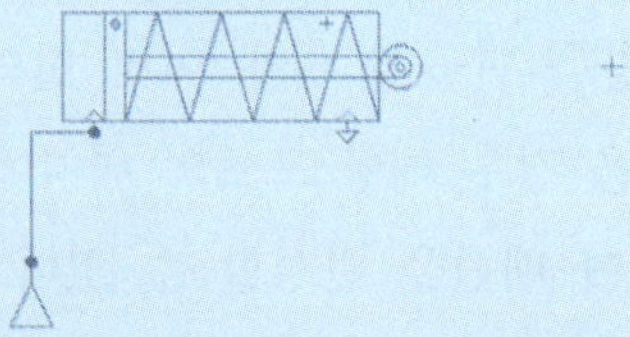

공압 포트에 유압 혹은 전기 포트를 연결할 경우 다음과 같은 오류 표시가 나타난다. 이는 유압에 공압 혹은 전기를 연결할 경우에도 나타나며 전기에 유압 또는 공압을 연결할 경우에도 다음과 같은 오류 표시가 나타난다.

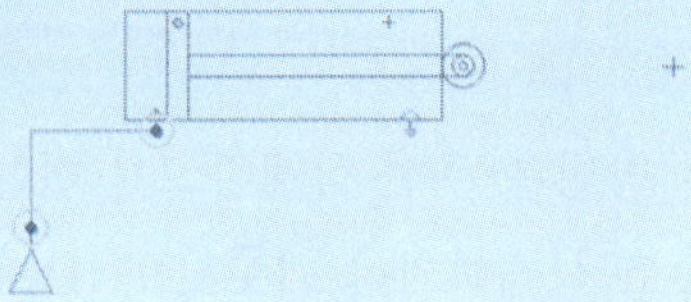

라인을 부분적으로 이동할 때는 움직이고자 하는 부분을 마우스 왼쪽 버튼을 누른 상태로 움직일 수 있다.

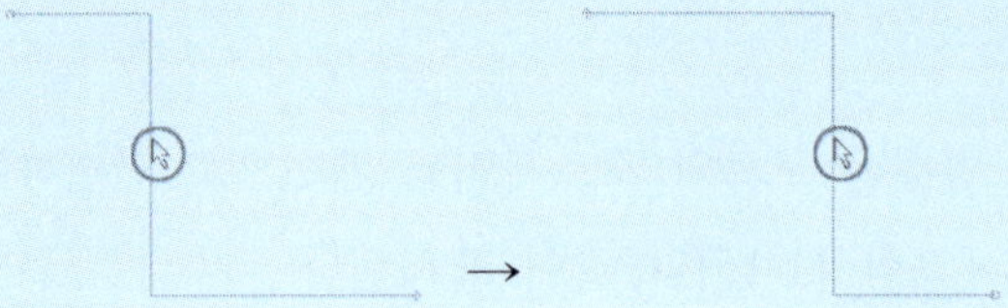

라인의 첫 번째 마디 혹은 마지막 마디를 움직이면 이동이 된다.

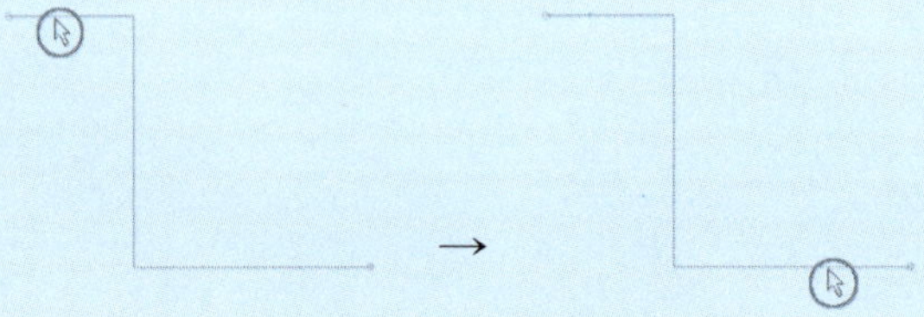

03 요소 속성 설정

요소에는 각각의 특징을 나타내는 속성창이 존재한다. 공압 시뮬레이터(PHLego plus)의 회로도에서는 최대출력, 최대유량, 출력 압력 등 요소를 동작시키기 위한 속성값이 있다. 요소의 특성에 따라 요소의 속성창이 다르게 나타난다.

요소를 편집창으로 가져와서 요소를 선택한 후 더블클릭하거나 오른쪽 마우스 메뉴의 [객체 속성] 메뉴를 선택하면 각 부품에 대한 속성창이 [그림 11-17]과 같이 나타난다.

요소 속성을 설정하면 요소의 속성에 따라 시뮬레이션이 다르게 작동하므로 요소 속성 설정을 통하여 다른 시뮬레이션이 가능하다.

속성창의 아이디(이름)를 써줄 경우 아이디가 화면에 타나나며 이는 이동이 가능하여 아이디를 식별하는데 도움을 주고 Comment는 요소의 설명을 적을 수 있다.

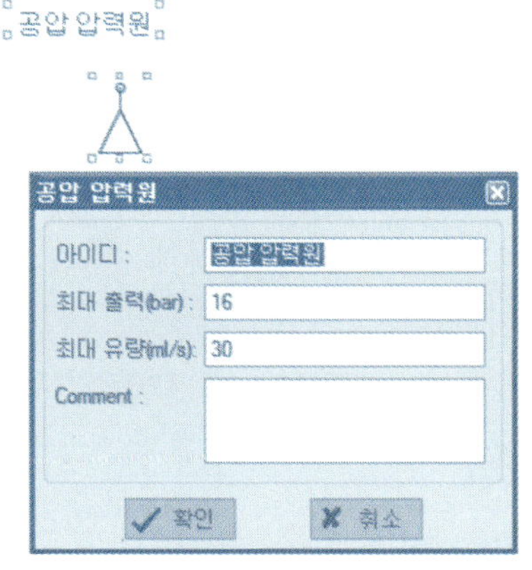

[그림 11-17] 요소 속성창

3-1 공압 압력원 속성

[그림 11-18]과 같이 공압 압력원은 아이디, 최대출력, 최대유량을 속성으로 가지며 이들의 값으로 시뮬레이션해볼 수 있다.

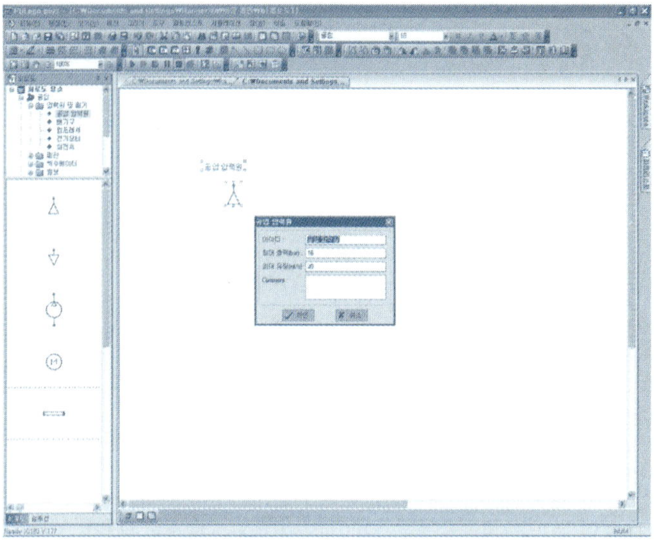

[그림 11-18] 공압 압력원 속성창

3-2 배기구 속성

[그림 11-19]와 같이 배기구 속성은 아이디, Comment를 속성으로 가지며 이들의 값으로 시뮬레이션해볼 수 있다.

이와 같은 속성을 갖는 요소는 요소 연결 시작, 요소 연결 상대, 흡입관, 체크 밸브, 체크 밸브(스프링 붙이) 등이 있다.

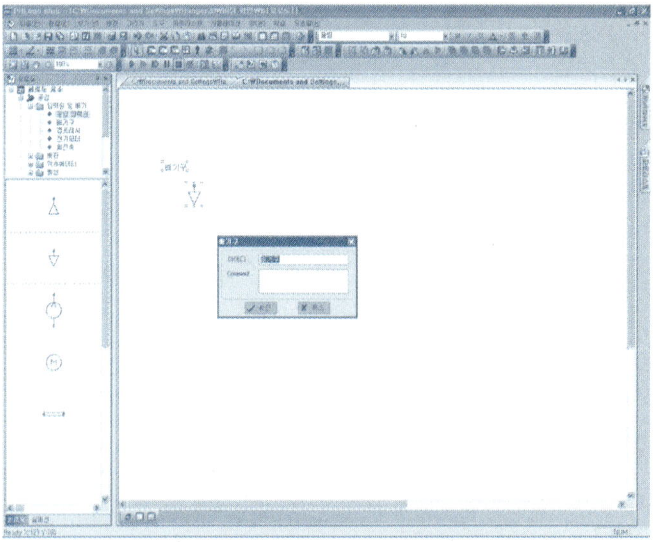

[그림 11-19] 배기구 속성창

3-3 컴프레서 속성

[그림 11-20]과 같이 컴프레서 속성은 아이디, 출력압력, 왼쪽 축, 오른쪽 축, Comment의 속성을 설정할 수 있으며, 왼쪽 축 또는 오른쪽 축을 체크할 경우 요소의 그림이 바뀌고 왼쪽 축 또는 오른쪽 축에 회전축 요소 혹은 다른 요소의 회전축을 연결할 수 있다.

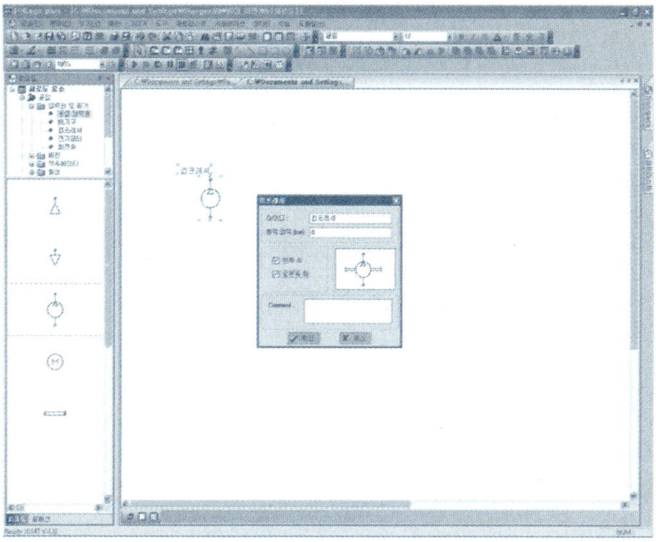

[그림 11-20] 컴프레서 속성창

3-4 전기모터 속성

[그림 11-21]과 같이 전기모터는 아이디, 최대속도, 최대출력, 왼쪽 축, 오른쪽 축, 독립적 동작, Comment를 설정할 수 있으며, 왼쪽 축, 오른쪽 축을 체크할 경우 전기모터의 왼쪽, 오른쪽에 회전축이 생기며 이들의 축에 다른 회전축이나 다른 요소의 회전축을 연결할 수 있다. 이와 같은 속성을 갖는 요소는 공압 전기모터와 유압 전기모터가 있다.

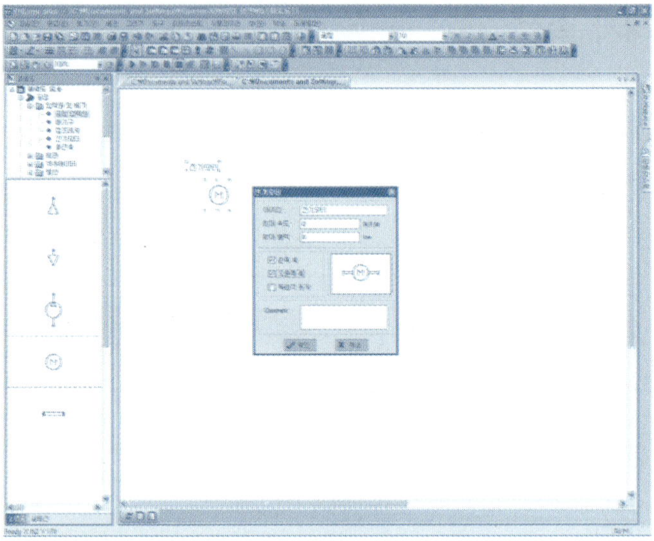

[그림 11-21] 전기모터 속성창

3-5 실린더 속성

[그림 11-22]와 같이 실린더는 피스톤 직경, 로드 직경, 로드 길이, 전진시 부하, 후진시 부하, 스프링 복귀력(단동실린더일 때), 섭동 저항력, 배기 저항력, 후진 상태, 전진 상태, 쿠션, Comment를 설정할 수 있으나 이는 실린더의 종류에 따라 설정할 수 있는 부분이 조금씩 다르다.

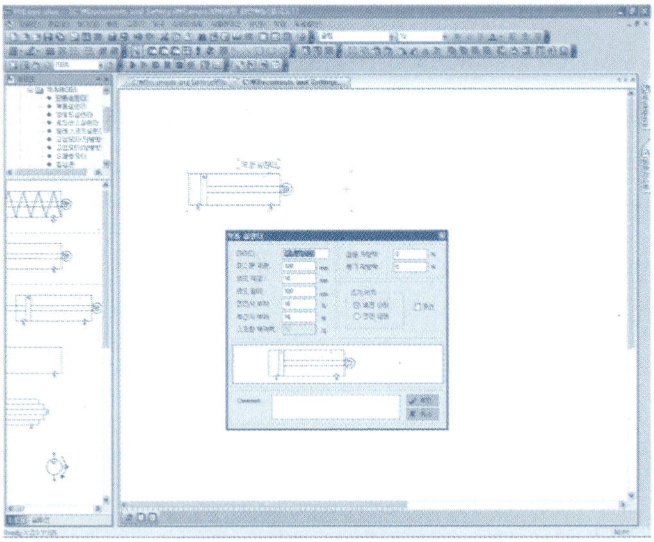

[그림 11-22] 실린더 속성창

3-6 공압 모터 속성

[그림 11-23]과 같이 공압 모터 속성창에는 아이디, 작동압력, Comment 속성이 들어가며 이와 같은 비슷한 속성창을 쓰는 요소는 공압 모터(단방향), 공압 모터(양방향), 요동형 모터, 감압 밸브 등이 있으며, 스로틀밸브, 스로틀밸브(논-리턴) 등은 작동 압력이 열림비율로 표시되어 나오며, 시간지연 밸브(순시작동), 시간지연 밸브(한시작동)은 지연시간으로 표시되어 속성창이 나오게 된다.

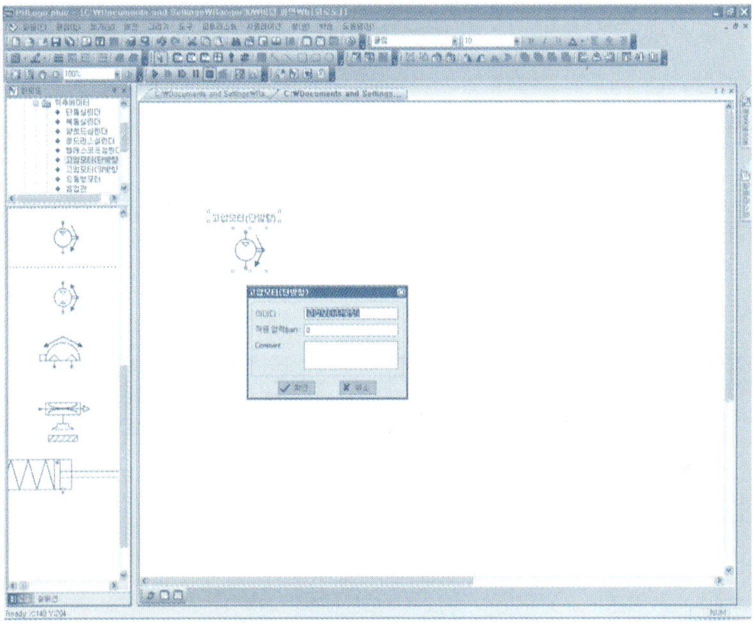

[그림 11-23] 공압 모터 속성창

3-7 방향 밸브 속성

[그림 11-24]와 같이 방향 밸브는 밸브 이름, 요소 아이디 앞, 요소 아이디 뒤, Comment를 설정할 수 있고, 밸브 속성창의 요소를 더블클릭할 경우 밸브를 다른 요소로 변경시킬 수 있다.

요소 아이디 앞, 요소 아이디 뒤는 요소를 솔레노이드 등 외부의 값을 받아 작동시킬 경우 아이디 값을 같게 하여 밸브를 작동시킬 수 있다.

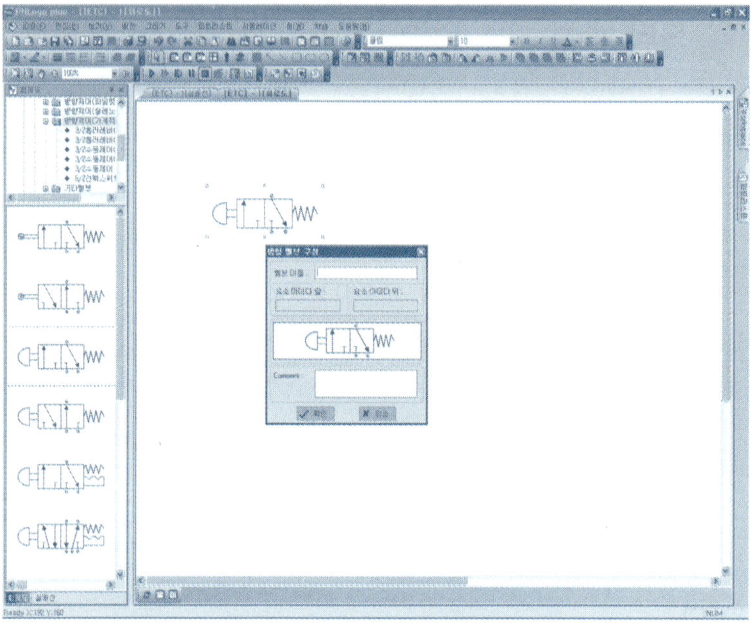

[그림 11-24] 방향 밸브 속성창

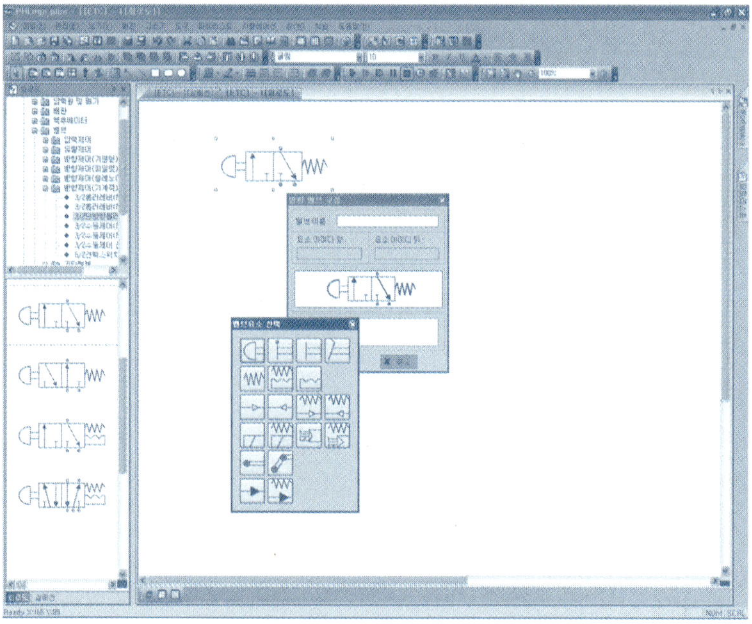

[그림 11-25] 방향 밸브 세부 요소 변경 속성창(앞 세부 요소 변경)

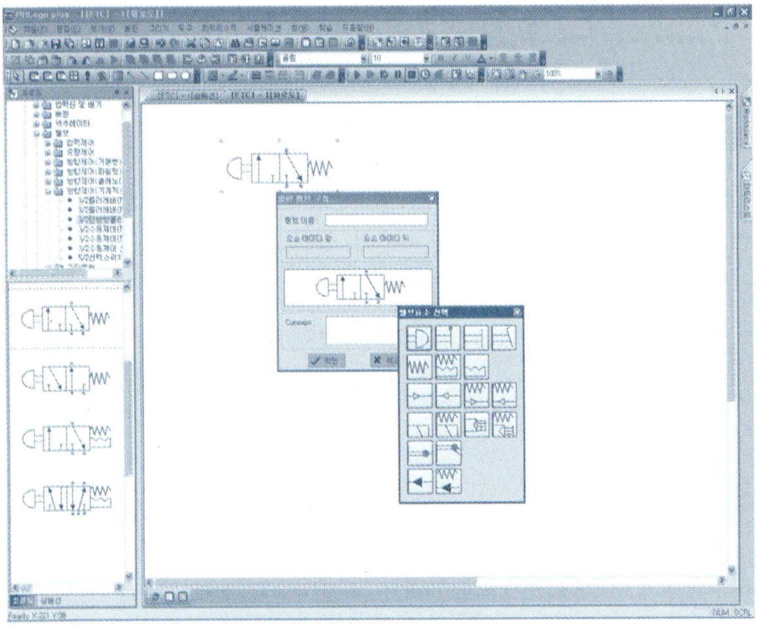

[그림 11-26] 방향 밸브 세부 요소 변경 속성창(뒤 세부 요소 변경)

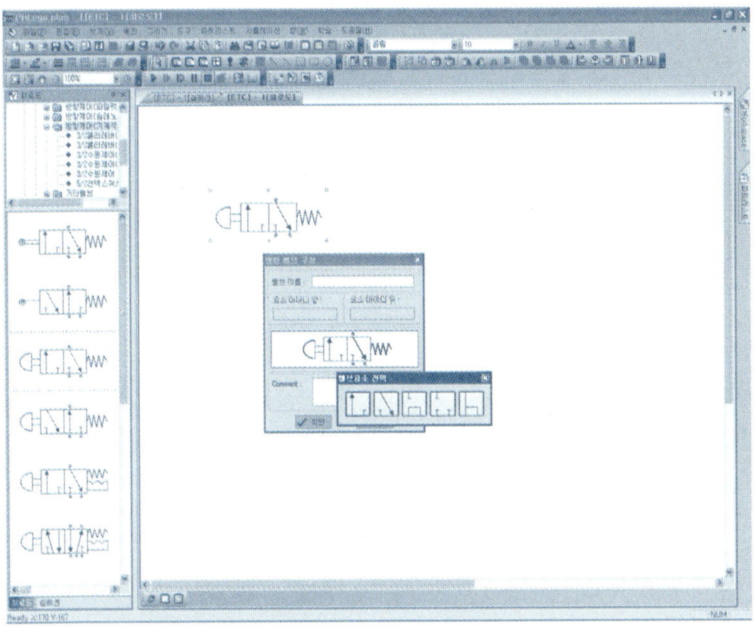

[그림 11-27] 방향 밸브 세부 요소 변경 속성창(중간 세부 요소 변경)

3-8 전기 리밋스위치 속성

[그림 11-28]과 같이 전기 리밋스위치는 아이디, IO 포트번호, Comment를 설정할 수 있다. IO 포트번호는 소프트웨어적으로 시뮬레이션하고자 할 때는 설정하지 않고 PLC 연동을 하고자 할 때 쓰인다.

이와 같은 속성을 갖는 요소로는 누름 스위치, 토글 스위치 등이 있다.

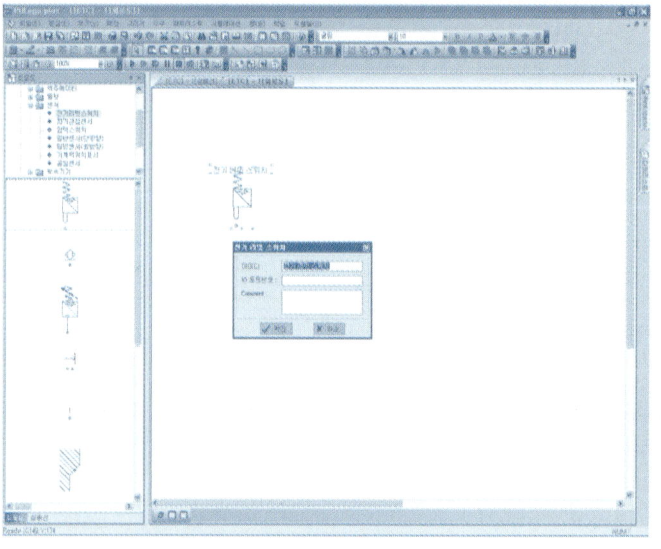

[그림 11-28] 전기 리밋스위치 속성창

3-9 압력 스위치 속성

[그림 11-29]와 같이 압력 스위치는 아이디, IO 포트번호, Comment, 작동압력을 설정할 수 있다. IO 포트번호는 소프트웨어적으로 시뮬레이션하고자 할 때는 설정하지 않고 PLC 연동을 하고자 할 때 쓰인다.

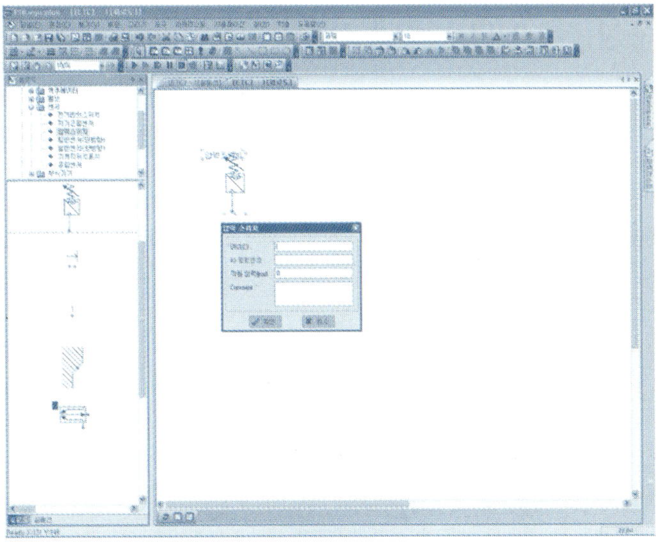

[그림 11-29] 압력 스위치 속성창

3-10 타이머 속성

[그림 11-30]과 같이 타이머는 아이디, 최대전압, 최대전류, 소비전력, 지연시간, Comment를 설정할 수 있다.

이와 같은 속성창을 쓰는 요소로는 타이머(On Delay), 타이머(Off Delay), 올림 카운터, 내림 카운터 등이 있다.

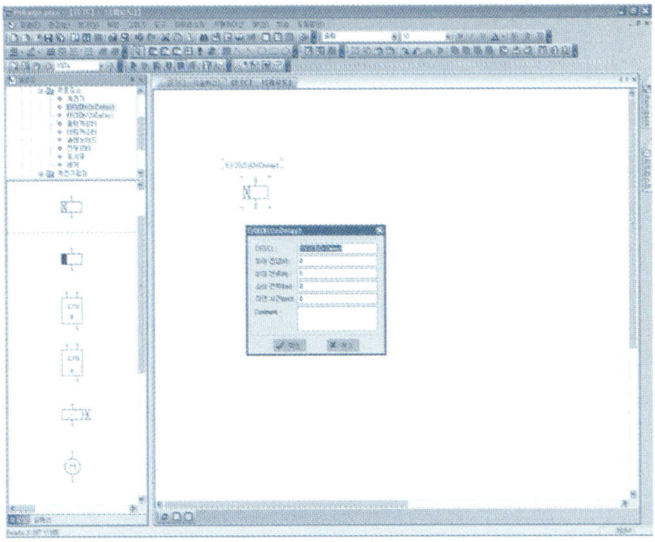

[그림 11-30] 타이머 속성창

3-11 펌프 속성

[그림 11-31]과 같이 펌프는 아이디, 출력 압력, 유량, 가변용량, 외부 드레인, 왼쪽 축, 오른쪽 축, Comment를 설정할 수 있다.

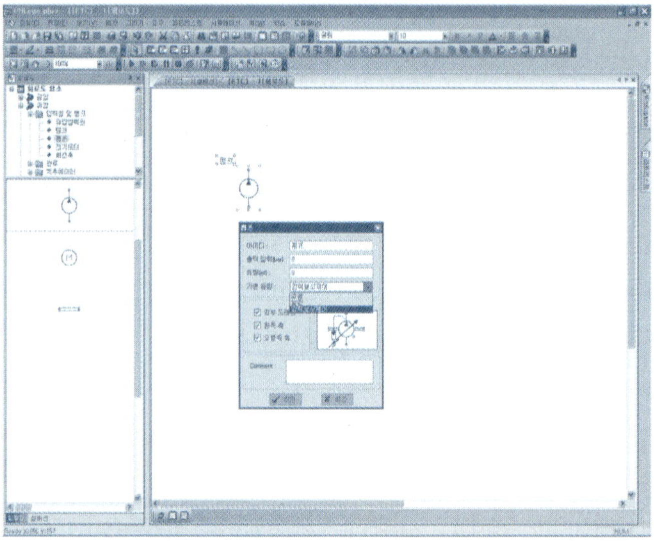

[그림 11-31] 펌프 속성창

3-12 어큐뮬레이터 속성

[그림 11-32]와 같이 어큐뮬레이터는 일반(분리형), 공기압축형(비분리), 공기압축형(분리), 하중형, 스프링형의 종류를 선택할 수 있다.

종류를 선택하면 종류에 맞는 요소가 세팅되게 된다.

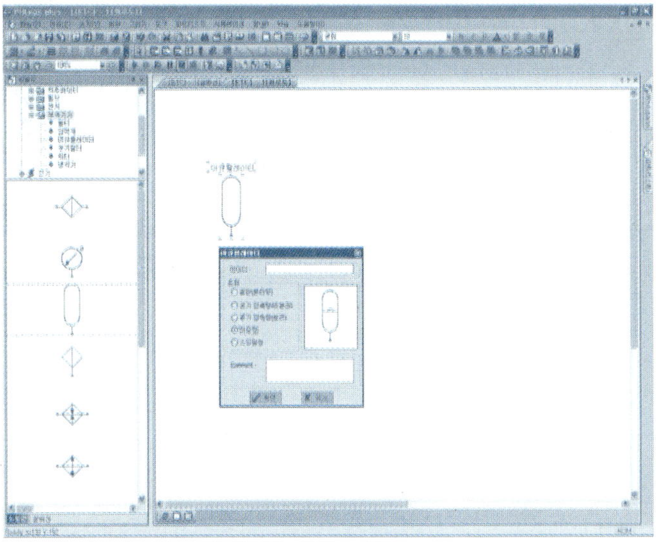

[그림 11-32] 어큐뮬레이터 속성창

3-13 논리 스위치 속성

[그림 11-33]과 같이 논리 스위치는 아이디, 초기값, Comment를 설정할 수 있다.

초기값으로 1 또는 0으로 세팅을 할 수 있는데, 초기값의 위치에 따라 논리 스위치의 위치가 바뀐다.

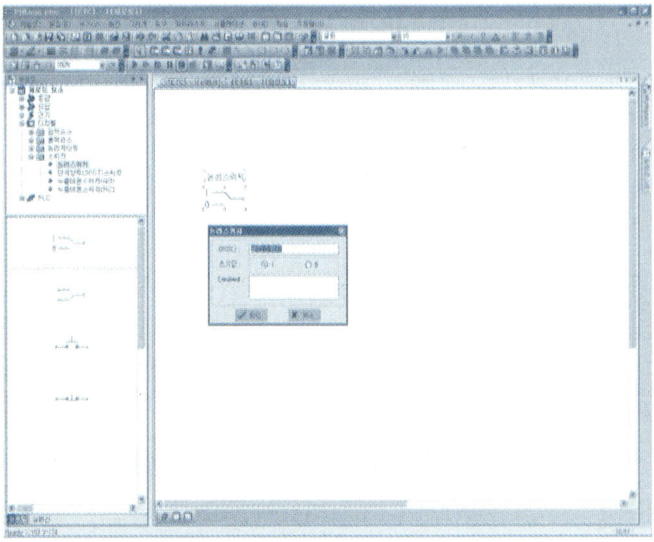

[그림 11-33] 논리 스위치 속성창

3-14 전원 속성

[그림 11-34]와 같이 전원은 아이디, 전압, 전류, Comment를 설정할 수 있다. KS 전원도 같은 속성창을 사용한다.

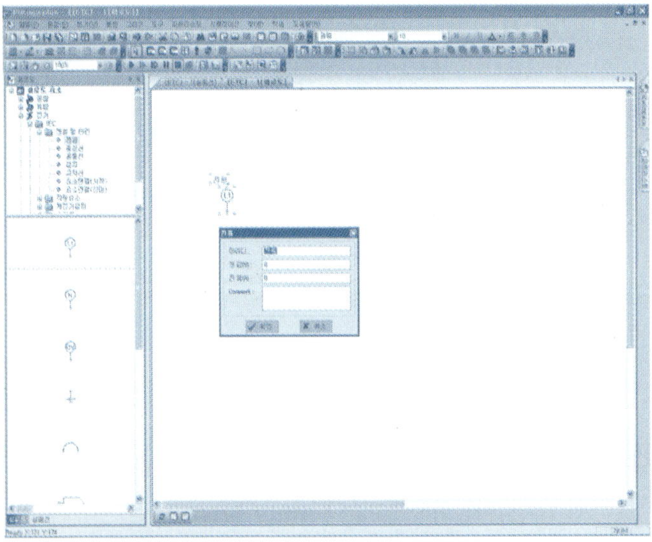

[그림 11-34] 전원 속성창

3-15 계전기 속성

[그림 11-35]와 같이 계전기은 아이디, 최대전압, 최대전류, 소비전력, Comment를 설정할 수 있다.

솔레노이드, 전동 모터, 표시등, 버저도 같은 속성창을 사용한다.

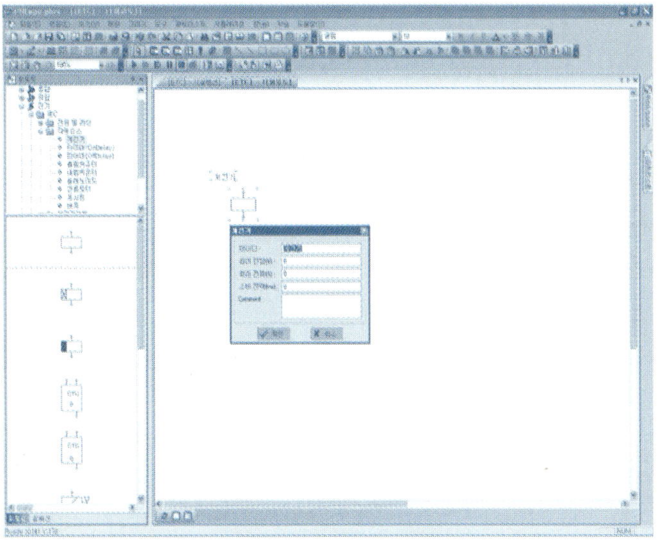

[그림 11-35] 계전기 속성창

CHAPTER

12 공압 시뮬레이터(PHLego plus) 회로구현

01 공압 시뮬레이터 회로도 따라하기

공압 시뮬레이터(PHLego plus)에서는 페이지의 묶음인 프로젝트를 생성하여 회로를 작성할 수 있다. 프로젝트는 도면이 복잡하여 여러 장으로 나누어서 사용하고자 할 때 유용하고, etc의 페이지는 단일 회로 및 실배선을 사용할 때 유용하다.

실배선과 회로도가 하나의 파일로 구성되며, 각각의 편집창을 갖는다.

1-1 직접 제어회로 프로젝트 따라하기

① [파일] → [새 파일] 또는 툴바(ToolBar)에서 [새로운 문서 오픈]을 클릭하면 다음과 같은 창이 생성된다.

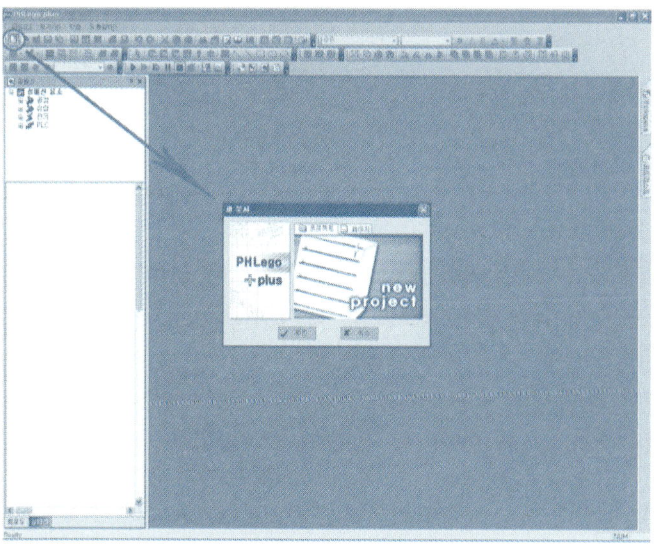

[그림 12-1] 새로운 문서 오픈

② 프로젝트임을 확인하고 아래의 [확인] 버튼을 클릭한다.

[그림 12-2] 프로젝트 확인

③ 프로젝트 이름(폴더의 이름이 된다)을 설정하고 프로젝트 경로를 설정한다. 경로를 변경하고 싶을 때는 오른쪽의 [...] 버튼을 클릭하여 변경할 수 있다.

[그림 12-3] 새 프로젝트

참고

위에서는 폴더명을 Ex1으로 설정했고 경로를 C:₩Project₩로 설정했다. 그러므로 프로젝트는 C:₩Project₩Ex1이라는 경로가 생기고 C:₩Project₩Ex1 폴더 안에는 Ex1.MPJ, Ex1.xls, Ex1_1.PHG의 3개의 파일이 생성된다.

확장자가 MPJ는 프로젝트 관리 파일이며, xls는 엑셀 파일이고, PHG 파일은 회로도와 실배선이 합쳐진 페이지 파일이다.

④ 워크스페이스창을 확인해보면 다음과 같은 파일이 생성, 관리되고 있음을 확인할 수 있다.

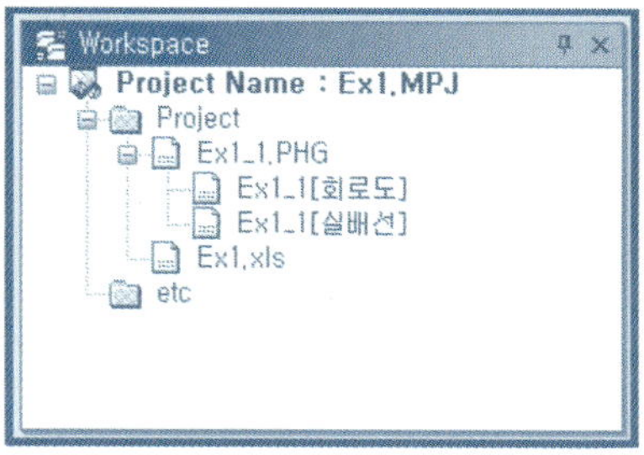

[그림 12-4] 워크스페이스 도킹창

⑤ 회로도 요소 선택창에서 [회로도 요소]→[공압]→[압력원 및 배기]→[공압 압력원]을 누르면 미리보기창에 선택 요소창에서 클릭한 요소가 나온다.

⑥ 미리보기창에서 시뮬레이션해볼 공압 압력원을 마우스 왼쪽 버튼을 누른 채 오른쪽 편집창에 끌어다 놓는다.

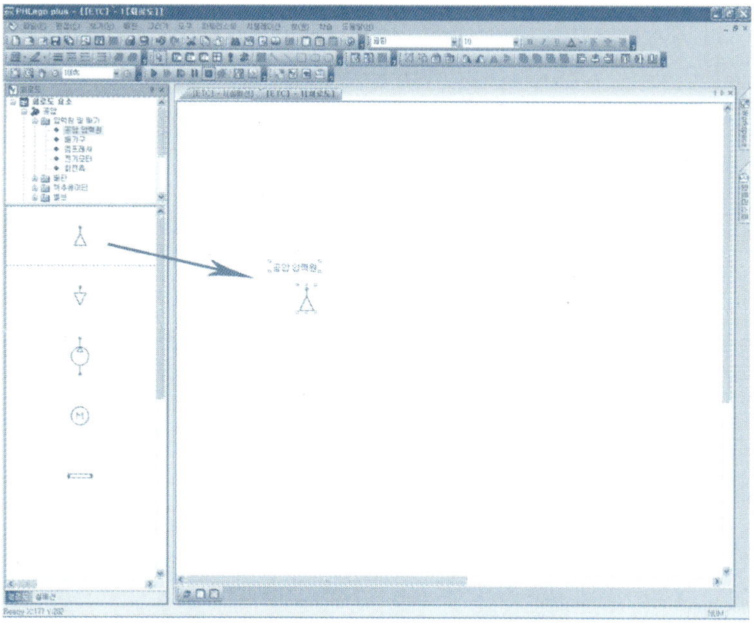

[그림 12-5] 공압 압력원 요소 끌어 놓기

⑦ 회로도 요소 선택창에서 [회로도 요소]→[공압]→[액추에이터]→[단동실린더]를 누르면 미리보기창에 선택 요소창에서 클릭한 요소가 나온다.

⑧ 미리보기창에서 시뮬레이션해볼 단동실린더를 마우스 왼쪽 버튼을 누른 채 오른쪽 편집창에 끌어다 놓는다.

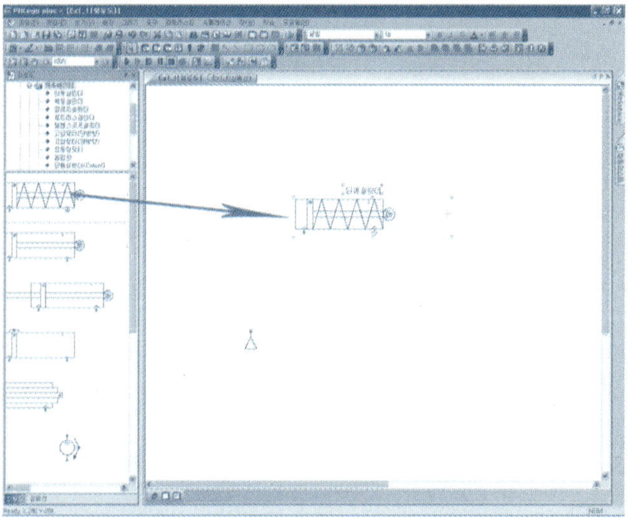

[그림 12-6] 단동실린더 요소 끌어 놓기

⑨ 회로도 요소 선택창에서 [회로도 요소]→[공압]→[밸브]→[방향제어(기계적)]을 누르면 미리보기창에 선택 요소창에서 클릭한 요소가 나온다.

⑩ 미리보기창에서 시뮬레이션해볼 기계적 밸브 요소를 마우스 왼쪽 버튼을 누른 채 오른쪽 편집창에 끌어다 놓는다.

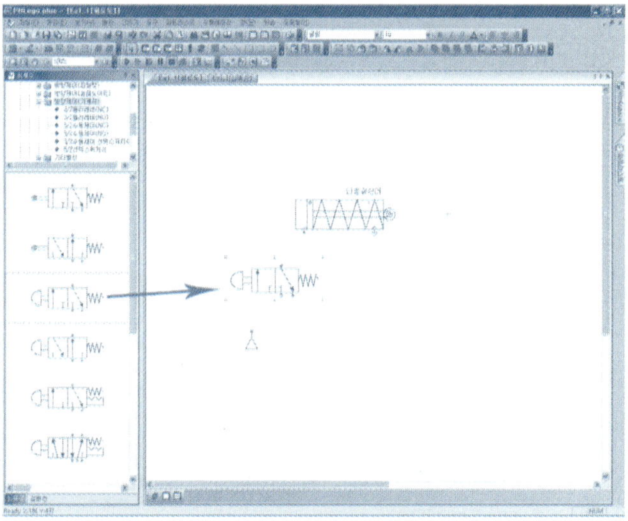

[그림 12-7] 기계적 밸브 요소 끌어 놓기

⑪ 회로도 요소 선택창에서 [회로도 요소]→[공압]→[압력원 및 배기]→[배기구]를 누르면 미리보기창에 선택 요소창에서 클릭한 요소가 나온다.

⑫ 미리보기창에서 시뮬레이션해볼 배기구를 마우스 왼쪽 버튼을 누른 채 오른쪽 편집창에 끌어다 놓는다.

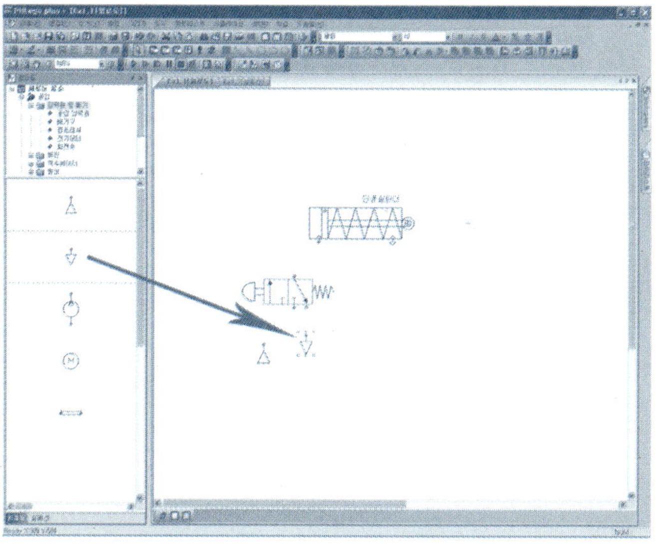

[그림 12-8] 배기구 요소 끌어 놓기

⑬ 각 요소들을 적당한 위치에 배치시킨다.

⑭ 공압 압력원을 시계방향 90도 회전 을 눌러 90도 회전시킨다.

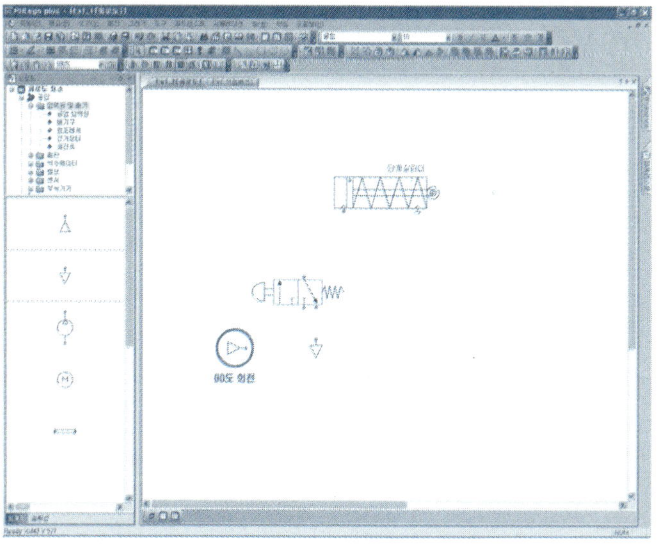

[그림 12-9] 요소를 적당한 위치에 배치

⑮ 을 클릭하여 라인을 [그림 12-10]과 같이 그린다.

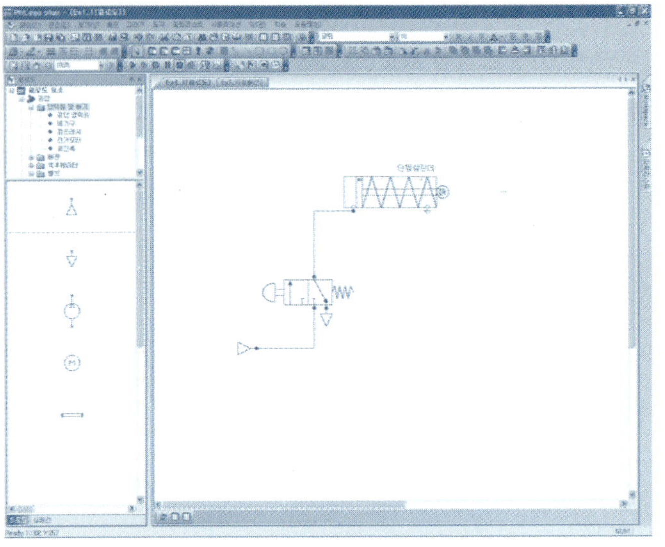

[그림 12-10] 라인 그리기

⑯ 을 클릭하여 시뮬레이션을 작동시킨다.

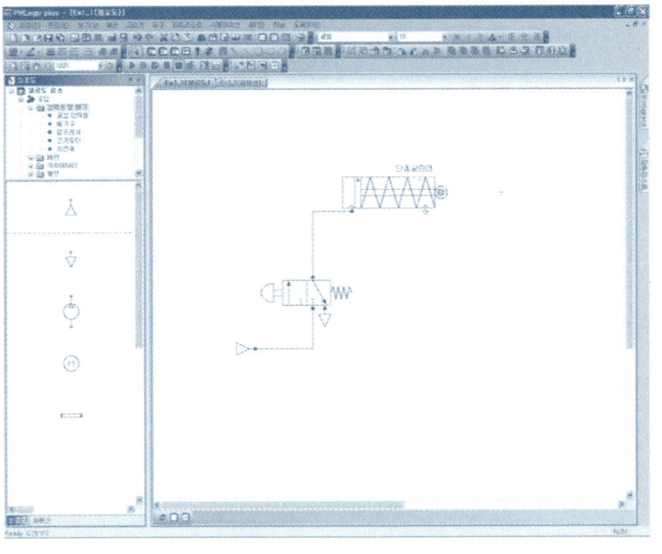

[그림 12-11] 시뮬레이션하기 전

⑰ 시뮬레이션을 시작하면 라인이 두꺼워지며, 공압이 지나가는 부분은 빨강색으로 표시된다(프로그램 참조).

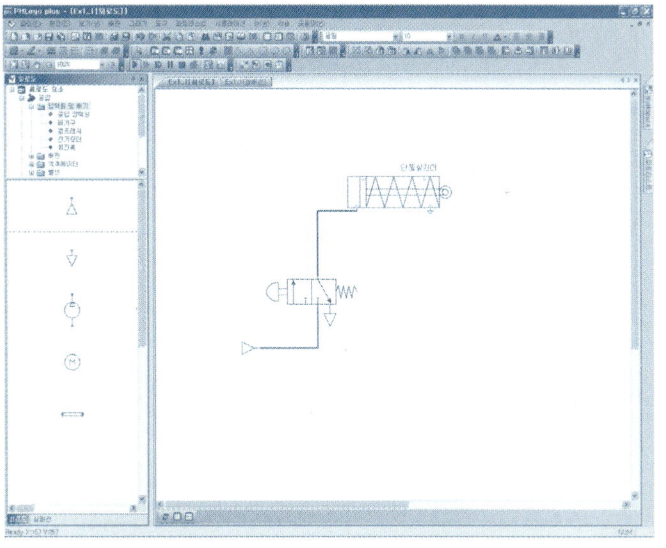

[그림 12-12] 시뮬레이션 시작

⑱ 밸브의 버튼을 누르면 뒤의 스프링이 압축되는 효과가 나오며 단동실린더에 공기 압력이 유입되어 실린더가 작동된다.

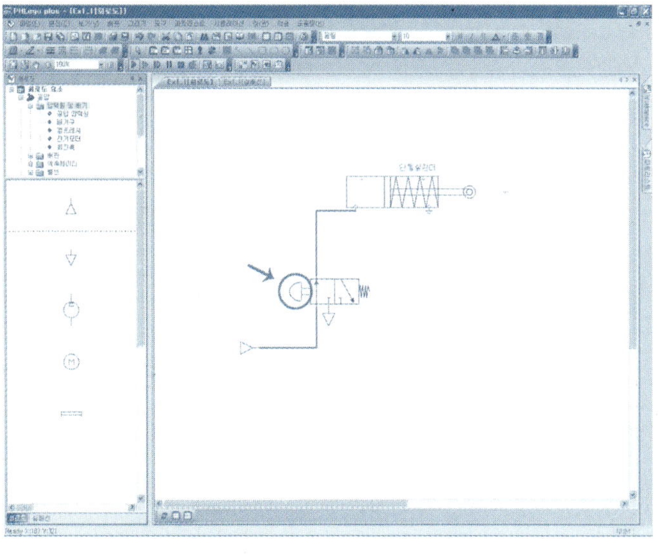

[그림 12-13] 시뮬레이션 밸브 버튼 클릭

1-2 직접 제어회로 페이지 따라하기

① [파일] → [새 파일] 또는 툴바(ToolBar)에서 [새로운 문서 오픈]을 클릭하면 다음과 같은 창이 생성된다.

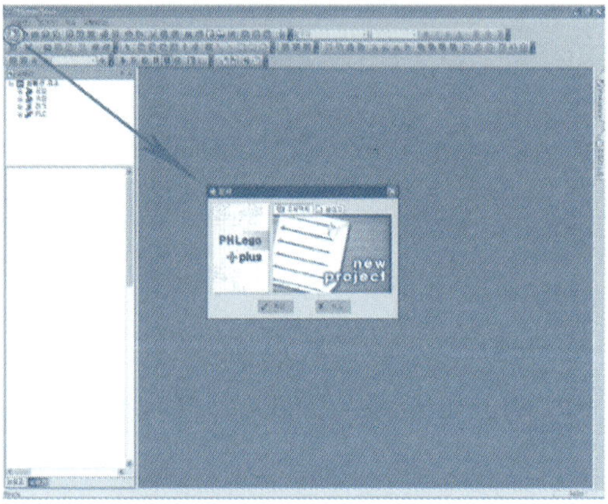

[그림 12-14] 새로운 문서 오픈

② 페이지를 클릭하고 아래의 [확인] 버튼을 클릭한다.

[그림 12-15] 페이지 파일 열기

참고

페이지를 클릭시에는 아직 파일이 생성되지 않은 상태이다. 따라서 현재의 편집창을 파일로 저장하려면 확장자가 PHG [파일] → [페이지 파일 저장] 또는 [다른 이름으로 저장]을 하여야 한다.

페이지를 저장하게 되면 실배선과 회로도 편집창을 합쳐 1개의 파일이 생성된다.

③ 워크스페이스창에서 ETC-1.PHG에 회로도와 실배선 페이지가 있음을 확인한다(아직 파일이 생성되지는 않았다).

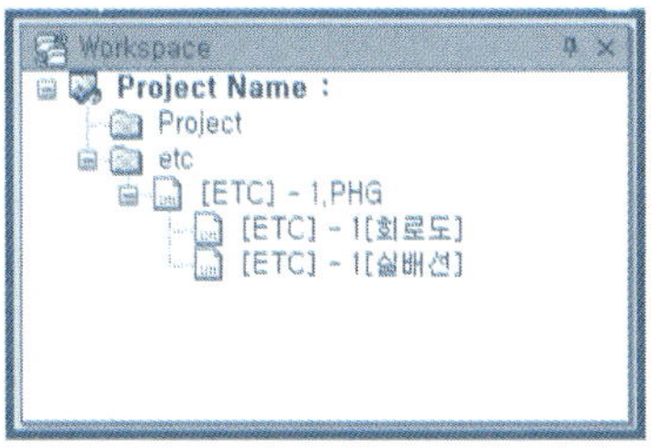

[그림 12-16] 워크스페이스에서 하나의 PHG와 회로도, 실배선 편집창 확인

④ 회로도 요소 선택창에서 [회로도 요소]→[공압]→[압력원 및 배기]→[공압 압력원]을 누르면 미리보기창에 선택 요소창에서 클릭한 요소가 나온다.

⑤ 미리보기창에서 시뮬레이션해볼 공압 압력원을 마우스 왼쪽 버튼을 누른 채 오른쪽 편집창에 끌어다 놓는다.

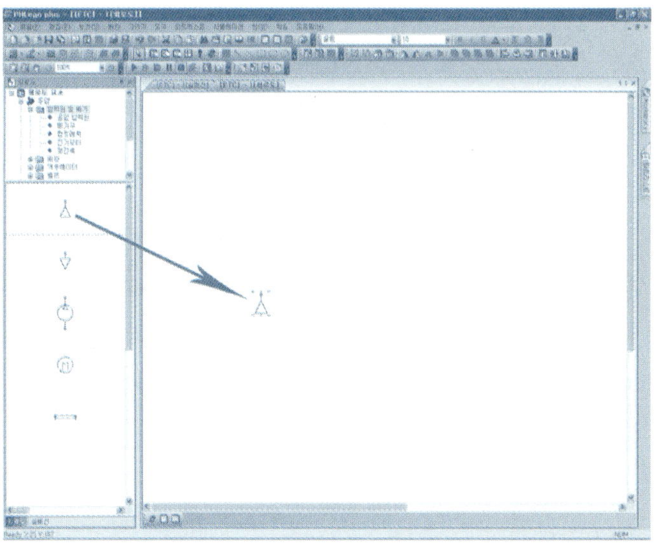

[그림 12-17] 공압 압력원 요소 끌어 놓기

⑥ 회로도 요소 선택창에서 [회로도 요소]→[공압]→[액추에이터]→[단동실린더]를 누르면 미리보기창에 선택 요소창에서 클릭한 요소가 나온다.

⑦ 미리보기창에서 시뮬레이션해볼 단동실린더를 마우스 왼쪽 버튼을 누른 채 오른쪽 편집창에 끌어다 놓는다.

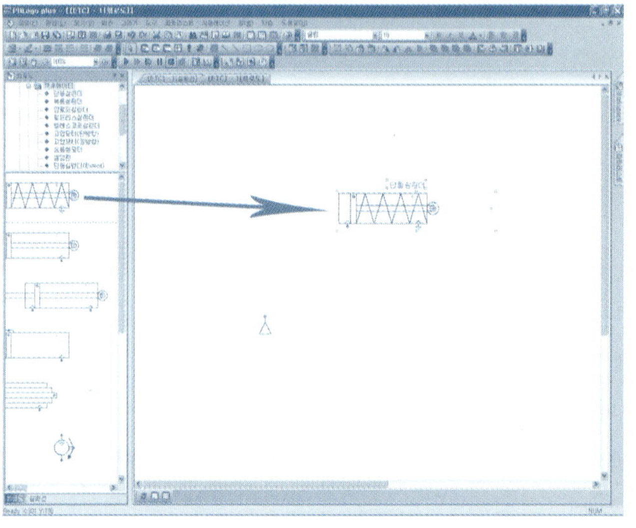

[그림 12-18] 단동실린더 요소 끌어 놓기

⑧ 회로도 요소 선택창에서 [회로도 요소]→[공압]→[밸브]→[방향제어(기계적)]를 누르면 미리보기창에 선택 요소창에서 클릭한 요소가 나온다.

⑨ 미리보기창에서 시뮬레이션해볼 기계적 밸브를 마우스 왼쪽 버튼을 누른 채 오른쪽 편집창에 끌어다 놓는다.

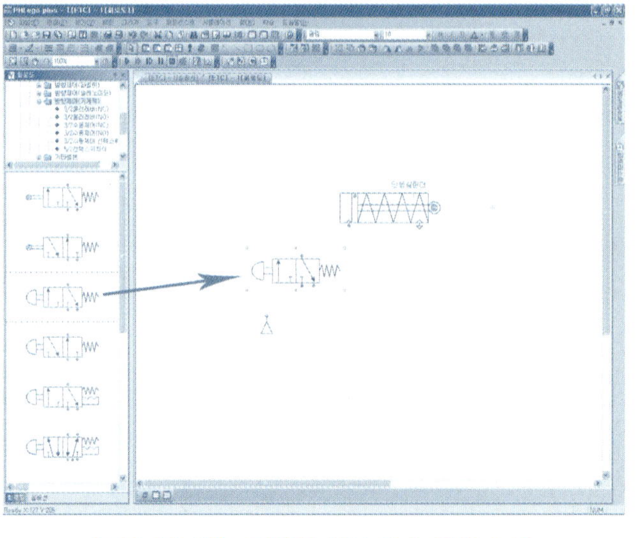

[그림 12-19] 기계적 밸브 요소 끌어 놓기

⑩ 회로도 요소 선택창에서 [회로도 요소]→[공압]→[압력원 및 배기]→[배기구]를 누르면 미리보기창에 선택 요소창에서 클릭한 요소가 나온다.

⑪ 미리보기창에서 시뮬레이션해볼 배기구를 마우스 왼쪽 버튼을 누른 채 오른쪽 편집창에 끌어다 놓는다.

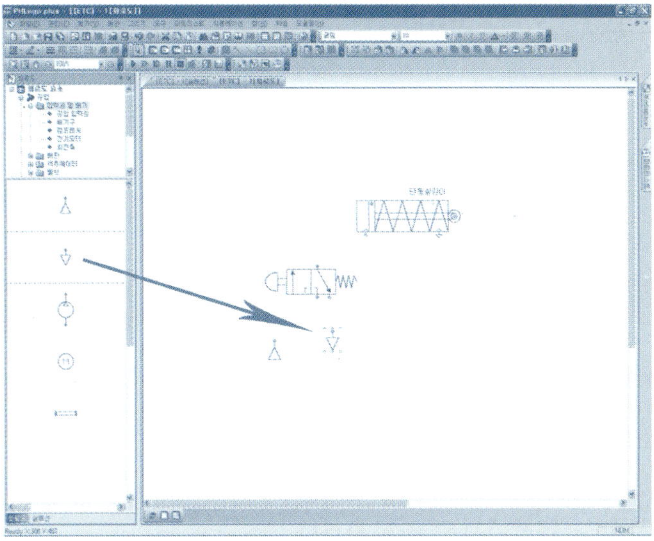

[그림 12-20] 배기구 요소 끌어 놓기

⑫ 각 요소들을 적당한 위치에 배치시킨다.

⑬ 공압 압력원을 시계방향 90도 회전 을 눌러 90도 회전시킨다.

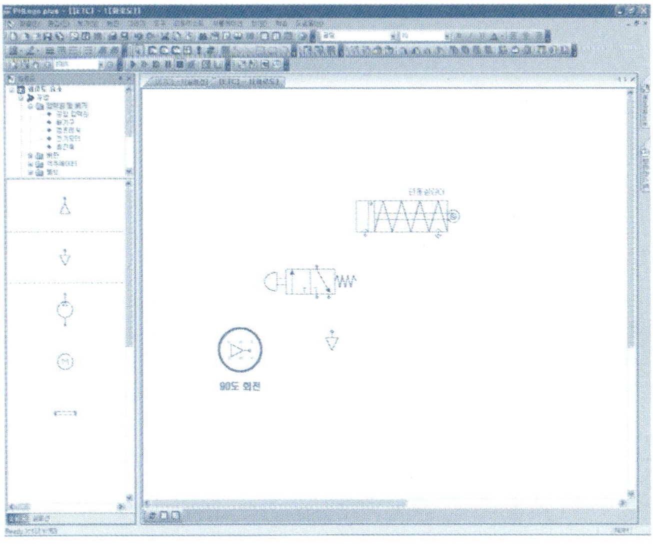

[그림 12-21] 요소를 적당한 위치에 배치

⑭ 을 클릭하여 라인을 [그림 12-22]와 같이 그린다.

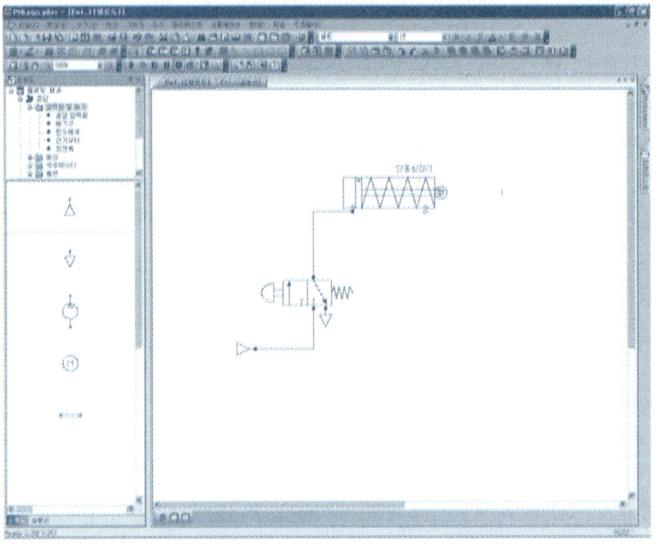

[그림 12-22] 라인 그리기

⑮ 을 클릭하여 시뮬레이션을 작동시킨다.

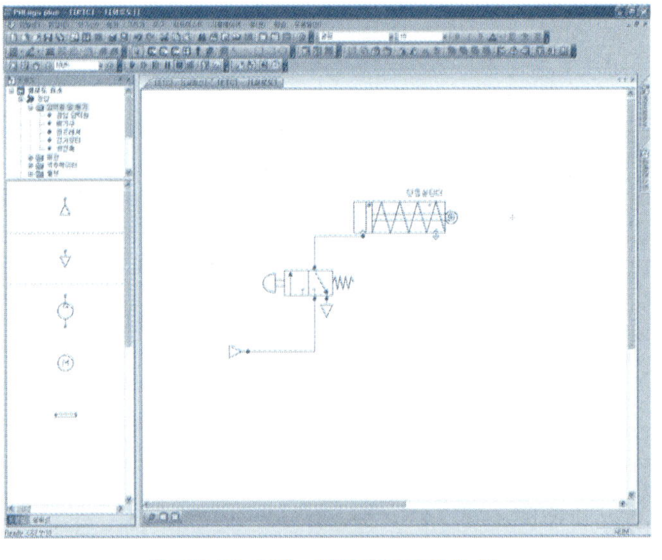

[그림 12-23] 시뮬레이션하기 전

⑯ 시뮬레이션을 시작하면 라인이 두꺼워지며, 공압이 지나가는 부분은 빨강색으로 표시된다(프로그램 참조).

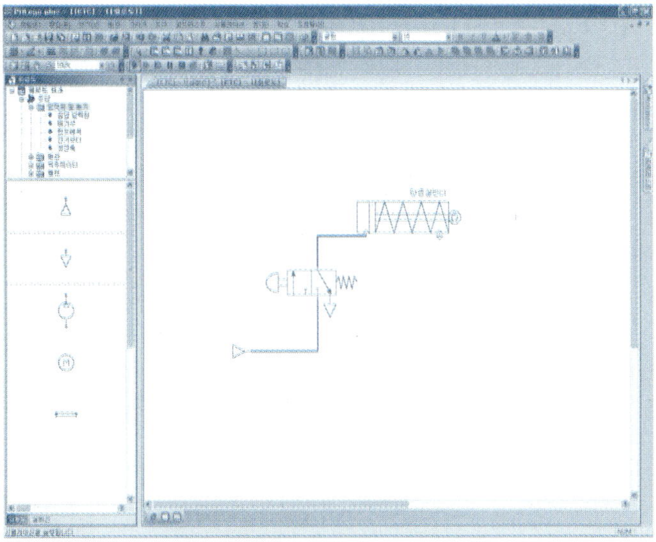

[그림 12-24] 시뮬레이션 시작

⑰ 밸브의 버튼을 누르면 뒤의 스프링이 압축되는 효과가 나오며 단동실린더에 공기 압력이 유입되어 실린더가 작동된다.

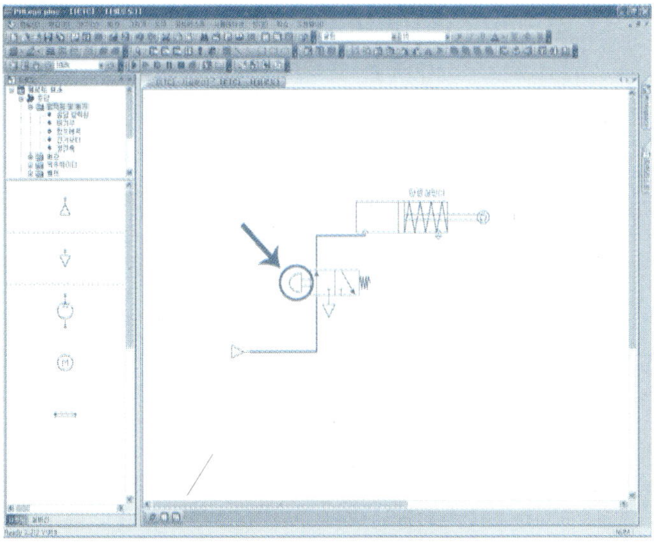

[그림 12-25] 시뮬레이션 밸브 버튼 클릭

CHAPTER 13

공압 시뮬레이터(PHLego plus) 실배선 구현

01 공압 시뮬레이터 실배선 따라하기

공압 시뮬레이터(PHLego plus)의 메뉴 화면구성은 회로도와 실사도가 유사하다. 따라서 실사 편집 메뉴와 관련된 내용 및 회로도 편집 메뉴와 중복되는 내용은 생략하고 실배선 따라하기에서 필요한 내용만 자세하게 설명하기로 한다.

1-1 직접 제어회로 프로젝트 따라하기

① [파일] → [새 파일] 또는 툴바(ToolBar)에서 [새로운 문서 오픈]을 클릭하면 다음과 같은 창이 생성된다.

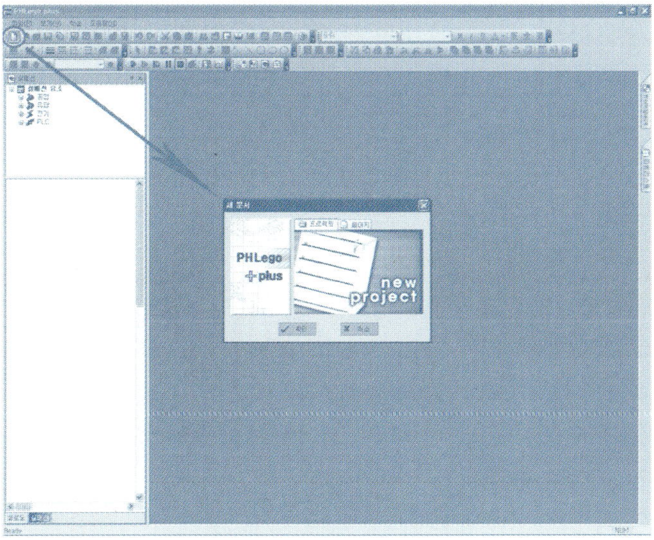

[그림 13-1] 새로운 문서 오픈

② 프로젝트임을 확인하고 아래의 [확인] 버튼을 클릭한다.

[그림 13-2] 프로젝트 확인

③ 프로젝트 이름(폴더의 이름이 된다)을 설정하고 프로젝트 경로를 설정한다. 경로를 변경하고 싶을 때는 오른쪽의 [...] 버튼을 클릭하여 변경할 수 있다.

[그림 13-3] 새 프로젝트

참고

위에서는 폴더명을 Ex1으로 설정했고 경로를 C:₩Project₩로 설정했다. 그러므로 프로젝트는 C:₩Project₩Ex1 이라는 경로가 생기고 C:₩Project₩Ex1 폴더 안에는 Ex1.MPJ, Ex1.xls, Ex1_1.PHG의 3개의 파일이 생성된다.
확장자가 MPJ는 프로젝트 관리 파일이며, xls는 엑셀 파일이고, PHG 파일은 회로도와 실배선이 합쳐진 페이지 파일이다.

④ 워크스페이스창을 확인해보면 다음과 같은 파일이 생성, 관리되고 있음을 확인할 수 있다.

[그림 13-4] 워크스페이스 도킹창

⑤ 실배선 요소 선택창에서 [실배선 요소] → [공압] → [압력원 및 배기] → [공압 압력원]을 누르면 미리보기창에 선택 요소창에서 클릭한 요소가 나온다.

⑥ 미리보기창에서 시뮬레이션해볼 공압 압력원을 마우스 왼쪽 버튼을 누른 채 오른쪽 편집창에 끌어다 놓는다.

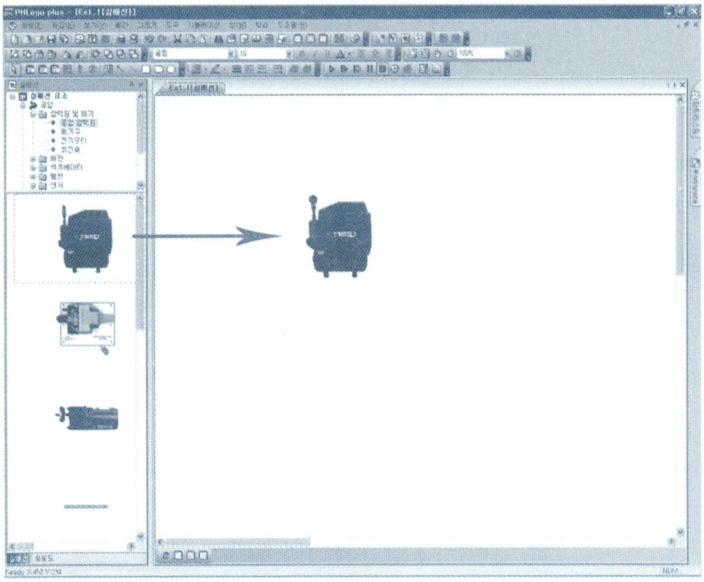

[그림 13-5] 공압 압력원 요소 끌어 놓기

⑦ 실배선 요소 선택창에서 [실배선 요소] → [공압] → [액추에이터] → [단동실린더]를 누르면 미리보기창에 선택 요소창에서 클릭한 요소가 나온다.

⑧ 미리보기창에서 시뮬레이션해볼 단동실린더를 마우스 왼쪽 버튼을 누른 채 오른쪽 편집창에 끌어다 놓는다.

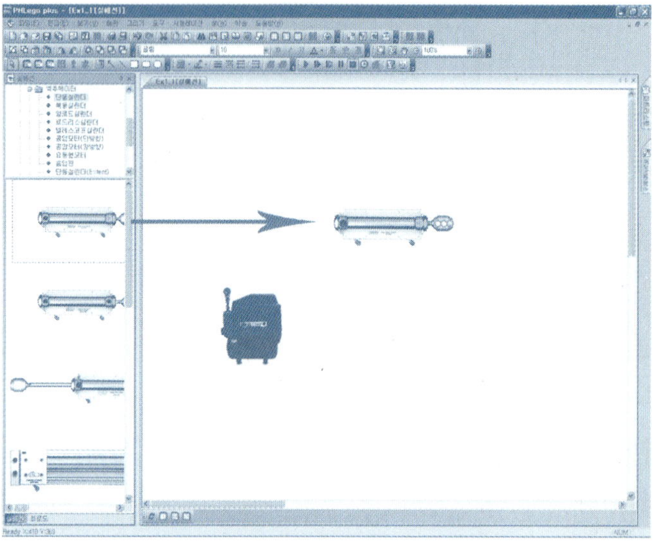

[그림 13-6] 단동실린더 요소 끌어 놓기

⑨ 실배선 요소 선택창에서 [실배선 요소]→[공압]→[밸브]→[방향제어(기계적)]을 누르면 미리보기창에 선택 요소창에서 클릭한 요소가 나온다.

⑩ 미리보기창에서 시뮬레이션해볼 기계적 밸브 요소를 마우스 왼쪽 버튼을 누른 채 오른쪽 편집창에 끌어다 놓는다.

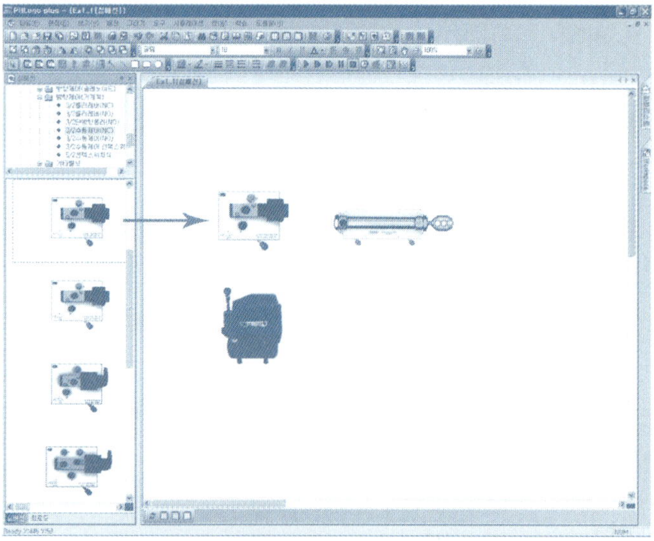

[그림 13-7] 기계적 밸브 요소 끌어 놓기

⑪ 을 클릭하여 라인을 [그림 13-8]과 같이 그린다.

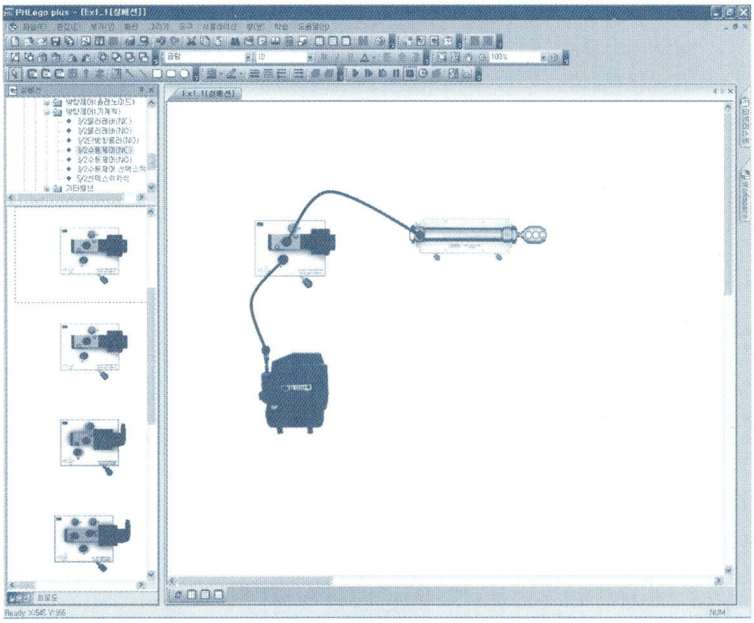

[그림 13-8] 라인 그리기

⑫ 을 클릭하여 시뮬레이션을 작동시킨다.

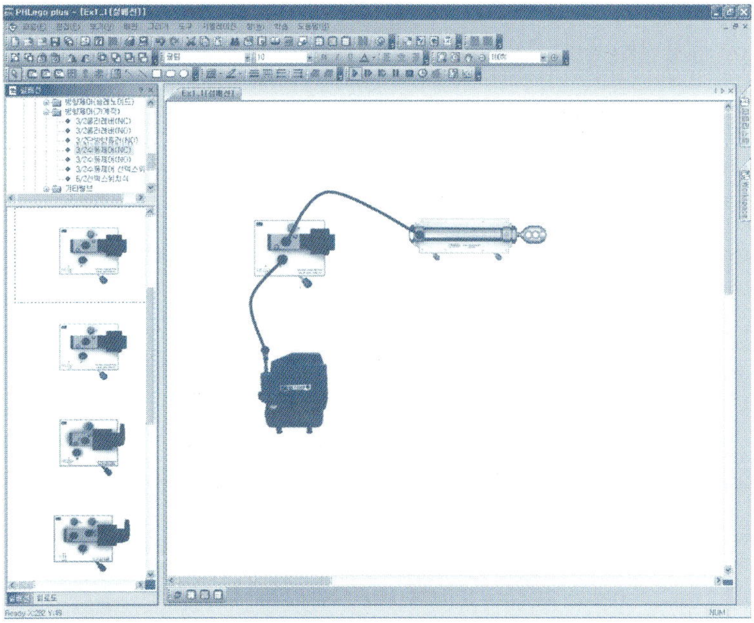

[그림 13-9] 시뮬레이션 시작

⑬ 밸브의 버튼을 누르면 뒤의 스프링이 압축되는 효과가 나오며 단동실린더에 공기 압력이 유입되어 실린더가 작동된다.

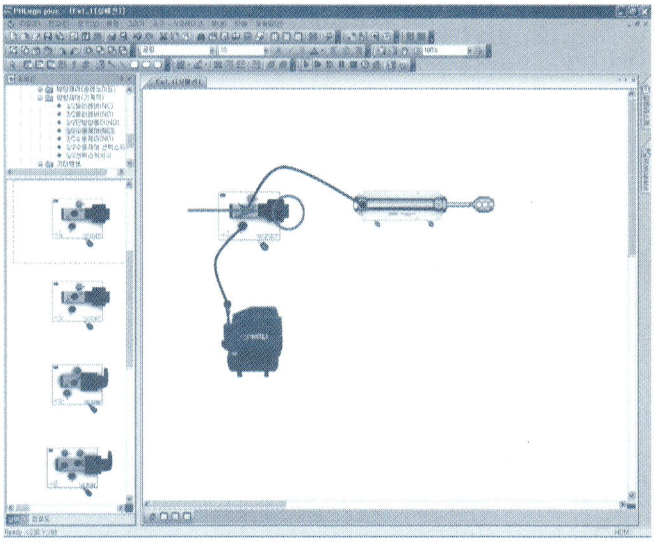

[그림 13-10] 시뮬레이션 밸브 버튼 클릭

1-2 직접 제어회로 페이지 따라하기

① [파일]→[새 파일] 또는 툴바(ToolBar)에서 [새로운 문서 오픈]을 클릭하면 다음과 같은 창이 생성된다.

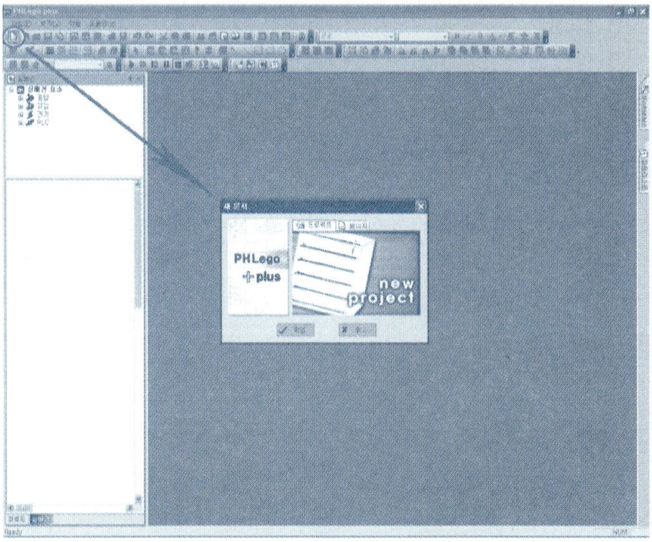

[그림 13-11] 새로운 문서 오픈

② 페이지를 클릭하고 아래의 [확인] 버튼을 클릭한다.

[그림 13-12] 페이지 파일 열기

참고

페이지를 클릭시에는 아직 파일이 생성되지 않은 상태이다. 따라서 현재의 편집창을 파일로 저장하려면 확장자가 PHG [파일]→[페이지 파일 저장] 또는 [다른 이름으로 저장]을 하여야 한다.

페이지를 저장하게 되면 실배선과 회로도 편집창을 합쳐 1개의 파일이 생성된다.

③ 워크스페이스창에서 ETC-1.PHG에 회로도와 실배선 페이지가 있음을 확인한다(아직 파일이 생성되지는 않았다).

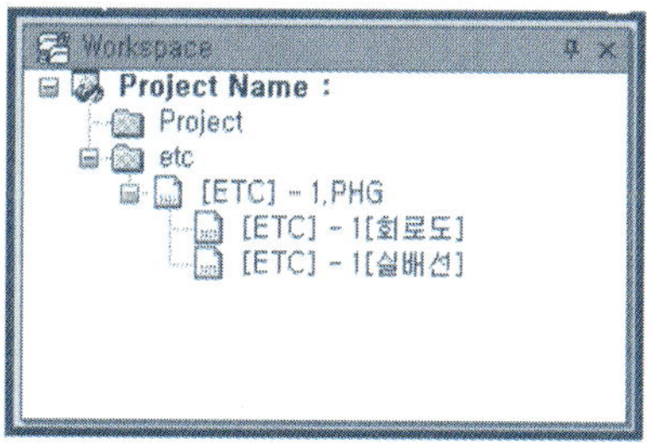

[그림 13-13] 워크스페이스에서 하나의 PHG와 회로도, 실배선 편집창 확인

④ 실배선 요소 선택창에서 [실배선 요소]→[공압]→[압력원 및 배기]→[공압 압력원]을 누르면 미리보기창에 선택 요소창에서 클릭한 요소가 나온다.

⑤ 미리보기창에서 시뮬레이션해볼 공압 압력원을 마우스 왼쪽 버튼을 누른 채 오른쪽 편집창에 끌어다 놓는다.

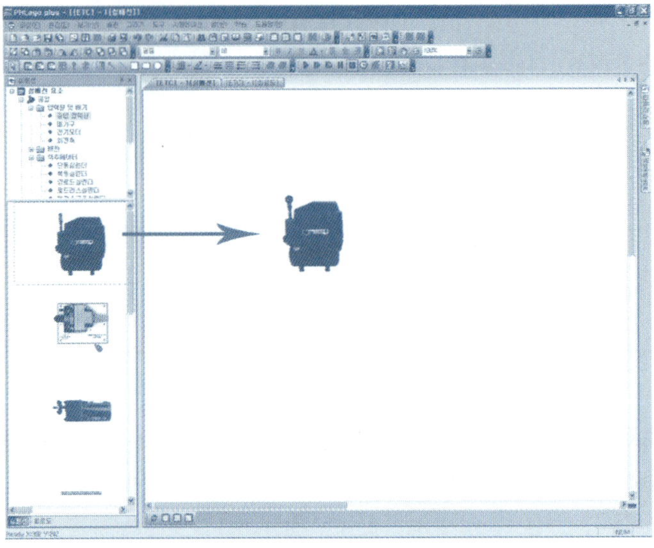

[그림 13-14] 공압 압력원 요소 끌어 놓기

⑥ 실배선 요소 선택창에서 [실배선 요소]→[공압]→[액추에이터]→[단동실린더]를 누르면 미리보기창에 선택 요소창에서 클릭한 요소가 나온다.

⑦ 미리보기창에서 시뮬레이션해볼 단동실린더를 마우스 왼쪽 버튼을 누른 채 오른쪽 편집창에 끌어다 놓는다.

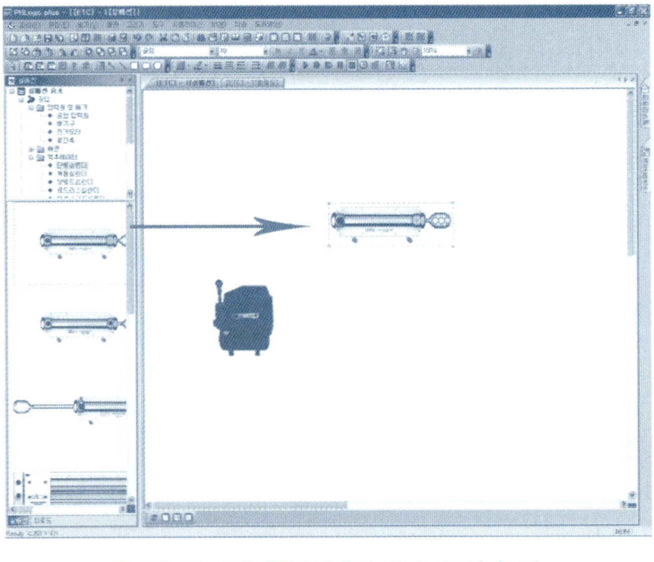

[그림 13-15] 단동실린더 요소 끌어 놓기

⑧ 실배선 요소 선택창에서 [실배선 요소]→[공압]→[밸브]→[방향제어(기계적)]를 누르면 미리보기창에 선택 요소창에서 클릭한 요소가 나온다.

⑨ 미리보기창에서 시뮬레이션해볼 기계적 밸브 요소를 마우스 왼쪽 버튼을 누른 채 오른쪽 편집창에 끌어다 놓는다.

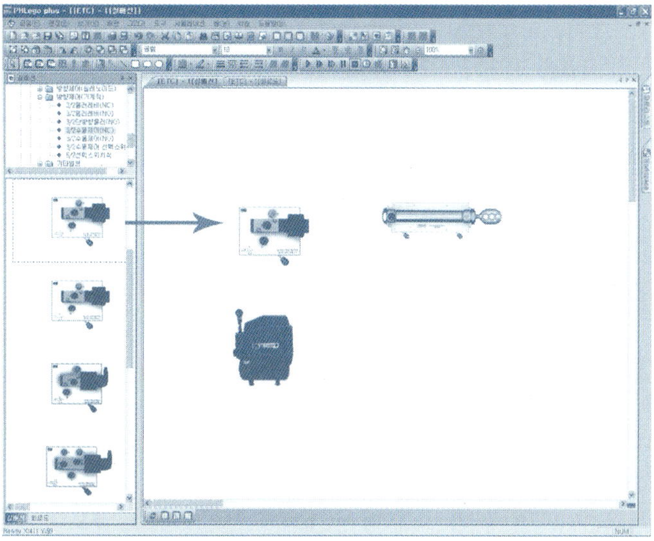

[그림 13-16] 기계적 밸브 요소 끌어 놓기

⑩ 을 클릭하여 라인을 [그림 13-17]과 같이 그린다.

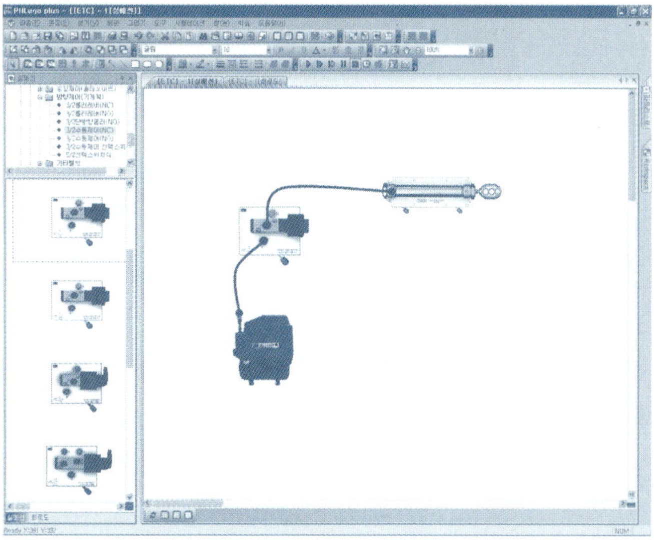

[그림 13-17] 라인 그리기

⑪ ▶을 클릭하여 시뮬레이션을 작동시킨다.

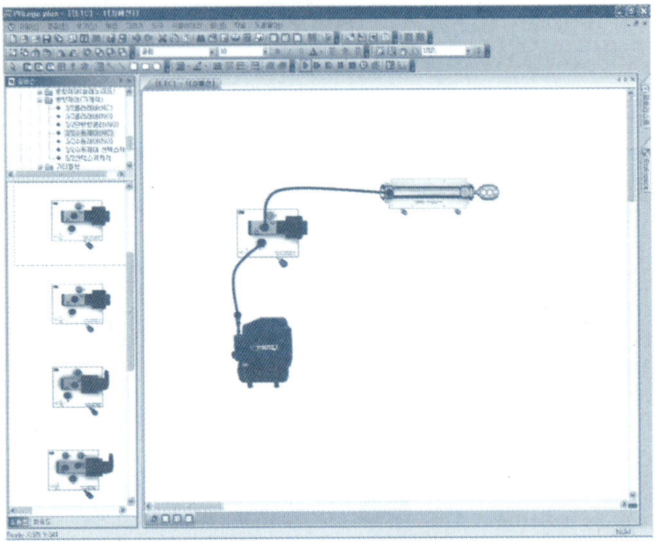

[그림 13-18] 시뮬레이션 시작

⑫ 밸브의 버튼을 누르면 뒤의 스프링이 압축되는 효과가 나오며 단동실린더에 공기 압력이 유입되어 실린더가 작동된다.

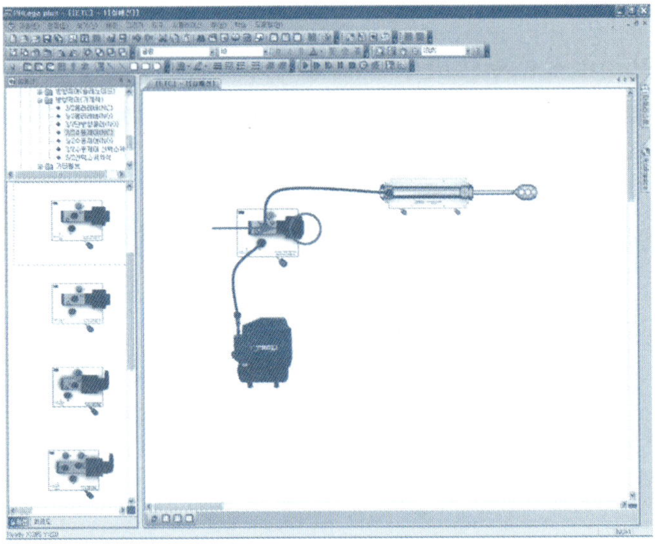

[그림 13-19] 시뮬레이션 밸브 버튼 클릭

CHAPTER 14

공압 시뮬레이터(PHLego plus)의 응용

01 응용실습 문제

연습문제 1 단동실린더 제어실습(유압)

1. 문　제 : 방향제어 밸브를 ON시키면 단동실린더가 전진되어야 하고, 방향제어 밸브를 OFF시키면 즉시 복귀되어야 한다.

2. 구성기기 : ① 단동실린더
② 릴리프 밸브
③ 3포트 2위치 방향제어 밸브
④ 압력계

3. 회로도

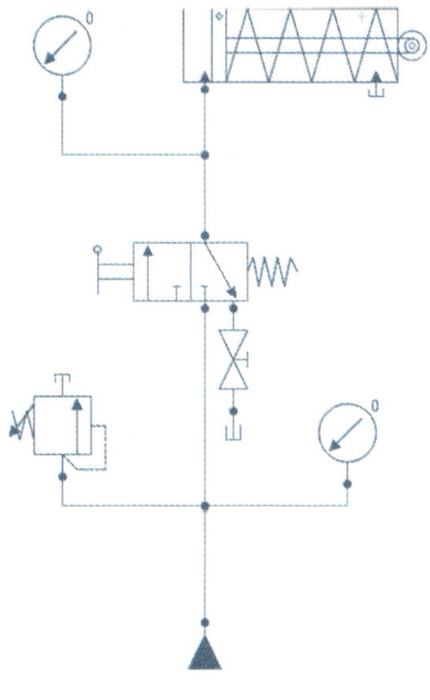

[그림 14-1] 단동실린더 제어

4. 실험 보고서

1) 단동실린더 제어실습의 동작설명을 작성하시오.

연습문제 2 복동실린더 제어실습(유압)

1. 문　제 : 방향제어 밸브를 ON시키면 복동실린더가 전진되어야 하고, 방향제어 밸브를 OFF시키면 즉시 복귀되어야 한다.

2. 구성기기 : ① 복동실린더
② 릴리프 밸브
③ 4포트 2위치 방향제어 밸브
④ 압력계

3. 회로도

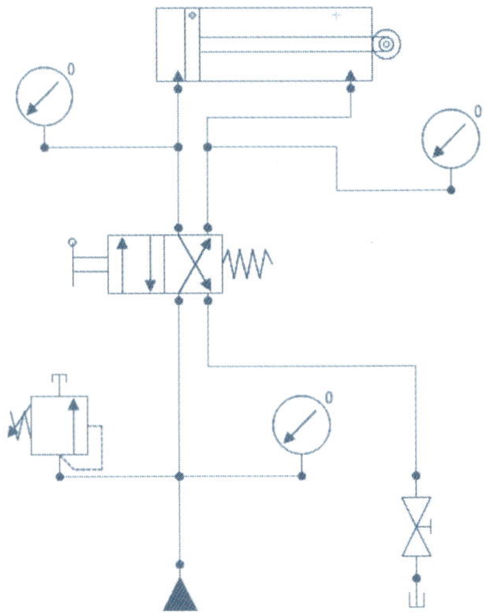

[그림 14-2] 복동실린더 제어회로

4. 실험 보고서

1) 복동실린더 제어실습의 동작설명을 작성하시오.

연습문제 3 실린더의 중간정지 회로실습(유압)

1. 문 제 : 복동실린더를 행정 중간에 임의의 위치에서 정지시킬 수 있어야 한다.

2. 구성기기 : ① 복동실린더

② 릴리프 밸브

③ 4포트 3위치 방향제어 밸브

④ 압력계

3. 회로도

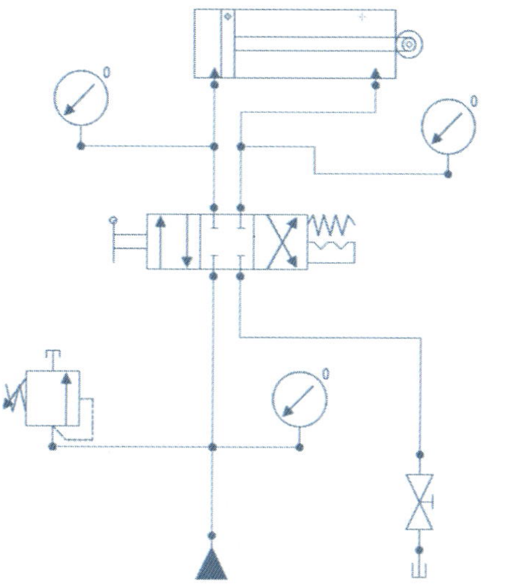

[그림 14-3] 실린더의 중간정지 회로

4. 실험 보고서

1) 실린더의 중간정지 회로실습의 동작설명을 작성하시오.

연습문제 4 감압회로(유압)

1. 문　제 : 두 개의 실린더가 한 개의 공압 펌프로 구동된다.

2. 구성기기 : ① 복동실린더
② 4포트 2위치 방향제어 밸브
③ 4포트 3위치 방향제어 밸브
④ 릴리프 밸브
⑤ 감압 밸브
⑥ 압력계

3. 회로도

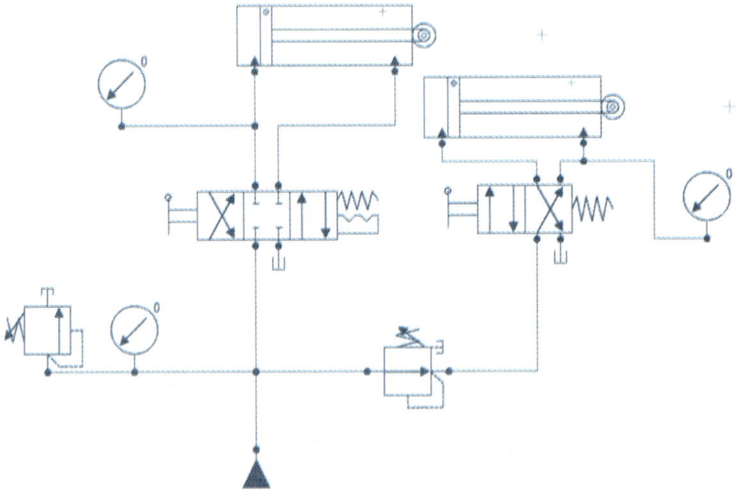

[그림 14-4] 감압회로(유압)

4. 실험 보고서

1) 감압회로의 동작설명을 작성하시오.

연습문제 5 복동실린더의 연속왕복 작동회로

1. 문 제 : 시동신호를 누르면 복동실린더가 전진과 후진을 반복하고 정지신호가 입력되면 반드시 후진된 상태에서 정지되어야 한다.

2. 구성기기 : ① 복동실린더 1개

② 공압 5/2 방향 밸브

③ 누름 버튼스위치

④ 릴레이

⑤ 리밋스위치

⑥ 전기 Rung

⑦ 솔레노이드

3. 회로도

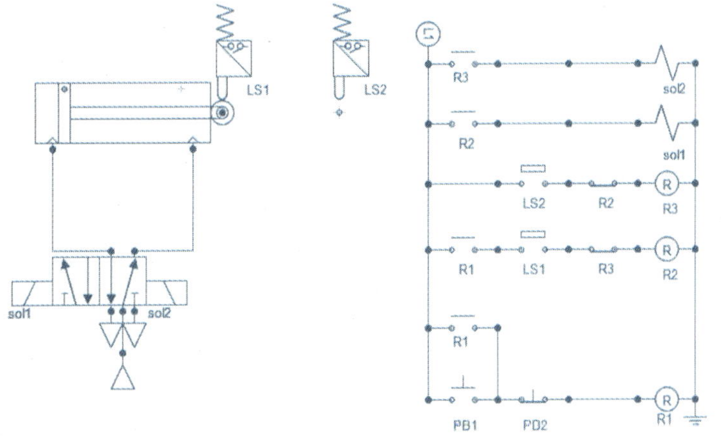

[그림 14-5] 복동실린더의 연속왕복 작동회로

4. 실험 보고서

1) 복동실린더의 연속왕복 작동회로의 동작설명을 작성하시오.

연습문제 6 A+B+B−C+C−A−의 회로

1. 문 제 : 세 개의 복동실린더가 시동신호를 주면 A+B+B−C+C−A−의 순서로 순차 작동되어야 한다.

2. 구성기기 : ① 복동실린더
② 공압 5/2 방향 밸브
③ 공압 4/2 방향 밸브
④ 공압 3/2 롤러레버 작동 밸브
⑤ 공압 3/2 누름 버튼 작동 밸브
⑥ 양방향 센서

3. 회로도

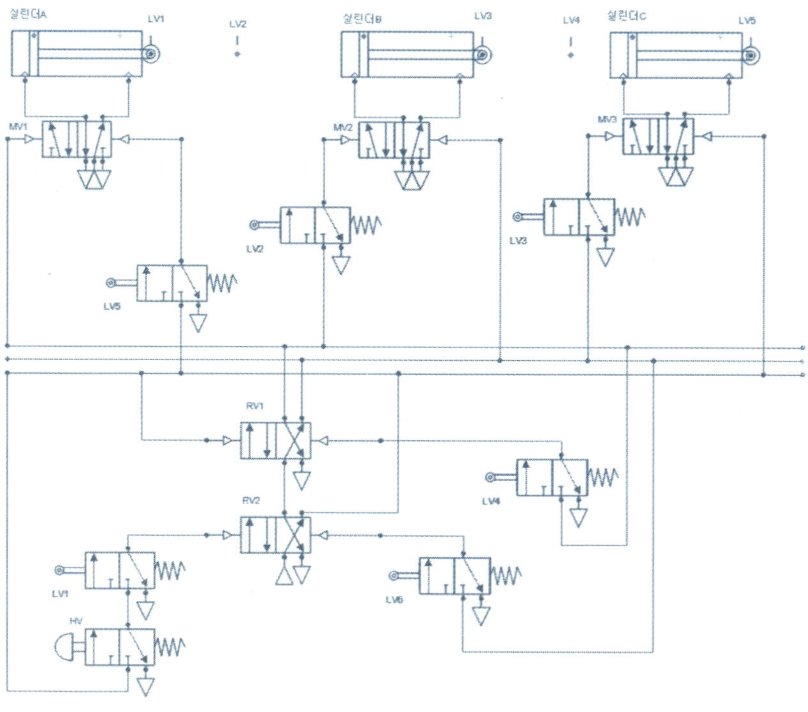

[그림 14-6] A+B+B−C+C−A−의 회로

4. 실험 보고서

1) A+B+B−C+C−A−회로의 동작설명을 작성하시오.

연습문제 7 연속왕복 작동회로

1. 문 제 : 복동실린더가 수동조작 밸브를 ON시키면 연속적으로 왕복 작동해야 하고 수동조작 밸브를 OFF시키면 후진된 상태에서 정지해야 한다.

2. 구성기기 : ① 복동실린더

② 공압 5/2 방향 밸브

③ 공압 3/2 누름 버튼 작동 밸브

④ 공압 3/2 롤러레버 작동 밸브

⑤ 양방향 센서

3. 회로도

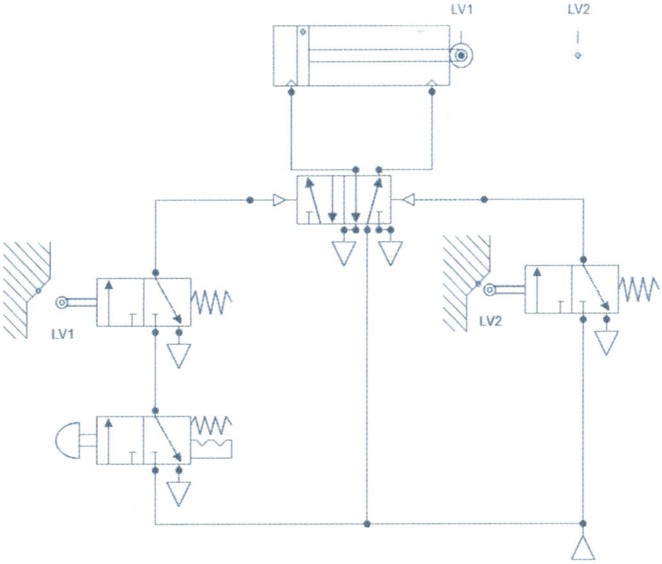

[그림 14-7] 연속왕복 작동회로

4. 실험 보고서

1) 연속왕복 작동회로의 동작설명을 작성하시오.

연습문제 8 한정 자동 2왕복 회로

1. 문　　제 : 시동신호를 주면 복동실린더가 2회 왕복운동을 하고 정지해야 한다.

2. 구성기기 : ① 복동실린더

② 4포트 2위치 공압 작동 밸브

③ 셔틀밸브

④ 일정방향 유량조절 밸브

⑤ 3포트 2위치 누름 버튼 작동 밸브

3. 회로도

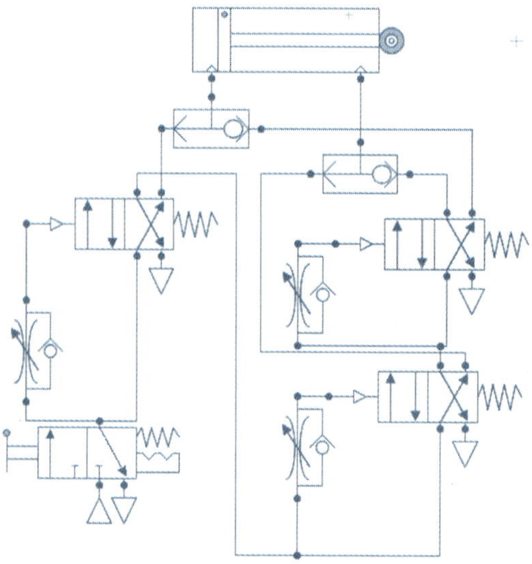

[그림 14-8] 한정 자동 2왕복 회로

4. 실험 보고서

1) 한정 자동 2왕복 회로의 동작설명을 작성하시오.

연습문제 9 시간지연 회로

1. 문　　제 : 전진신호를 주면 복동실린더가 전진 운동을 하고 일정시간이 지난 후에 자동적으로 후진해야 한다.

2. 구성기기 : ① 복동실린더

② 5포트 2위치 공압 작동 밸브

③ 3포트 2위치 누름 버튼 작동 밸브

④ 3포트 2위치 공압 작동 밸브

⑤ 공압 타이머

3. 회로도

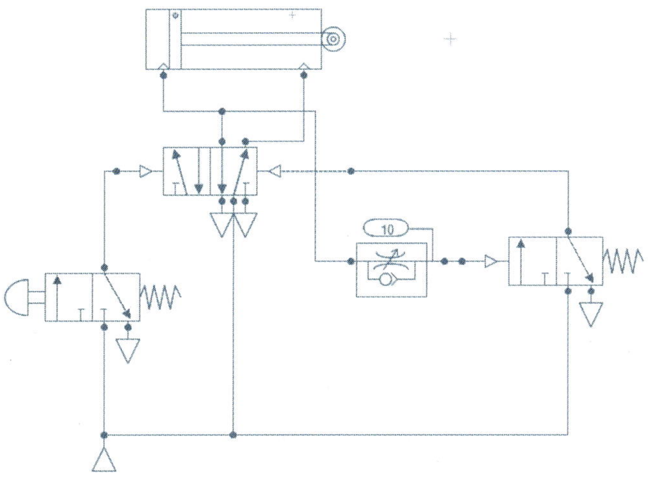

[그림 14-9] 시간지연 회로

4. 실험 보고서

1) 전자 교과서를 보고 ON-delay Timer와 OFF-delay Timer의 차이점을 설명하시오.

2) 시간지연 회로의 동작설명을 작성하시오.

연습문제 10 스텝 작동회로

1. 문 제 : 밸브를 ON시킬 때마다 실린더의 전진과 후진 운동이 교대로 이루어져야 한다.

2. 구성기기 : ① 복동실린더

② 5포트 2위치 공압 작동 밸브

③ 3포트 2위치 누름 버튼 작동 밸브

④ AND 밸브

⑤ 일방향 유량제어 밸브

3. 회로도

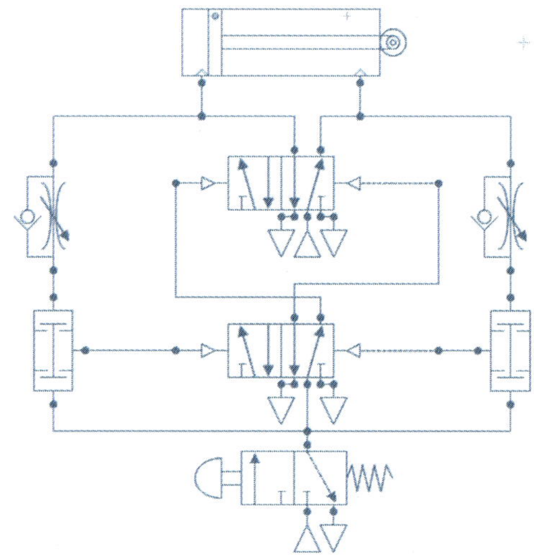

[그림 14-10] 스텝 작동회로

4. 실험 보고서

1) 전자 교과서를 보고 일방향 유량제어 밸브에 대해 설명하시오.

2) 스텝 작동회로의 동작설명을 작성하시오.

연습문제 11 전기회로를 이용한 A+B+B−A− 회로

1. 문 제 : 효율적인 회로의 구성을 위해 최소신호 차단법을 응용한 A+B+B−A− 회로를 구성하여 본다.

2. 구성기기 : ① 복동실린더
② 전기 리밋스위치
③ 5포트 2위치 솔레노이드 작동 밸브

3. 회로도

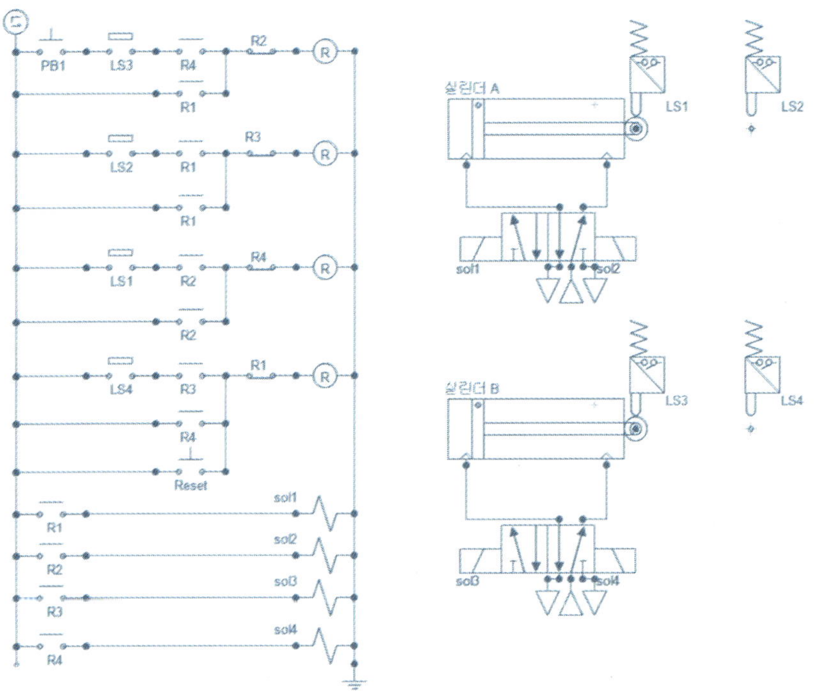

[그림 14-11] 전기회로를 이용한 A+B+B−A− 회로

4. 실험 보고서

1) 전기회로를 이용한 A+B+B−A−회로에 대한 동작설명을 작성하시오.

연습문제 12 실린더의 자동왕복 회로

1. 문 제 : 실린더의 자동왕복 회로를 구성하되 전기회로를 사용하지 않고 디지털 논리회로를 이용하여 구성하여 본다.

2. 구성기기 : ① 복동실린더

② 전기 리밋스위치

③ 5포트 2위치 솔레노이드 작동 밸브

3. 회로도

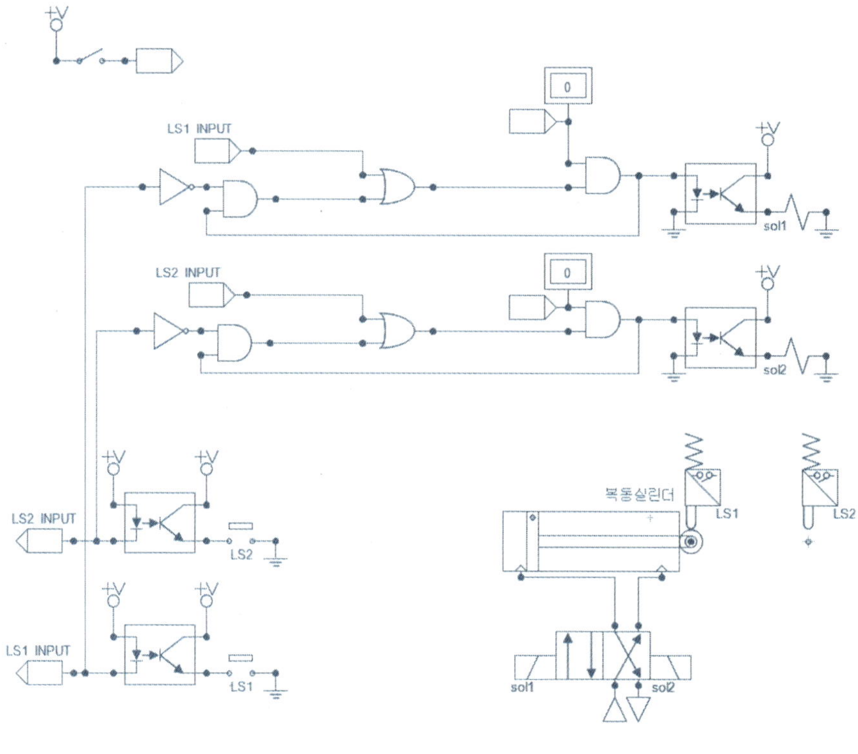

[그림 14-12] 실린더의 자동왕복 회로

4. 실험 보고서

1) 디지털 회로를 이용한 실린더의 자동왕복 회로에 대한 동작설명을 작성하시오.

연습문제 13 시프트 레지스터 체인(A+B+B−A−)

1. 문 제 : 두 개의 공압 실린더가 시동신호를 주면 A+B+B−A−의 순서로 시프트 레지스터 체인에 의해 순차작동되어야 한다.

2. 구성기기 : ① 복동실린더
② 5포트 2위치 공압 작동 밸브
③ 3포트 2위치 롤러레버 작동 밸브
④ 3포트 2위치 누름 버튼 작동 밸브
⑤ 시프트 레지스터 A형

3. 회로도

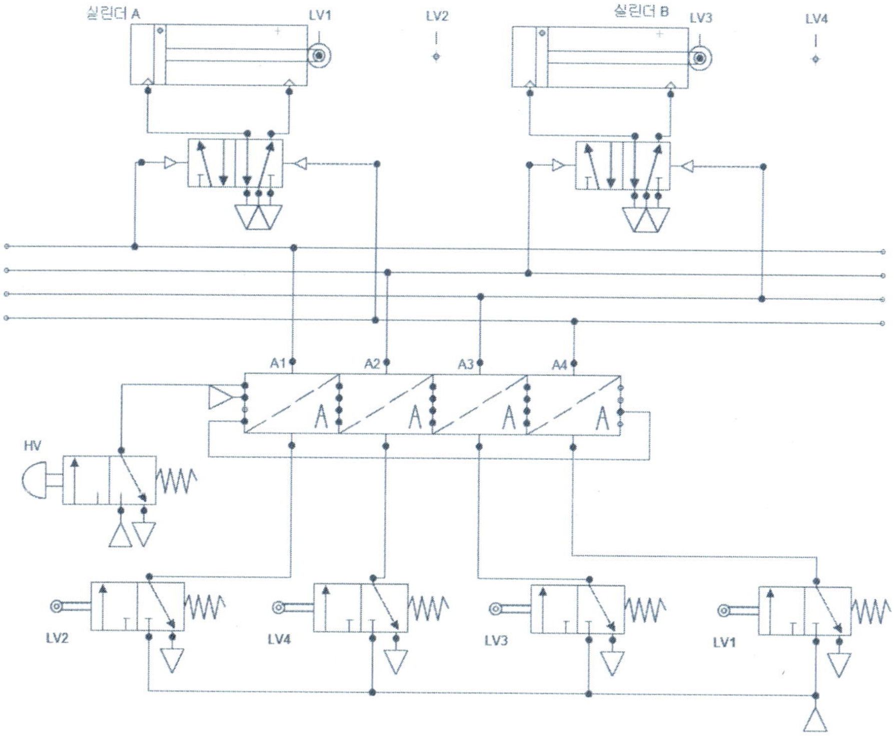

[그림 14-13] 시프트 레지스터 체인(A+B+B−A−)

4. 실험 보고서

1) 전자 교과서(6장의 3. 순차작동회로)를 보고 시프트 레지스터 A형에 대해 설명하시오.

2) 시프트 레지스터 체인(A+B+B−A−의 회로)에 대한 동작설명을 작성하시오.

연습문제 14 시프트 레지스터 체인(C 모듈)

1. 문　 제 : 세 개의 공압 실린더가 시동신호를 주면 A+B+A−B−의 순서로 시프트 레지스터 체인에 의해 순차작동되어야 한다.

2. 구성기기 : ① 복동실린더

② 5포트 2위치 공압 작동 밸브

③ 3포트 2위치 롤러레버 작동 밸브

④ 3포트 2위치 누름 버튼 작동 밸브

⑤ 시프트 레지스터 A형

⑥ 시프트 레지스터 B형

⑦ 시프트 레지스터 C형

3. 회로도

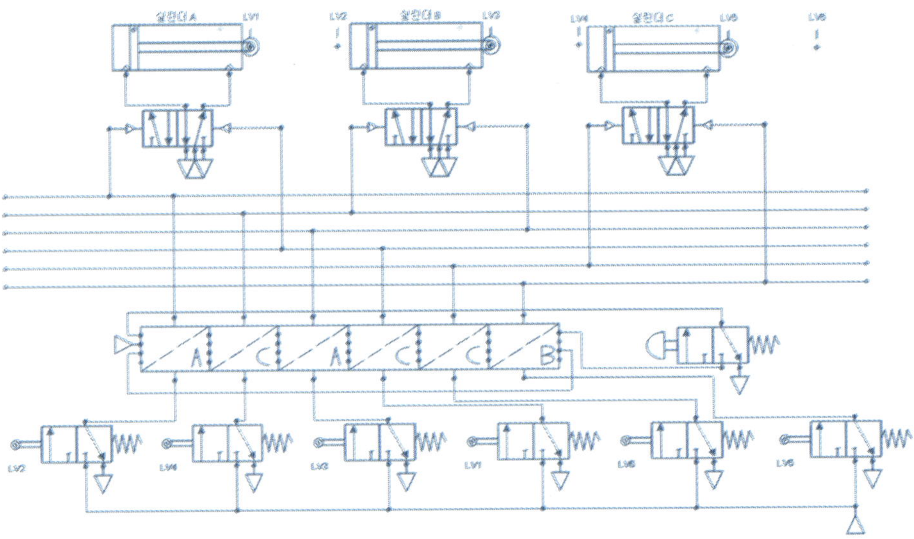

[그림 14-14] 시프트 레지스터 체인(C 모듈)

4. 실험 보고서

1) 전자 교과서(3. 순차작동회로)를 보고 시프트 레지스터 B형, C형에 대해 설명하시오.

2) 시프트 레지스터 체인(C모듈)의 동작설명을 작성하시오.

연습문제 15 패리티 발생기와 패리티 검사기

1. 문　제 : 패리티 비트는 정보를 전선이나 다른 통신 수단을 이용하여 한 장소에서 다른 장소로 전송될 때 외부에서 가해지는 잡음에 의해 전송되어지는 비트들이 0에서 1로 혹은 1에서 0으로 바뀌는 경우 사용하는 오류검출 방법 중 하나이다. 4bit마다 추가적인 패리티 비트(1bit)를 두고 데이터가 들어가는 4bit에 들어 있는 1의 개수가 홀수이면 패리티 비트를 0으로, 짝수이면 1로 세팅해 주는 방법이다(이런 경우를 even 패리티라 하고, 반대의 경우를 odd 패리티라 한다). 전송기(4-bit word generator)측에서 패리티를 발생해내는 회로를 패리티 발생기(Parity Generator)라고 하며, 수신측(Receiver)에서 패리티를 검사하는 회로를 패리티 검사기(Parity Checker)라고 한다.

2. 구성기기 : ① 논리 스위치
② 접지
③ XOR gate
④ Inverter
⑤ Logical Probe

3. 회로도

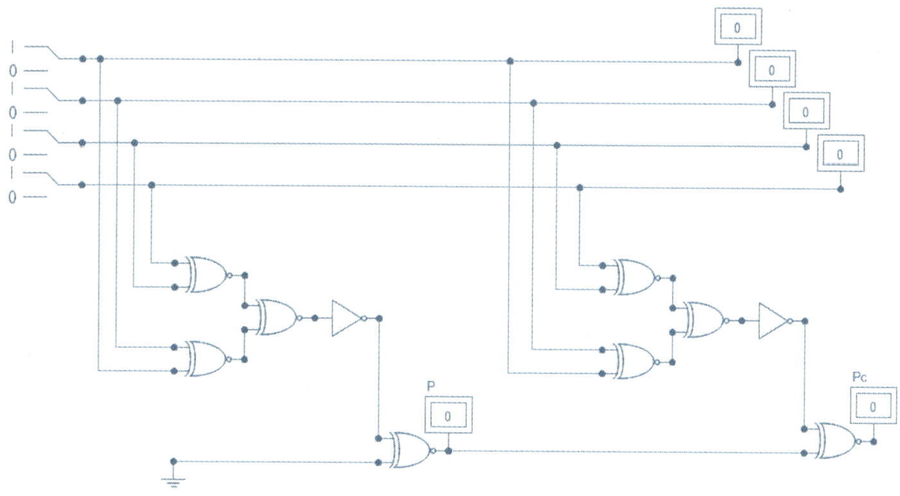

[그림 14-15] 패리티 발생기와 패리티 검사기

4. 실험 보고서

1) 4bit word generator(A, B, C, D)에 대한 패리티 발생(P)과 패리티 검사(Pc)에 대한 진리표를 작성하시오.

CHAPTER

15 공압 시뮬레이터(PHLego plus) 요소목록

01 공압 요소목록

공압은 전동기나 내연기관으로 공기 압축기를 구동해서 기계적인 에너지를 공기압축 에너지로 변화시키고 이 공기 압력을 제어하여 액추에이터에 공급, 각종 기계적인 일을 하게 된다. 이들 일련의 기기 요소를 공기압 기기라고 부르며 그 결합체를 공기압 장치라고 한다. 이 장에서는 공기압 장치의 구성에 사용되는 기기 요소 중 시뮬레이션에 필요한 요소들에 대하여 설명한다.

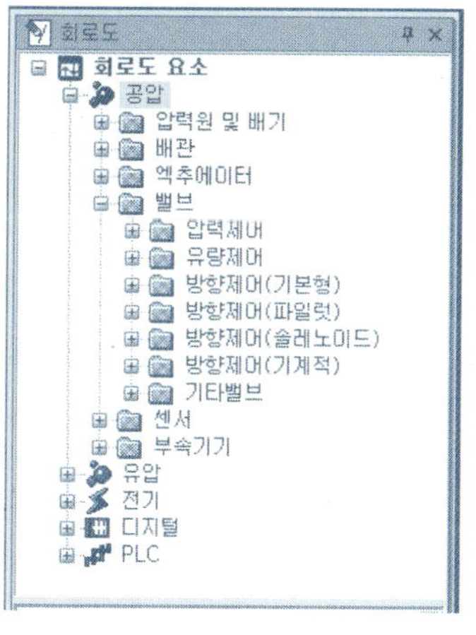

1-1 공기 압력원 및 배기

공기압은 에너지원으로 압축 공기를 이용하고 있으므로 먼저 압축 공기를 얻어야 한다. 압축 공기를 얻기 위해서는 공기 압축기나 송풍기가 이용된다.

공압 압력원

배기구

컴프레서

전기모터

회전축

1-2 배 관

공기압 기기에서 압축공기는 배관(관로)으로써 그 조작이나 제어를 한다. 배관은 다음과 같은 중요한 역할을 한다.

① 공기압 기기가 필요로 하는 충분한 압력과 유량의 공기를 공급한다.

② 배관 안에서 생긴 드레인을 적절히 배출한다.

③ 보수, 점검을 할 수 있게 한다.

1) 교차로

배관이 서로 교차되지 않게 하기 위해서 사용된다.

교차로

2) 급속 이음쇠

호스 및 배관의 접속용 이음쇠이며, 신속하게 착탈이 가능하다.

급속이음쇠

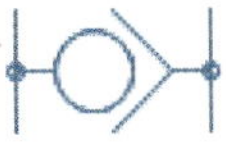
급속이음쇠(체크 밸브붙이)

3) 요소 연결

요소 연결은 복잡한 배선을 간략하게 하기 위해서 사용된다.

요소 연결(시작)

요소 연결(상대)

1-3 액추에이터

공압 실린더는 공기의 압력 에너지를 직선적인 기계적 힘이나 운동으로 변환시키는 작동 요소로, 일반적으로 가장 많이 사용되며 손쉽게 압축 에너지를 직선으로 변환할 수 있는 장점을 가지고 있다. 실린더는 다음 그림에서와 같이 다섯 가지의 부품으로 구성된다.

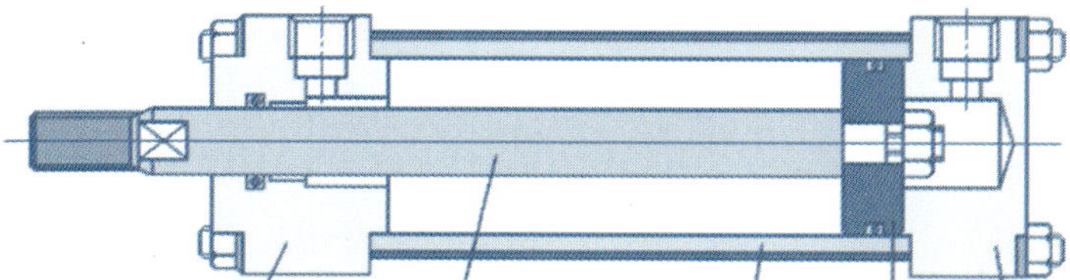

1) 단동실린더

공압을 편측으로 공급하고 되돌림은 통상적으로 외력 또는 용수철로 행하는 실린더를 말한다.

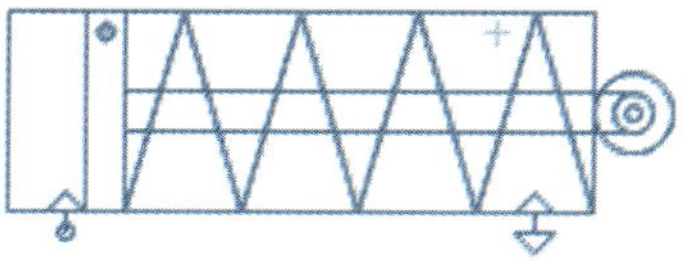
단동실린더

2) 복동실린더

공압을 피스톤의 양측으로 공급할 수 있는 것으로 편측구 포트의 피스톤 방식의 것이 일반적이다.

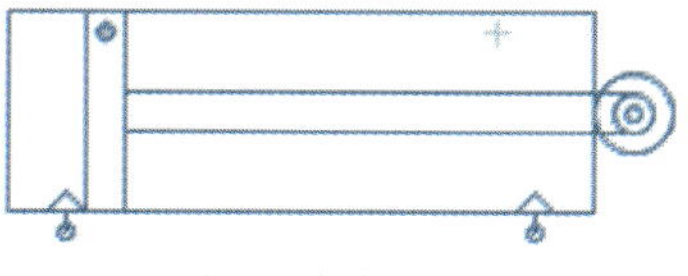
복동실린더

3) 양로드 실린더

공압을 피스톤의 양측으로 공급할 수 있는 것으로 양측구 로드의 피스톤 방식으로 양측의 수압 면적이 동일하다.

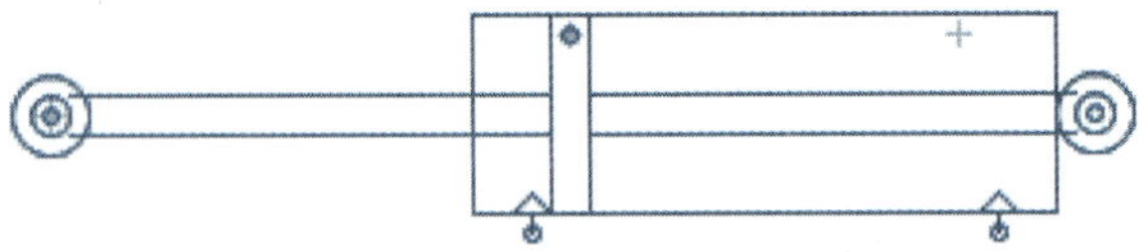

양로드 실린더

4) 로드리스 실린더

로드리스 실린더는 캐리지(Carriage)가 전진 또는 후진할 때 공기압이 필요한 실린더이다.

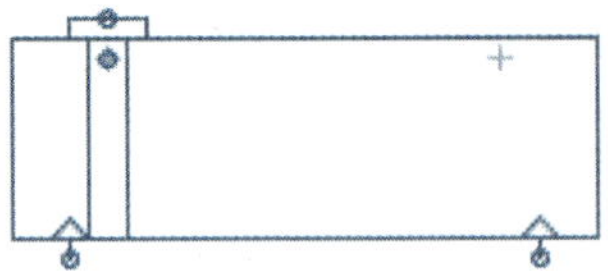

로드리스 실린더

5) 텔레스코프 실린더

긴 스트로크를 줄 수 있는 다단 튜뷰형의 로드를 가진 실린더이다.

텔레스코프 실린더

6) 공기압 모터

공기압 모터는 공기압력 에너지를 사용하여 연속 회전운동을 하는 액추에이터이다. 에어 모터라고도 하며 전기를 사용하는 전동기에 해당하는 작용을 한다.

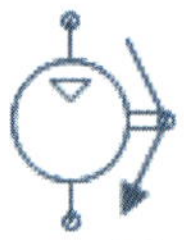

공압 모터(단방향)

공압 모터(양방향)

7) 요동형 모터

출력축의 회전운동의 각도가 제한되어 있는 형식의 액추에이터이다.

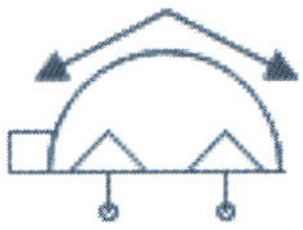

요동형 모터

8) 흡입관

주변의 공기를 흡입하여 진공압을 발생하여 작업물을 흡착할 수 있는 액추에이터이다.

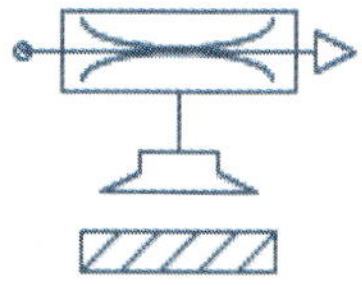

흡입관

9) 단동실린더(Extend)

단동실린더의 확장형으로써 피스톤이 나와 있는 액추에이터이다.

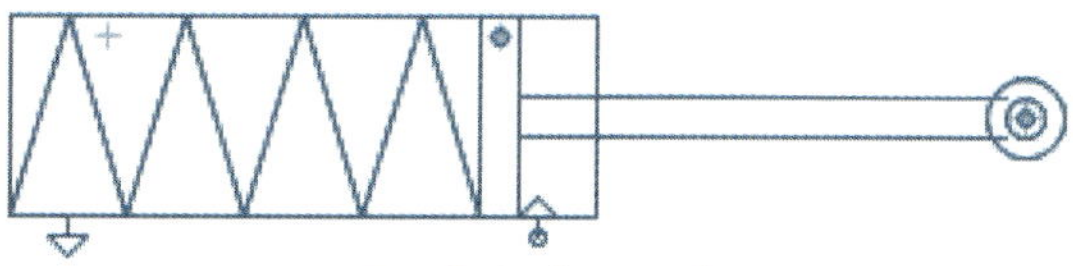

단동실린더(Extend)

1-4 밸 브

1) 압력제어 밸브

공압제어 시스템은 동력원(power parts), 신호감지 요소(signal components), 제어 요소(control components), 작업 요소(working parts) 등으로 구성되어 있다. 신호감지 요소와 제어 요소는 작업 요소들의 작동 순서에 영향을 미치며 이들을 밸브라고 부른다. 밸브들은 시작과 정지 그리고 방향을 제어하고 유량과 압력을 제어 및 조절해 주는 장치이다.

(1) 감압 밸브

압력을 일정하게 유지하는 것을 목적으로 하는 밸브이다.

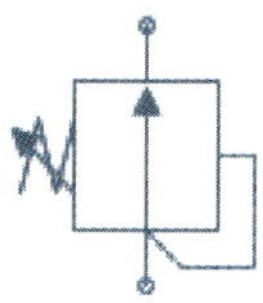

감압 밸브

(2) 릴리프 밸브

릴리프 밸브에는 직접 작동형과 간접 작동형이 있으며 주로 안전 밸브로 사용된다. 이 밸브는 시스템 내의 압력이 최대 허용 압력을 초과하는 것을 방지해 준다.

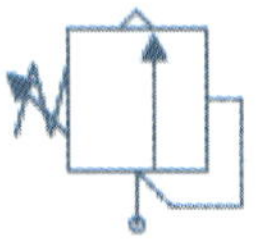

릴리프 밸브

(3) 시퀀스 밸브

공기압 회로에 다수의 에어 실린더나 액추에이터를 사용할 때 각 작동 순서를 미리 정해두고 그 순서에 따라 움직이도록 하고 싶은 경우 사용하는 밸브이다. 이 때 시퀀스 밸브는 그 순서를 압력의 축압(蓄壓) 상태에 따라 작동시켜 가는 역할을 지니고 있다. 순차로 작동을 전달해 가기 위하여 사용되는 밸브를 시퀀스 밸브(순차작동 밸브)라고 한다.

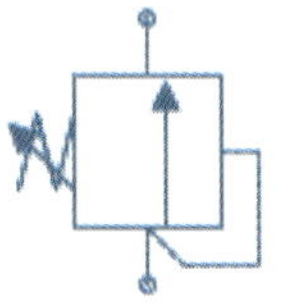

시퀀스 밸브

(4) 압력조절 밸브

공압 압력이나 작동 압력을 일정하게 유지시키는 역할을 담당하는 밸브이다.

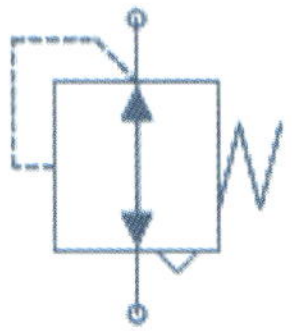

압력조절 밸브

2) 유량제어 밸브

밸브를 사용하여 압축공기의 배출 유량이나 유입 유량을 조절하여 그 일의 시간을 관리할 수가 있다. 이들의 유량조절에 사용되는 밸브를 유량제어 밸브라고 총칭하고 있다.

(1) 체크 밸브

체크 밸브란 한쪽 방향의 흐름은 허용하고 반대방향의 흐름은 차단하는 밸브로서 역류 방지용으로 사용된다.

체크 밸브

(2) 체크 밸브(스프링 붙이)

스프링이 내장된 체크 밸브는 출구의 압력이 입구의 압력보다 크거나 같을 때에 스프링과 대응되는 압력으로 차단시키는 밸브이다.

체크 밸브(스프링 붙이)

(3) 체크 밸브(스프링 붙이, 파일럿 조작)

작동면에서 스프링 부하형과 같으나, 필요에 따라서는 파일럿 작동에 의하여 역류도 허용될 수 있는 밸브이다.

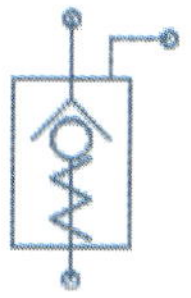

체크 밸브(스프링 붙이, 파일럿 조작)

(4) 체크 밸브(파일럿 조작)

작동면에서 체크 밸브와 같으나, 필요에 따라서는 파일럿 작동에 의하여 역류도 허용될 수 있는 밸브이다.

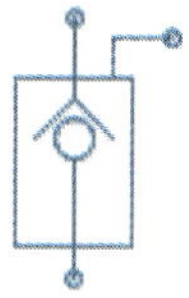

체크 밸브(파일럿 조작)

(5) 스로틀 밸브

나사 손잡이를 돌려 그 끝의 니들(또는 콕, 원추형 등)을 상하로 이동시키면 유로의 단면적을 바꾸어 스로틀의 정도를 조정하게 되어 있는 간단한 구조로 되어 있다. 비교적 소형의 것은 공기 압력신호 전송제어에 많이 사용된다. 또 대형의 것은 주배관에 설치하여 공급 공기량의 제어나 정지 밸브로서 사용되기도 한다.

스로틀 밸브

(6) 스로틀 밸브(논-리턴)

한쪽 방향으로의 흐름은 제어하고, 역방향의 흐름은 자유로 제어가 불가능한 것으로 한 방향 유량제어 밸브로 사용한다.

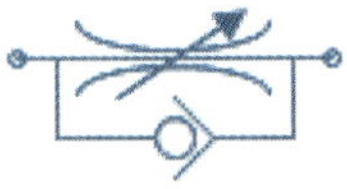

스로틀 밸브(논-리턴)

(7) AND 밸브

AND 밸브는 두 개의 입구와 한 개의 출구를 갖춘 밸브로서 두 개의 입구에 압력이 작용할 때에만 출구에서 출력이 작용하는 밸브이다. 양측에서 압력이 작용했을 때 저압인 쪽에서 출력이 나오게 된다.

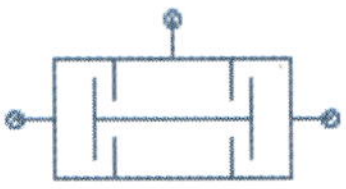

AND 밸브

(8) OR 밸브

OR 밸브는 두 개 이상의 입구와 한 개의 출구를 갖춘 밸브로서 양 체크 밸브 또는 셔틀 밸브라고 한다. 양측에서 압력이 작용했을 때 압력이 높은 쪽으로 출력이 나오게 된다.

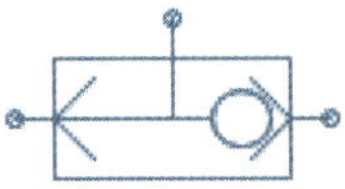

OR 밸브

(9) 급속배기 밸브

급속배기 밸브는 입구와 출구, 배기구에 3개의 포트가 있는 밸브이며 입구 유량에 대해 배기 유량이 특별히 큰 밸브이다. 급속배기 밸브를 사용하면 배관이나 공기압 기기가 작아도 커다란 배기 유량을 얻을 수 있고 경제적인 회로를 구성할 수 있다.

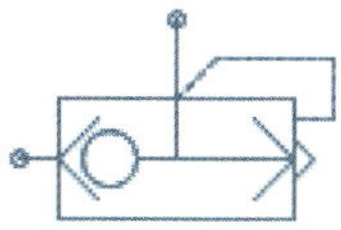

급속배기 밸브

(10) 셧-오프(2) 밸브

공기를 차단하거나 흐르게 하는 밸브이다. 스톱밸브라고도 한다.

셧-오프(2) 밸브

(11) 셧-오프(3) 밸브

공기를 차단하거나 흐르게 하는 밸브이다. 스톱밸브라고도 한다.

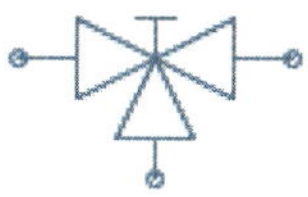

셧-오프(3) 밸브

3) 방향제어 밸브

공기압 회로에 있어서 실린더나 기타의 액추에이터로 공급하는 공기의 흐름 방향을 변환시키는 것이 방향제어 밸브(directional valves, way valves)이다. 방향제어 밸브는 공기압 회로의 구성기기 중에서도 가장 중요한 역할을 하는 기기로 용도에 따라서 적정한 선정을 하는 것이 필요하다. 방향제어 밸브의 종류는 다음과 같이 분류된다.

(1) 기본형

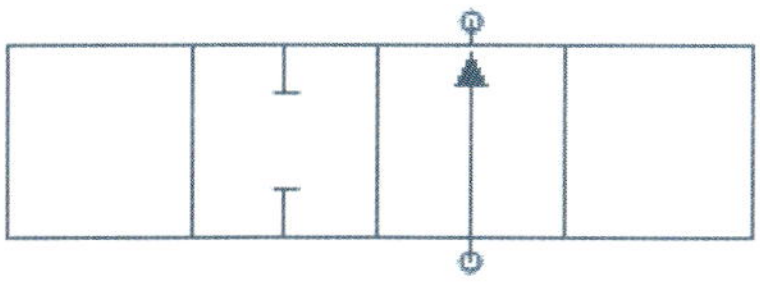

2/2 NO밸브

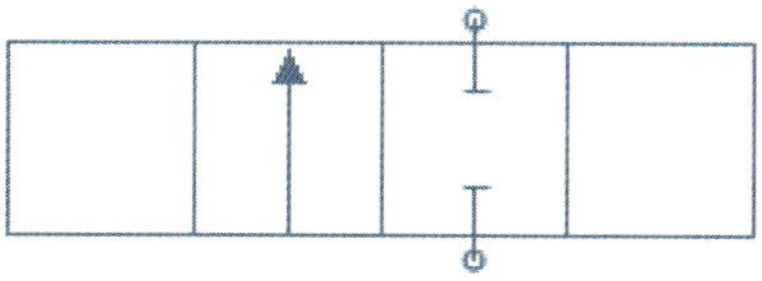

2/2 NC밸브

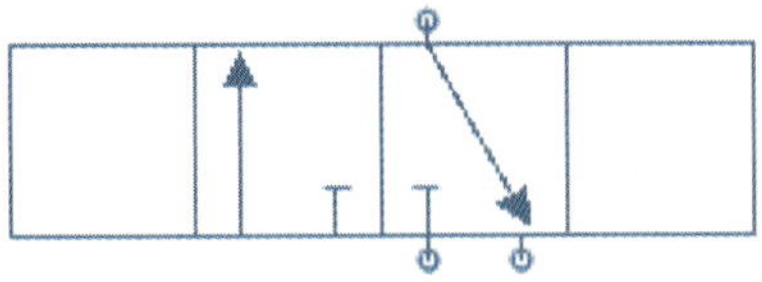

3/2 NC밸브

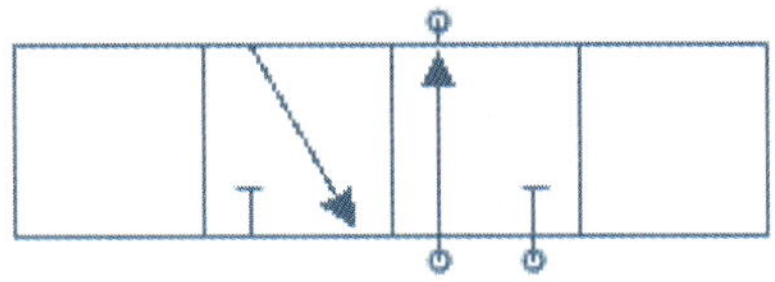

3/2 NO밸브

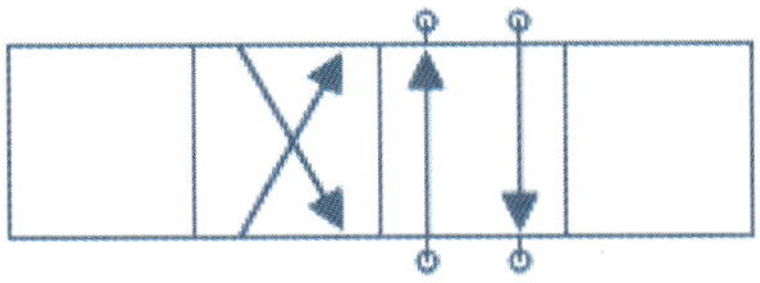

4/2(12)밸브

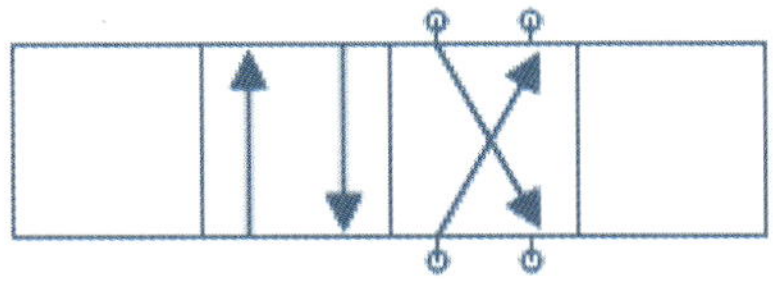

4/2(14)밸브

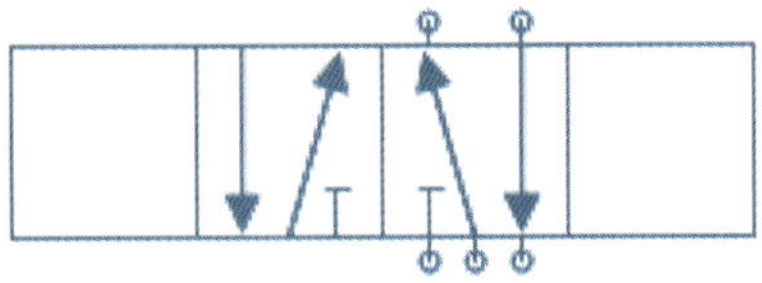

5/2(12)밸브

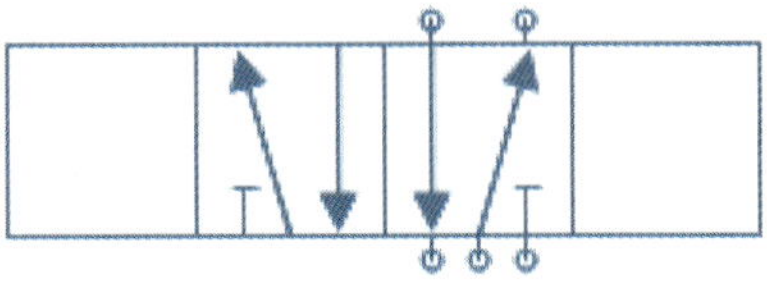

5/2(14)밸브

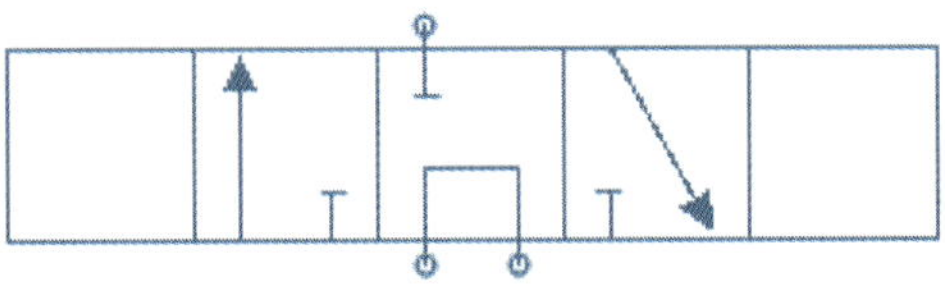

3/3밸브

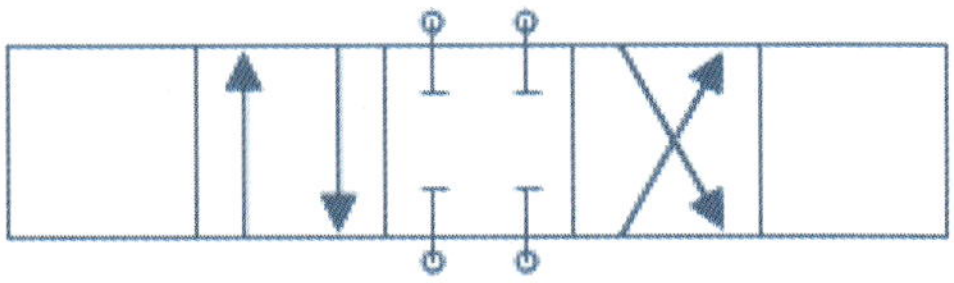

4/3밸브

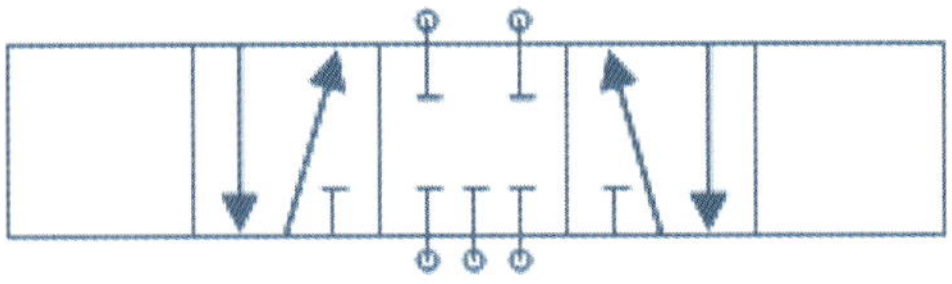

5/3밸브

(2) 파일럿

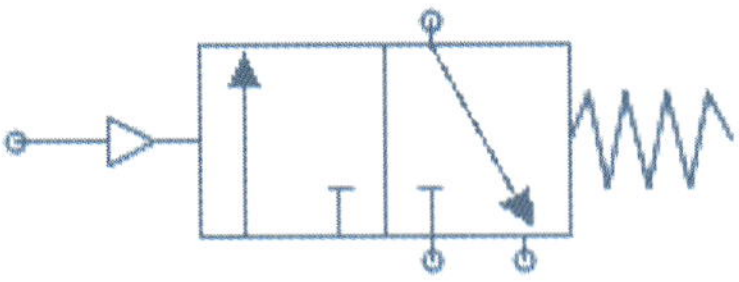

3/2파일럿 제어(NC)

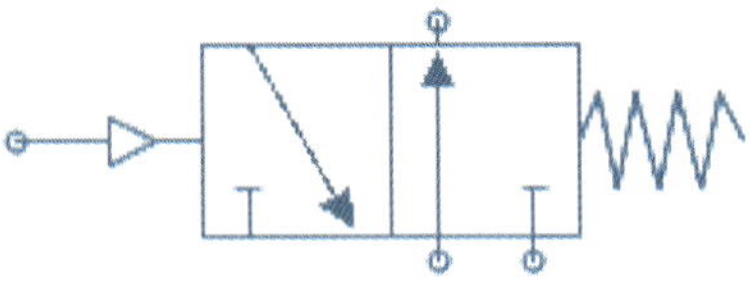

3/2파일럿 제어(NO)

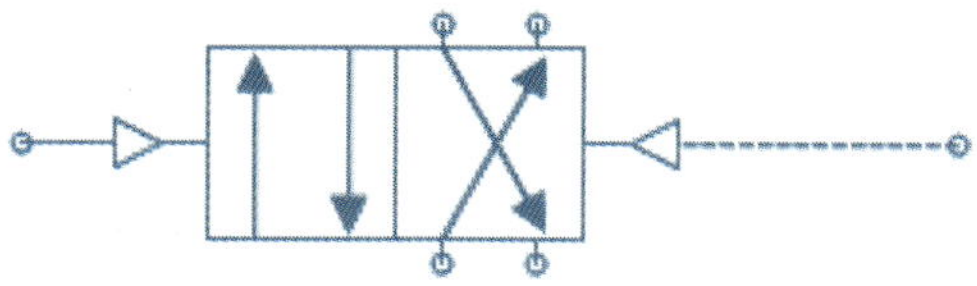

4/2파일럿 제어(NC)

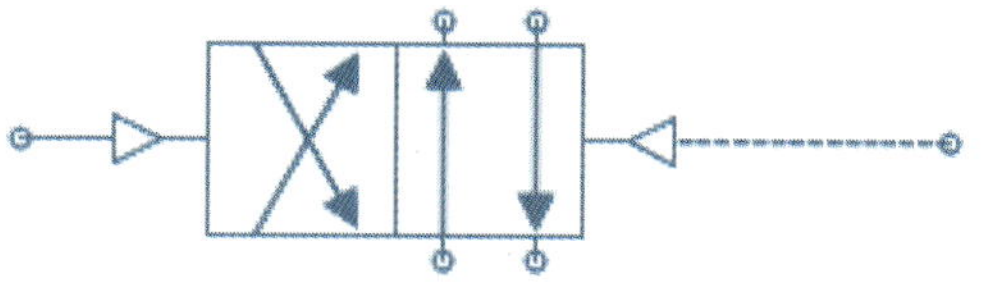

4/2파일럿 제어(NO)

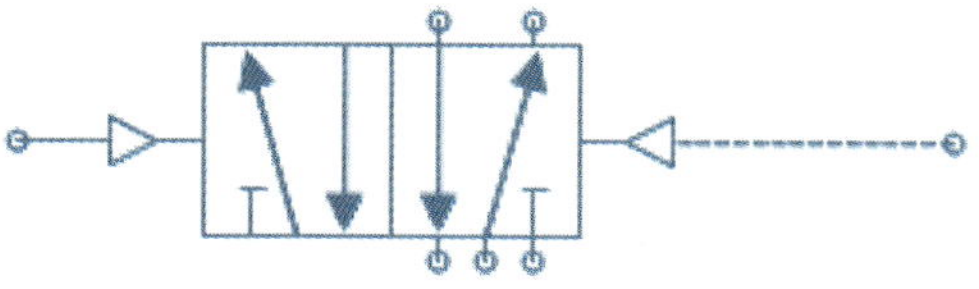

5/2파일럿 제어 충격 밸브(NO)

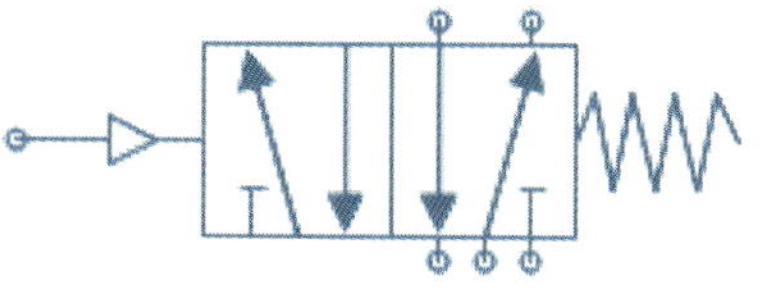

5/2파일럿 제어

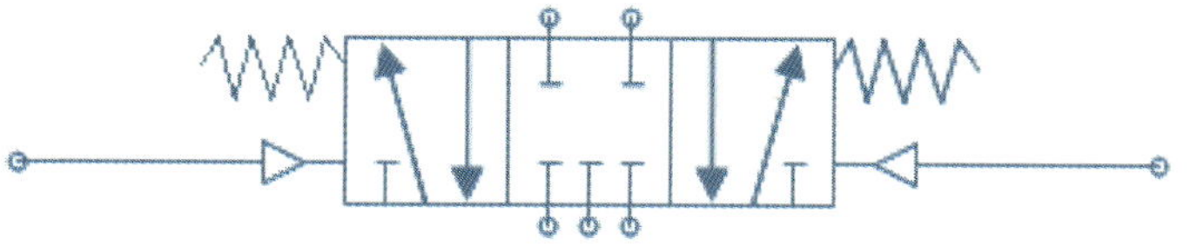

5/2파일럿 제어(중립닫힘)

(3) 솔레노이드

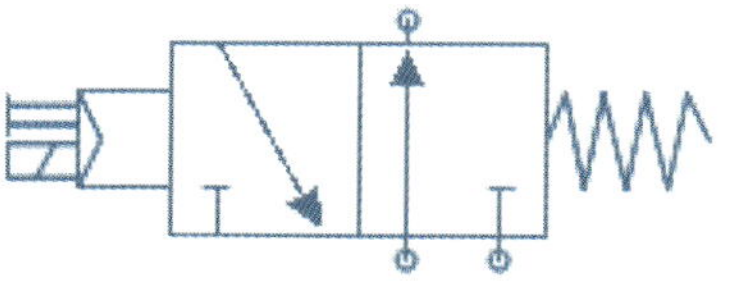

3/2솔레노이드(NO)

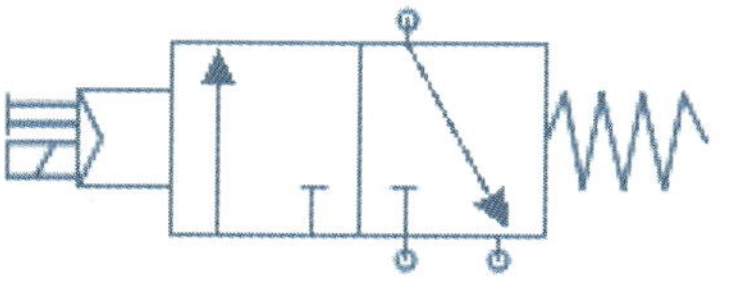

3/2솔레노이드(NC)

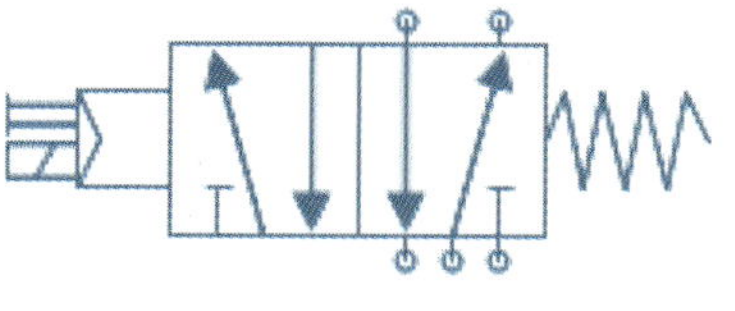

5/2솔레노이드

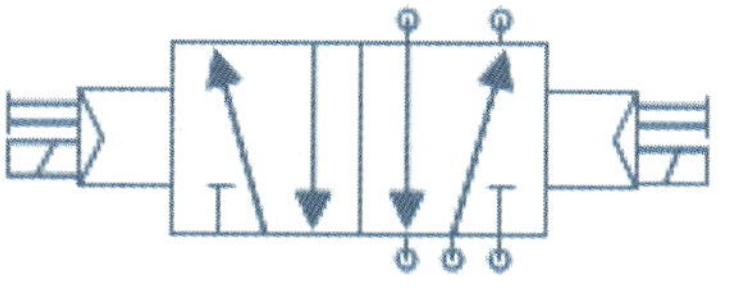

5/2솔레노이드 충격 밸브

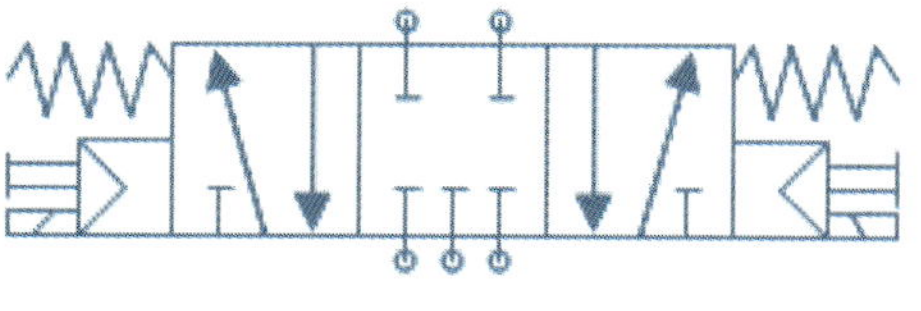

솔레노이드(중립닫힘)

(4) 기계적

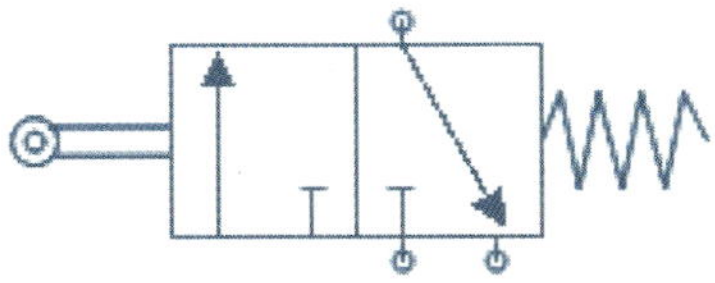

3/2롤러레버(NC)

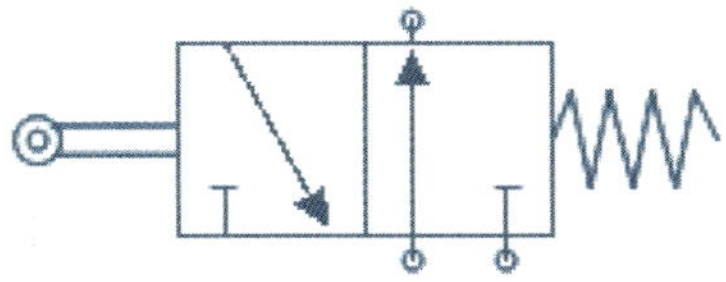

3/2롤러레버(NO)

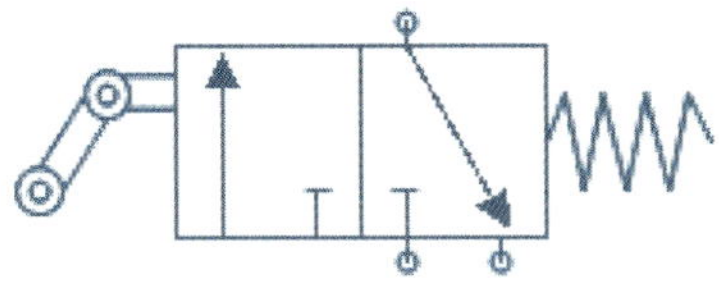

3/2단방향 롤러(NO)

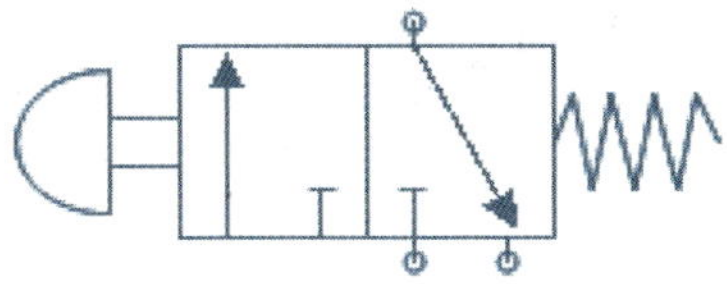

3/2수동제어(NC)

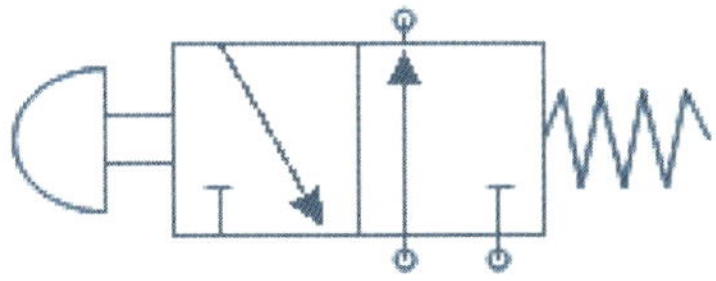

3/2수동제어(NO)

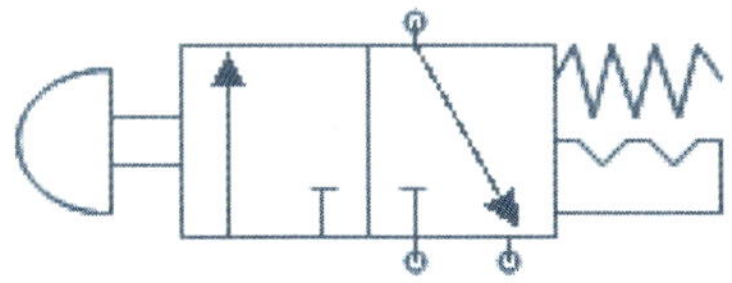

3/2수동제어 선택 스위치식

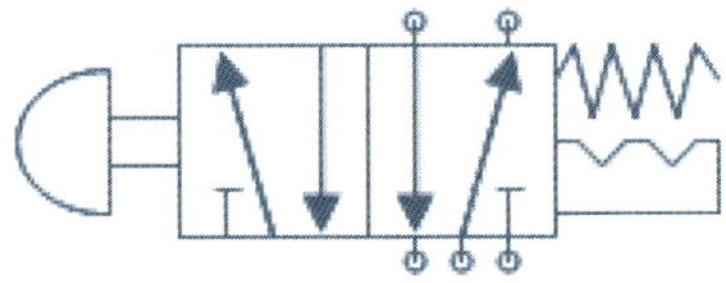

5/2선택 스위치식

(5) 기타 밸브

① 시간지연 밸브(순시동작 / 한시동작)

일반적으로 공압 밸브는 입력신호가 주어지면 밸브의 응답시간이 수십 밀리초(msec) 이내에 출력이 나타나지만 시간지연 밸브는 입력이 주어지고 계획된 시간 후에 출력이 나타나거나 소멸되는 밸브로서 주로 타임 제어회로나 신호 중복을 방지하기 위한 회로, 또는 일정시간 후에 동작이 이루어져야 하는 신호부분에 사용된다. 시간지연 밸브는 다음의 두 가지 종류가 있다.

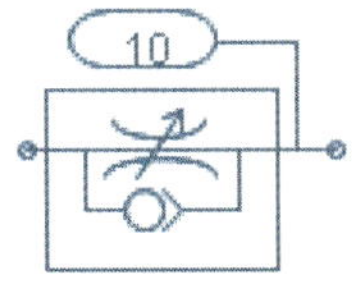

시간지연 밸브(순시작동)

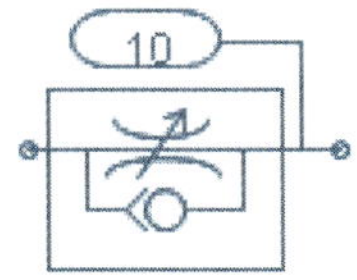

시간지연 밸브(한시작동)

2 시프트 레지스터(A, B, C형)

공압 제어방식에서 시퀀스 제어의 신뢰성을 높이고 간편하게 수행하기 위해 공압기(순시 작동) 제조회사들은 논리기능을 만족시키는 요소들을 모듈화시켜 생산, 판매하고 있다. 그 일례로 공압 시프트 레지스터 체인은 전자적 디지털 제어에 사용되는 시프트 레지스터와 기능이 동일한 것으로 플립플롭형 메모리 요소의 입출력 데이터를 일시적으로 기억하는 장치를 레지스터라 하며, 이 저장된 데이터를 좌우 플립플롭 메모리 요소로 이동시키는 레지스터를 시프트 레지스터라 한다. 시프트 레지스터는 A, B, C 형태가 있다.

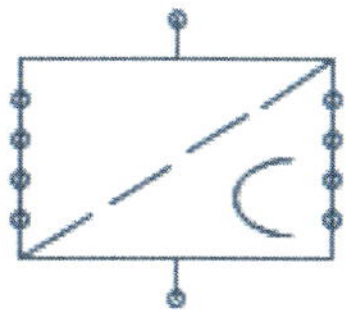

시프트 레지스터(C형)

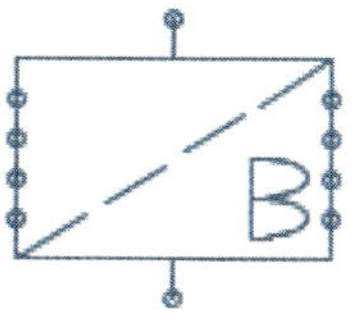

시프트 레지스터(B형)

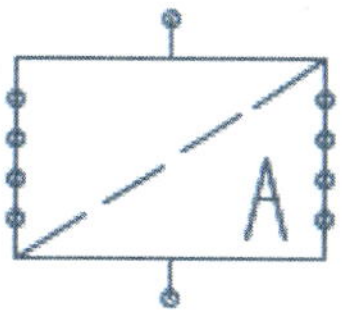

시프트 레지스터(A형)

1-5 센 서

1) 전기 리밋스위치

전기 리밋스위치 센서에 부착된 롤러에 실린더의 로드 같은 물체가 접촉하면 리밋스위치가 연결되고 이 센서와 연결된 전기장치가 동작한다.

전기 리밋스위치

2) 자기근접 센서

자기근접 센서는 센서가 발생하는 자기력을 방해하는 물체가 나타나면 동작한다.

자기근접 센서

3) 압력 스위치

유체의 압력이 규정 값에 도달하였을 때 전지 접점을 개폐하는 기기이다.

압력 스위치

4) 일반 센서(단방향 및 양방향)

단방향 센서는 화살표 방향으로 물체가 접근하면 동작하는 센서이며, 양방향 센서는 양방향으로 물체가 접근하면 동작하는 센서이다.

일반 센서(단방향)

일반 센서(양방향)

5) 기계적 위치 표시

롤러 레버의 기계적 상태를 나타낸다.

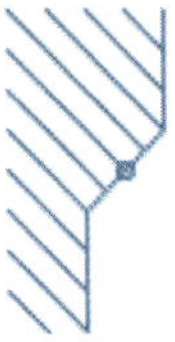

기계적 위치 표시

6) 공압 센서

공압 센서는 비접촉형의 검출 센서로 전공압 방식의 회로에서 반도체형의 비접촉 센서 대신에 종종 사용되고 있다. 특히 공압 센서는 검출거리가 짧고 구조가 간단하기 때문에 소형으로 할 수 있다.

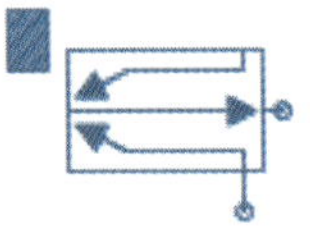

공압 센서

1-6 부속기기

1) 압력계 및 압력 표시기

압력계는 공압 관로의 압력을 숫자로 나타내며, 압력 표시기 관로의 압력상태를 색으로 표시한다. 압력이 들어오면 색을 갖는다.

압력계 압력 표시기

2) 공기압 조정 유닛

필터, 게이지 붙이 감압 밸브, 루브리케이터로 구성되며, 일정한 조건의 공기를 2차쪽으로 공급하는 기기이다.

공기압 조정 유닛

3) 공기압 필터

공기압 회로의 도중에 부착하여 드레인 및 미세한 고형물을 원심력과 여과작용 등으로 분리 제거하는 기기이다.

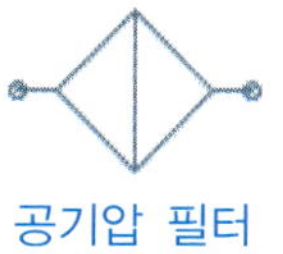

공기압 필터

4) 에어 드라이어

공기중에 포함되는 수분을 제거하여 건조한 공기를 얻는 기기이다.

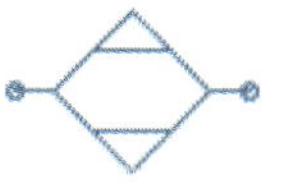

에어 드라이어

5) 루브리케이터

기름을 안개 모양으로 하여 공기의 흐름에 자동적으로 소입하는 공기압 기기에의 자동 급유 장치이다.

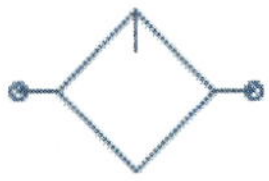

루브리케이터

6) 냉각기

압축기로부터 노출된 기체를 냉각하는 열교환기이다.

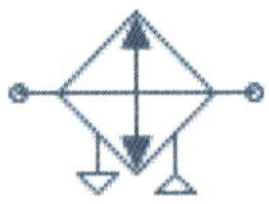

냉각기

7) 소음기

흡·배기음을 감소시키는 장치이다.

소음기

8) 공기 탱크

공기압 동력원으로서 압력 공기를 저장하는 용기이다.

공기 탱크

02 전기 요소목록

공압 회로는 순수하게 공압을 사용하는 경우도 있지만 대체로 전기회로에 의한 전기적 신호로 작동하는 경우가 대부분이다. 이와 같이 전기, 공압을 조합한 것을 전기공압제어라 한다.

공압 시뮬레이터(PHLego plus)에서는 전기를 IEC와 KS 두 가지 모두를 지원한다.

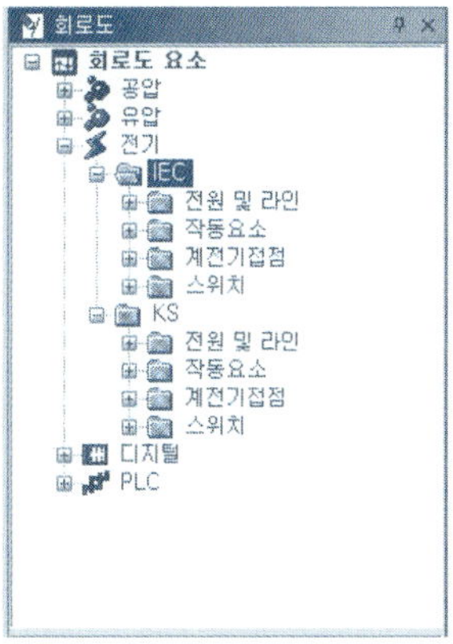

2-1 전원 및 라인

1) 전원, 중심선, 공통

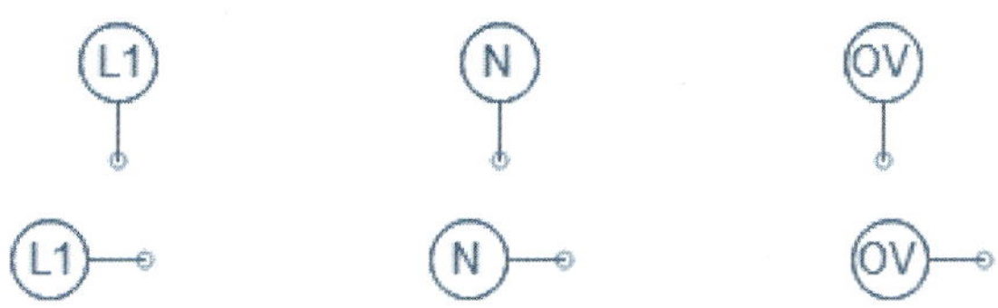

2) 접지

접지는 전기선 한쪽을 전기적으로 땅에 연결한다는 의미인데 사용하는 사람에 따라 적용 내용이 다를뿐이다.

3) 요소 연결

요소 연결은 복잡한 배선을 간략하게 하기 위해서 사용된다.

2-2 작동요소

1) 계전기(Relay)

전자 릴레이는 전자석의 원리를 이용한 것으로 접점의 개폐 기능을 가진 장치를 통틀어 말하며 전기계전기라고도 하고, 간단히 릴레이(유접점)라고도 한다.

2) ON-delay 타이머

한시 타이머는 신호가 주어져 일정 시간이 되면 접점이 동작하게 되고 신호가 제거되면 순시접점이 동작하게 되는 것으로 온 딜레이 타이머(ON delay timer)라고도 한다.

3) OFF-delay 타이머

순시 타이머는 신호가 주어지면 순시에 접점이 동작하고 신호가 제거된 후 일정 시간이 되면 접점이 동작하는 것으로서 오프 딜레이 타이머(OFF delay timer)라 한다.

4) 카운터

각종 센서와 연결하여 길이 및 생산 수량 등의 숫자를 셀 때 사용한다.

(1) 올림 카운터

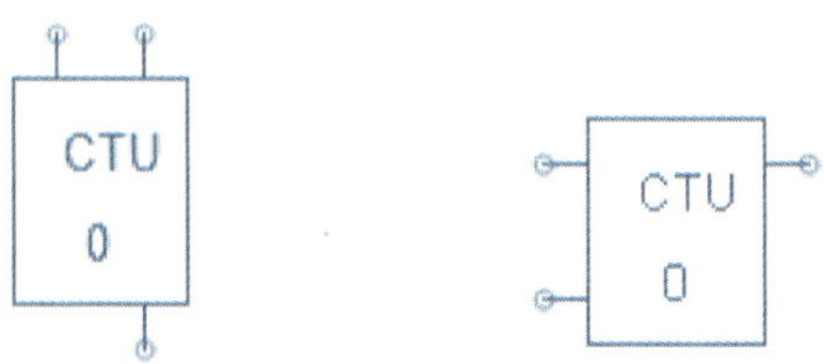

(2) 내림 카운터

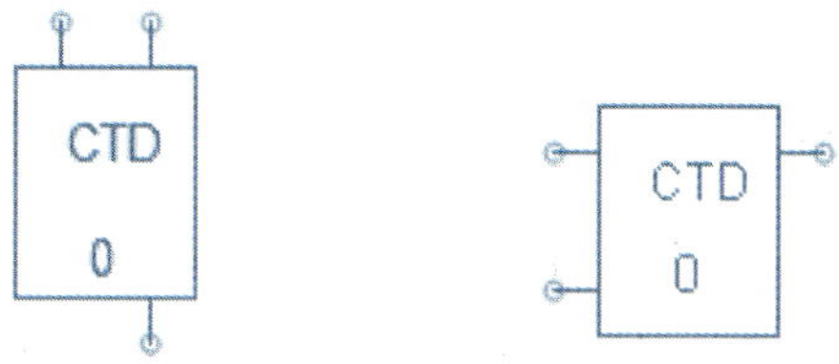

5) 솔레노이드

브란자 타입의 전자석 총칭으로 전기적인 에너지를 기계적인 직선운동으로 변환하는 에너지 변환장치이다.

6) 전동모터

7) 표시등

표시등은 차단기 스위치 등의 개폐상태나 전원표시, 기기의 운전정지, 상태표시 등에 쓰인다.

8) 버 저

신호전달의 목적으로 사용하고 기계나 장치 등에 설치하여 고장이나 이상이 발생하였을 때 단독 또는 고장표시등과 조합하여 경보음향을 발생한다.

2-3 릴레이 접촉

1) 일반접점(NO), 일반접점(NC)

접점이 여자되었을 때 접점이 닫히고 소자되었을 때 접점이 열리는 것은 NO(Normal Open)이고 이것과 반대인 것이 NC(Normal Close)이다.

2) 한시접점(한시동작 NO), 한시접점(한시동작 NC)

한시접점 릴레이는 동작 시간이 늦은 한시동작 타이머(ON delay timer)와 복귀 시간이 늦은 한시복귀 타이머(ON delay timer)가 있다. 한시동작 타이머 및 한시복귀 타이머에는 NO(Normal Open)과 NC(Normal Close)의 형태가 있다.

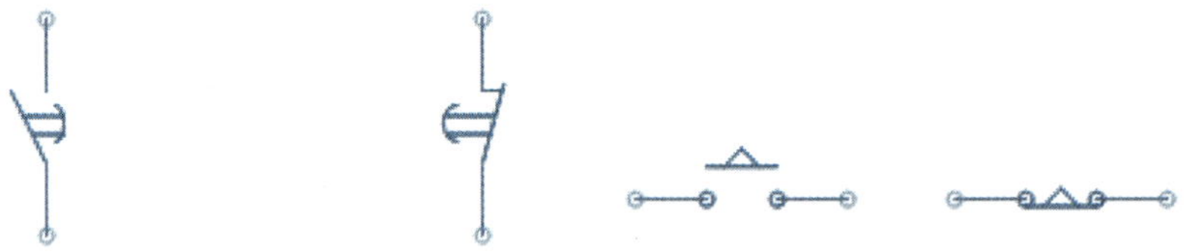

3) 한시접점(한시복귀 NO), 한시접점(한시복귀 NC)

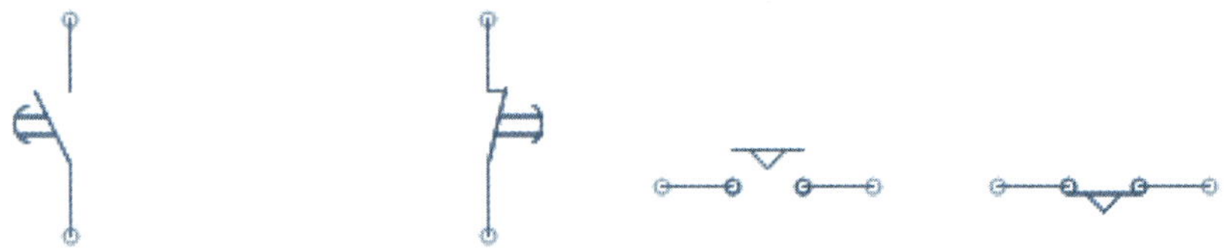

4) 한시접점(순시복귀 NO), 한시접점(순시복귀 NC)

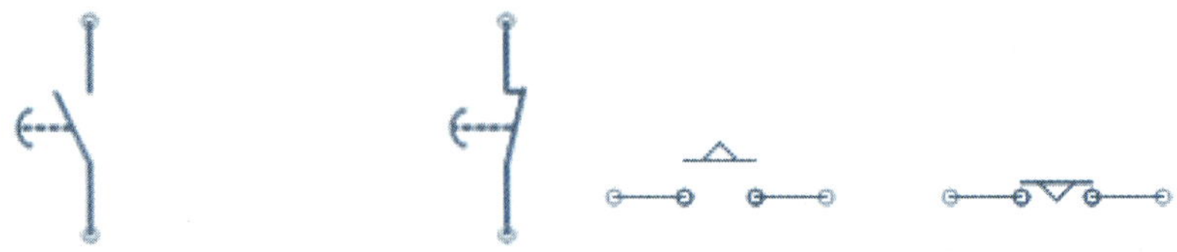

2-4 스위치

1) 누름 스위치(NO), 누름 스위치(NC)

누름 버튼스위치는 직접 눌러서 개폐할 수 있는 스위치이다. 상시 열림과 상시 닫힘 두 종류가 있다.

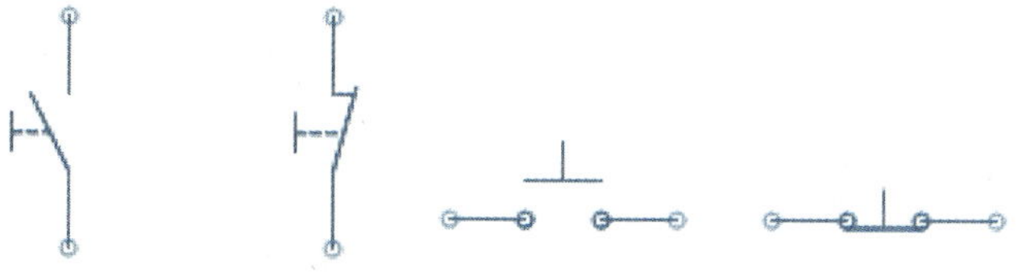

2) 유지형 수동 스위치(NO), 유지형 수동 스위치(NC)

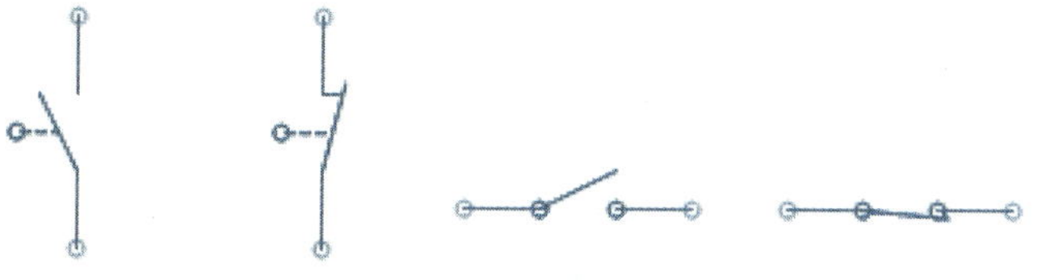

3) 리밋스위치(NO), 리밋스위치(NC)

전기 리밋스위치 센서에 부착된 롤러에 실린더의 로드 같은 물체가 접촉하면 리밋스위치가 연결되고 이 센서와 연결된 전기장치가 동작한다. 전기 리밋스위치에는 상시 열림과 상시 닫힘 두 종류가 있다.

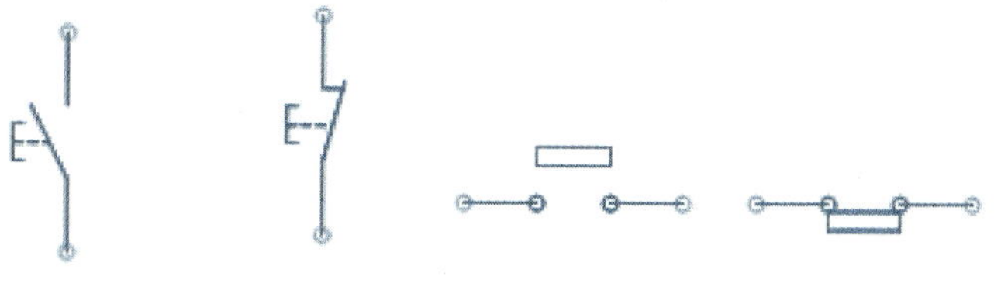

4) 압력 스위치(NO), 압력 스위치(NC)

압력스위치는 외부압력이 설정치에 도달하면 전기접점을 개폐함으로써 외부압력 신호로 변환하는 기기이다.

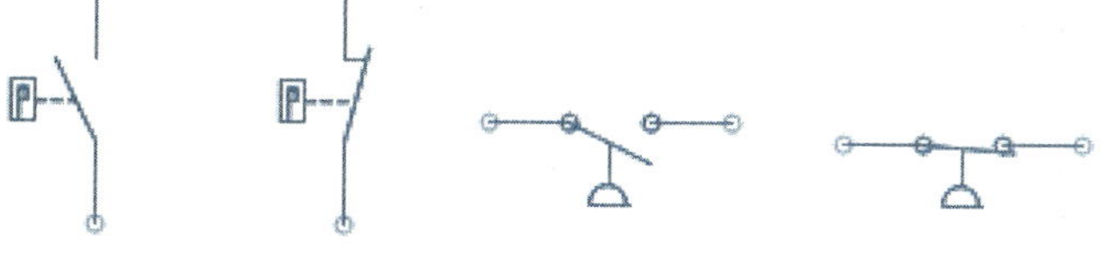

5) 2위치 스위치

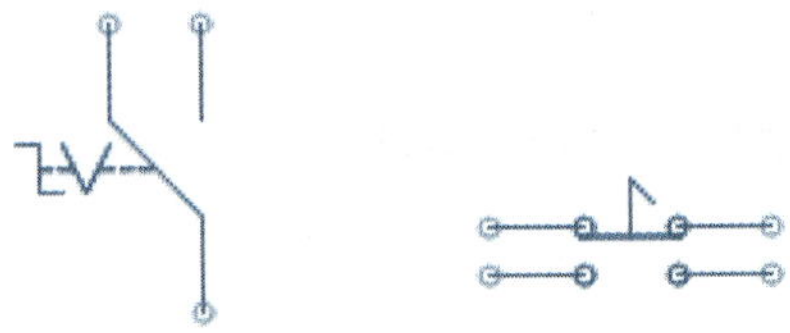

03 디지털 요소목록

디지털 회로에서는 모든 정보를 0과 1의 2진 부호를 조합해서 나타낼 수가 있으며, 논리대수를 기초로 한 기본 논리회로의 조합 등에 의해서 설계자가 바라는 동작을 시킨다. 기본 논리회로에는 논리합 · 논리곱 · 부정 · 이미터플로어(emitter follower) · 플립플롭 회로가 있다.

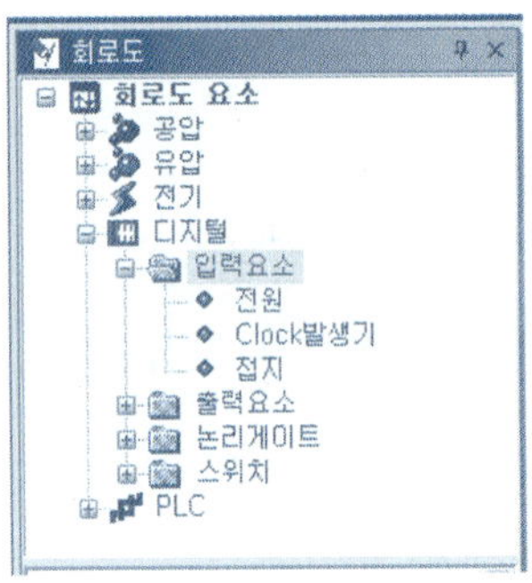

3-1 입출력 요소

1) 입력요소

(1) 전원 및 접지

디지털 회로의 전원의 입력은 전원과 접지가 연결되어 동작한다.

전원　　접지

(2) Clock 발생기

Clock 발생기는 전기적인 지속 진동을 발생하는 장치로, 발진을 일으키는 형식에 따라 자력발진기와 수정발진기로 구분되고 발진 출력파형에 따라 정현파 발진기, 구형파 발진기, 펄스 발진기로 구분된다.

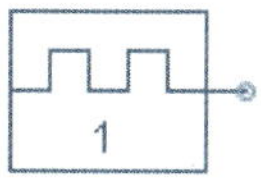

Clock 발생기

2) 출력요소

(1) Logical Probe

논리분석기의 입력단자에 접속하여 논리신호의 상태를 측정하는데 사용한다.

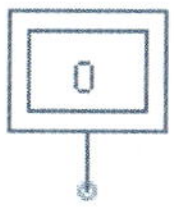

Logical Probe

(2) 포토커플러(Photo Coupler)

포토커플러는 광결합기라는 뜻으로 LED 등과 같은 발광소자와 포토다이오드 또는 포토트랜지스터 등과 같은 수광소자를 서로 마주 보도록 결합하여 전기와 빛 사이의 변환을 통하여 스위칭 작업을 수행할 수 있도록 구성된 회로를 말한다.

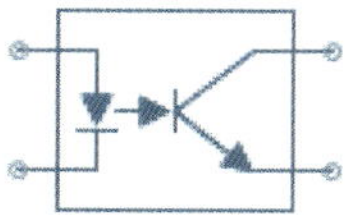
Photo Coupler

(3) LED

발광 다이오드를 말한다.

LED

3-2 논리 게이트

논리대수에 의한 연산을 하기 위한 연산자나 기능을 나타내는 기호로, 논리회로를 도식화하기 위해 사용된다. 논리 게이트에는 다음의 10가지가 대표적으로 쓰인다.

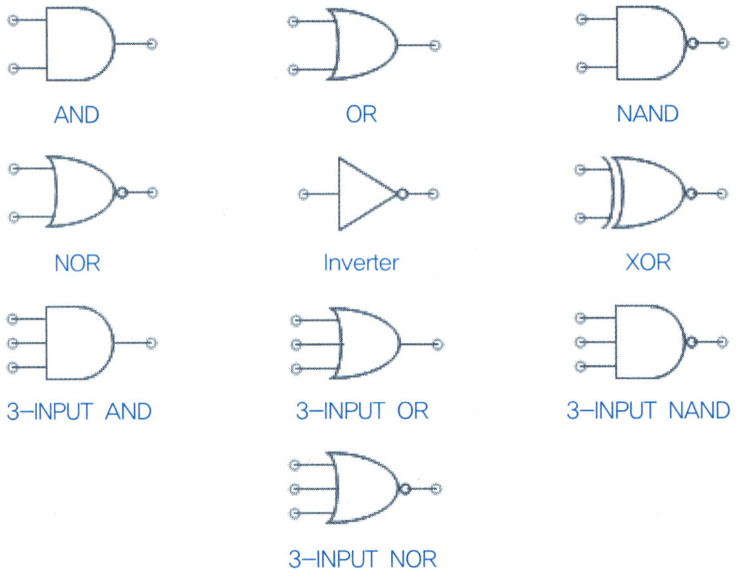

3-3 스위치

1) 논리 스위치

수동으로 스위치를 전환하기 위하여 논리신호를 발생할 수 있도록 한다. 스위치의 위치를 '1'로 하게 되면 논리상태가 "HIGH"가 되고, '0'으로 하게 되면 논리상태가 "LOW"가 된다.

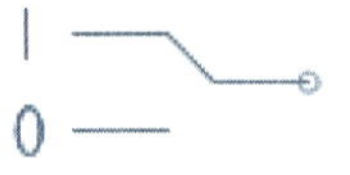

논리 스위치

2) 단극 양투(SPDT) 스위치

손잡이를 노브형 또는 레버형으로 하여 각 회전위치마다 접점이 ON/OFF되도록 한 스위치이다. 단극쌍두(Single Pole Double Throw) 스위치라고도 한다.

단극 양투(SPDT) 스위치

3) 누름 버튼스위치

누름 버튼스위치는 직접 눌러서 개폐할 수 있는 스위치이다. 상시 열림과 상시 닫힘 두 종류가 있다.

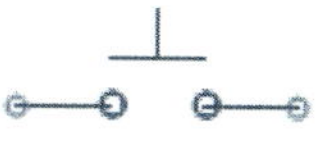

누름 버튼스위치(NO)

누름 버튼스위치(NC)

찾아보기

저자 약력

■ 남 상 엽

- 공학박사
- 삼성종합기술원 정보시스템연구소 근무
- 모토로라 반도체통신(주) 기술연구소 근무
- (현) 국제대학 IT계열 교수

■ 권 윤 중

- 공학박사(한국항공대학교)
- KAIST 시스템공학센터 근무
- (현) 가천의과학대학교 의공학과 교수

■ 이 효 영

- 공학석사(전남대학교 산업공학과)
- (주) ED 소프트웨어개발팀 팀장
- (현) (주) ED 마케팅사업2부 3그룹장

공압 시뮬레이션

2009년 8월 25일 1판 1쇄 발행

저 자 남상엽 · 권윤중 · 이효영
발행인 남 승 우

발행처 도서출판 상尙 학學 당堂

서울특별시 동작구 사당3동 220-43
TEL : 02) 595-1692~4
FAX : 02) 595-1394
E-mail : namdoo6@unitel.co.kr
신고 : 2-155호 (1968. 11. 29)

(CD 포함) **정가 20,000원**

ISBN 978-89-93383-58-4 93560

ED Corporation

U-IT 토탈솔루션

New & Renewable Energy

Embedded System / SoC (System on a Chip)

USN (Ubiquitous Sensor Network)

RFID (Radio Frequency IDentification)

Intelligent Robot

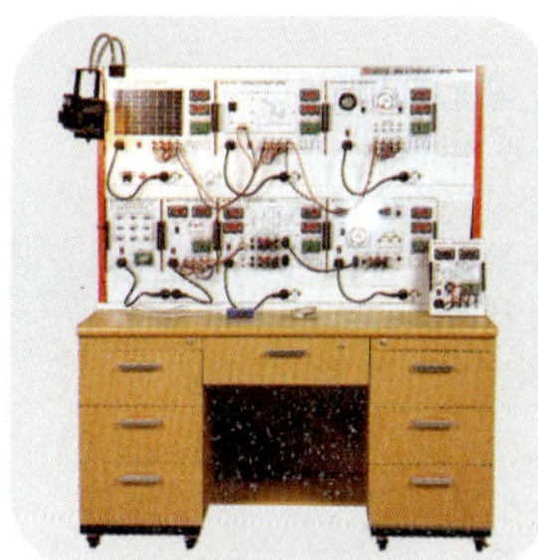

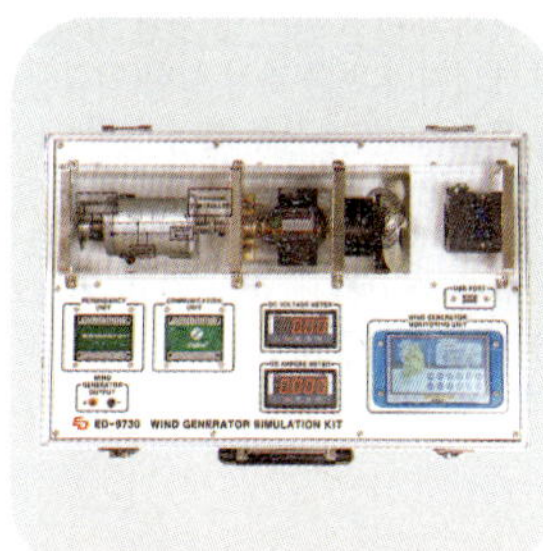

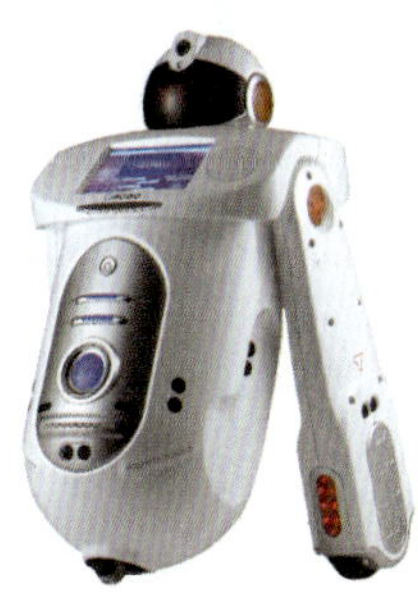

신재생 에너지

New & Renewable Energy Trainer

Model : ED-9710, 9720, 9730, 9740, 9741

ED-9710

신재생 에너지 교육장비를 통해서 일상의 바람이나 햇빛이 전기에너지로 변환되는 과정을 이해할 수 있고 발전 시스템의 구조와 기능의 이해를 통하여 에너지 관련 지식과 응용력을 향상시킬 수 있다.

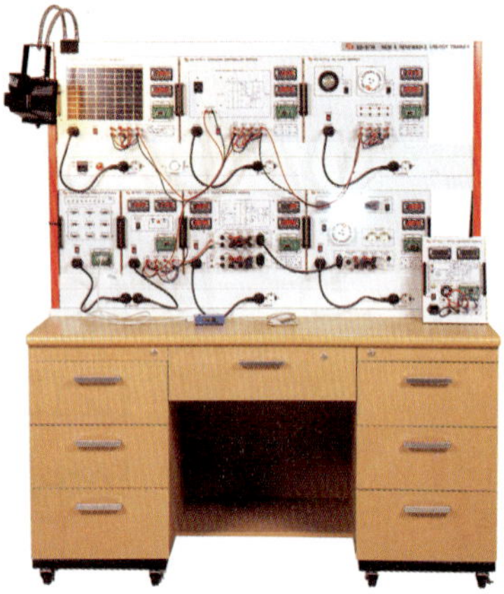

- 다양한 신재생 에너지의 특성 실험(태양광, 풍력 및 연료전지 등)
- 생성된 에너지의 변환 과정 실험(전력생산/전력처리)
- 에너지 생성 및 변환 과정에 따른 에너지 효율 실험
- 전압, 전류 특성 곡선 실험
- 에너지 실험 모듈의 독립적 운용 실습
- 에너지 실험 모듈의 연계를 이용한 시스템 구동 실습
- 신재생 에너지 교육훈련장비 전용 프로그램을 통한 구동 실습
- 교보재의 다양화 (전력 생성 및 회로 실습 시뮬레이션 S/W 제공, 도움말 기능으로 에너지 관련 어휘 검색 및 색인 검색이 쉽다.)

실험실습내용

- 태양광 에너지의 이해
- 광전효과 시뮬레이션
- 옴의 법칙, 전압/전류계 실험
- 태양광 특성 실험(Isc, Voc, Im, Vm, Fill Factor)
- 광원의 세기 및 그림자 실험
- 충전 및 인버터 기초회로 실험
- 태양광을 이용한 충전 실험
- DC/AC 인버터 실험(정현파/유사정현파)
- 12V 독립형 태양광시스템 실험
- 12V 독립형 시스템 설계
- 웹서버를 통한 시스템 모니터링(Option)
- 하이브리드 실험(Option)

ED-9720

- 신재생 에너지 발전 원리 및 개념 이해
- 생성된 에너지의 변환 과정 실험(전력생산/처리)
- 태양광 모듈의 전압, 전류 특성 실험
- 에너지 생산 및 처리 단계의 일체형 구성
- 오배선시 경고음 발생 및 외부출력 포트 구비
- DC 및 AC를 측정할 수 있는 전압, 전류계 포함
- 다양한 교육 교보재(시뮬레이션, 동영상)지원
- PC를 이용한 제어와 파형 및 그래프 출력 기능

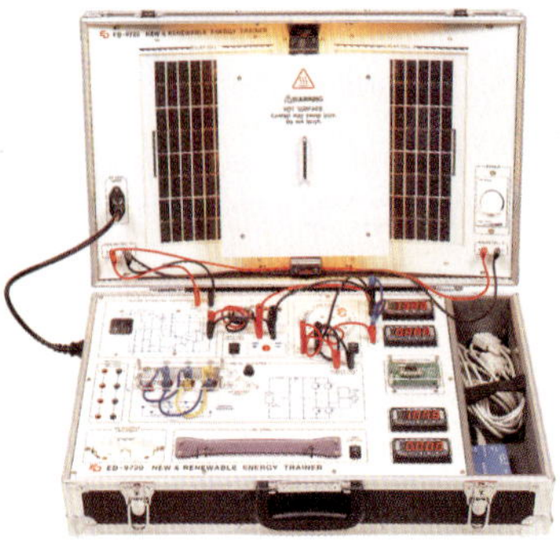

실험실습내용

- 태양광 에너지의 이해
- 광전효과 시뮬레이션
- 옴의 법칙, 전압/전류계 실험
- 태양광 특성 실험(Isc, Voc)
- 광원의 세기 및 그림자 실험
- 태양광을 이용한 충전 실험
- DC/AC 인버터 실험
- 12V 독립형 태양광시스템 실험
- 12V 독립형 시스템 설계
- 웹서버를 통한 시스템 모니터링(Option)
- 하이브리드 실험(Option)

신재생 에너지

New & Renewable Energy Trainer

Model : ED-9730, 9731, 9732, 9740, 9741

ED-9730

- 풍력 발전 원리 및 개념 이해
- 우리나라 지역별 풍속 데이터를 임베디드 모듈에 저장하여 지역별에 따른 발전과 전력 변화 시뮬레이션 및 모니터링
- 발전량 USB 메모리에 저장 가능
- 에너지 변환 과정에 따른 효율 실험
- 전압, 전류계 내장으로 전류, 전압 모니터링가 능
- PC를 이용한 파형 및 그래프 출력 기능
- GUI가 터치 패널로 구성되어 사용자의 편의 제공
- 임베디드 모듈로 전압, 전류, 모터 RPM, 풍속 모니터링 가능
- 발전기 케이스가 투명 아크릴로 장착으로 발전기의 내부 및 전기 생성 모습 확인 가능

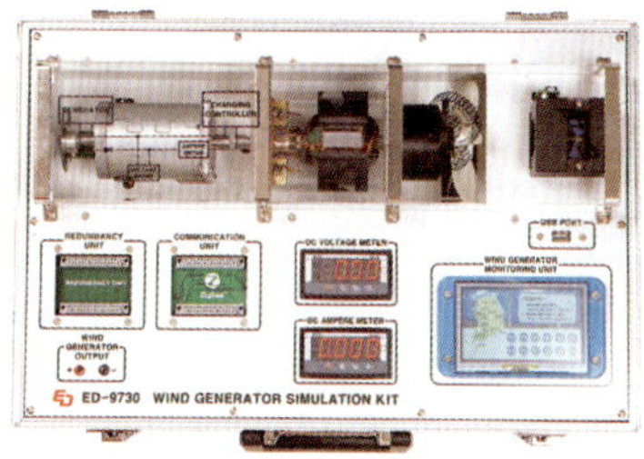

ED-9732

- 풍력 발전 원리 및 개념 이해
- 6엽 회전 날개 장착
- 역 전류 흐름 방지 기능
- 충전 컨트롤러 내장
- 과충전/방전 방지 기능
- 풍향에 따라 360° 회전 가능
- 베터리 내장
- 다양한 에너지 생산 모듈과 복합 구성 가능 (태양광, 연료전지 수력 등)
- 복합적인 에너지 생산모듈 구성으로 하이브리드 발전 시스템 구축 가능
- ED-9710 또는 ED-9720과 연동하여 에너지 처리 실험 가능

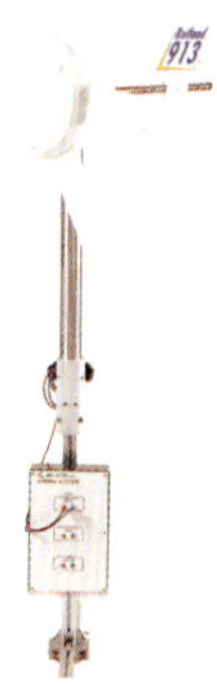

ED-9740

- 연료전지 발전 원리 및 개념 이해
- 태양광을 이용한 연료전지 발전
- 연료전지 완전 분해 조립 가능(세계최초)
- PEM Fuel Cell Stack의 각 Cell 마다 전압, 전류 측정 가능
- PEM Fuel Cell, DM Fuel Cell 전력생산 실험
- 물의 전기 분해, 연료전지의 구동까지 Module 화
- 다양한 로드 실험
- DMFC(메탄올), PEMFC(수소) 발전 실험이 가능
- 연료전지를 동시에 최대 4개 까지 부하 Test 가능
- LabView 프로그램을 통한 모니터링

ED-9740

ED-9741

USN 토탈솔루션

Ubiquitous Sensor Network Trainer

Model : ED-3120, 3160, 3190

ED-3120 특징

- 유비쿼터스 센서네트워크 ZigBee (IEEE 802.15.4) 방식 원리 및 개념이해 가능
- 다양한 센서의 장착 및 확장성 확보 (조도센서, 온도센서, 습도센서, 가스센서, 초음파센서)
- 센서네트워크 시스템 교육 및 개발에 필요한 토탈 솔루션을 제공
- 다양한 적응 분야 (운영체제, 네트워크, Security, 로봇, H/W 개발, 센서 응용 등)
- PAN Coordinator에 접수된 화재, 가스누출 등의 경보상황을 PC를 통해 모바일 SMS로 수신 가능

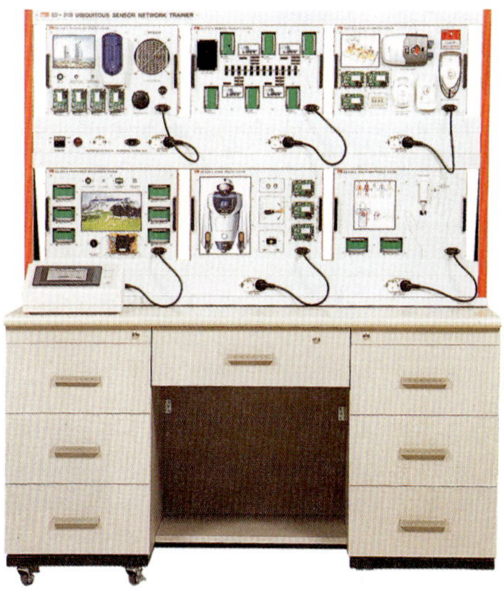

ED-3120

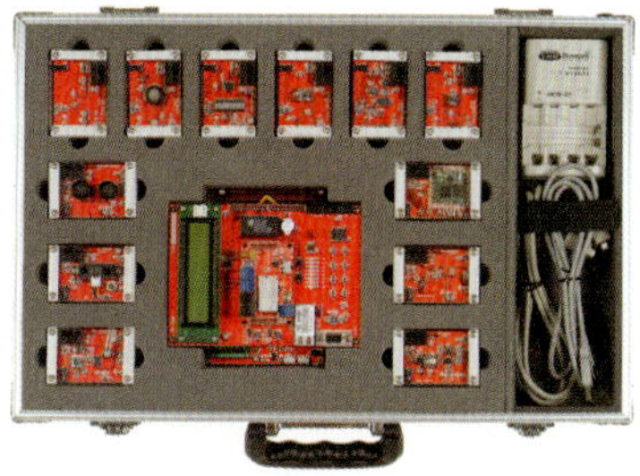

ED-3160

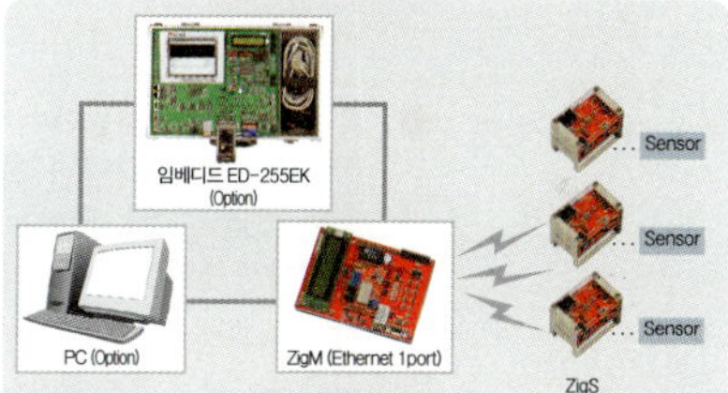

■ ED-3160 구성도

ED-3120 실험실습내용

- 센서 네트워크의 개요
- 센서 네트워크 모듈 하드웨어 이해
- 센서 네트워크 OS의 이해
- 센서 네트워크 환경 구축
- UART를 이용한 통신 프로그램
- 센서 기초 프로그램 (가스, 습도, 온도, 조도)
- 센서 기초 프로그램 (맥박, 체온, 기울기, 방위센서 등)
- RF 응용실습
- 센싱 및 제어 프로그램 및 Multi-hop Routing 프로그램
- Multi-hop을 이용한 제어 프로그램
- 센서네트워크 모니터링
- SMS 전송장치 연동 모니터링
- 센서 네트워크 구축 팀 프로젝트 제안서 작성
- 센서 네트워크 구축 팀 프로젝트 중간보고 및 프로젝트 수정
- 센서 네트워크 구축 팀 프로젝트 최종 보고 및 자료정리
- 팀 프로젝트 결과평가 및 보고회

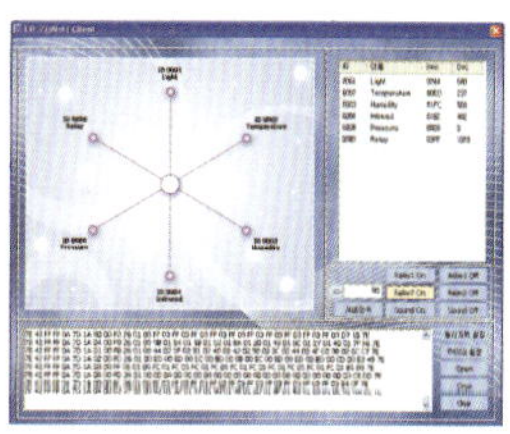

시뮬레이션 소프트웨어

Simulation Software

Model : EDRS, PHLego Plus, SimPL, ESS

EDRS

EDRS는 사용자에게 다양한 환경 로봇을 제공하여, 쉽고 빠르게 지능형 로봇을 개발하고 교육하기 위한 시뮬레이션 소프트웨어입니다. 또한, 3D 환경을 토대로 역동적인 로봇 시뮬레이션을 제공할 뿐만 아니라, Kinetic 엔진을 통해 실감나는 로봇 시뮬레이션과 섬세한 동작 제어를 제공합니다.

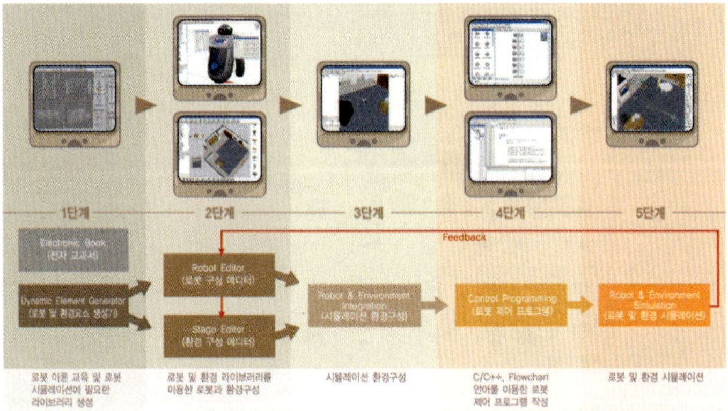

PHLego Plus

유공압 시스템 시뮬레이션 학습과 유공압 전기, PLC 및 디지털 회로에 이르는 다양한 회로의 실험 실습뿐만 아니라 유공압 시스템 회로 실습을 PC상에서 구현해 볼 수 있도록 하기 위한 시뮬레이션 소프트웨어입니다.

실사를 통한 회로 구성과 시뮬레이션은 유공압 회로를 이해하고 시뮬레이션 소프트웨어의 벽을 넘어 사용자들에게 실제 유공압 회로를 가상 체험할 수 있도록 도와 줄 수 있을 것입니다.

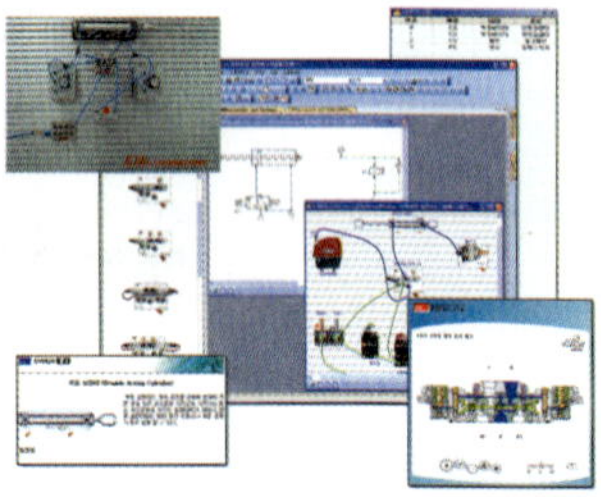

SimPL

- PLC교육을 하드웨어 없이 소프트웨어만으로 가능
- GMWIN에서 작성한 프로그램을 별도의 작업없이 바로 가상 실습 기능 (GMWIN Ver 4.04 이상)
- 가상플랜드 프로그램에서 GMWIN Simulator를 RUN/STOP 모드로 동작상태 직접 변경가능
- 최적의 가상플랜트 환경을 위한 GMWIN Simulator의 디지털 입출력 모듈 및 아날로그 입출력 모듈에 대한 인터페이스 제공

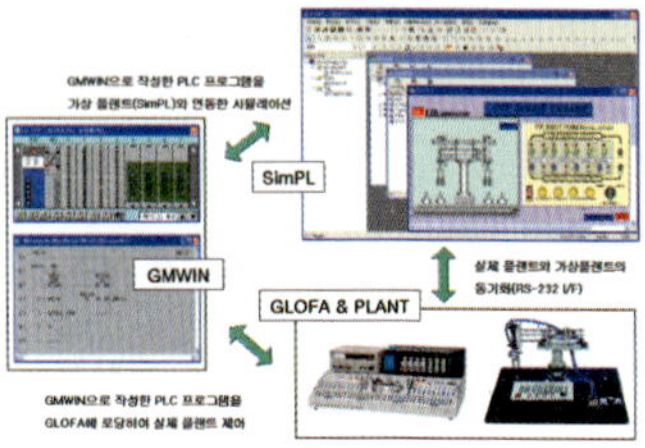

ESS

PC상에서 전기 시퀀스회로 설계 (IEC, KS 규격지원), 시퀀스 제어 시뮬레이션 그리고 설계된 회로의 파트리스트 생성을 바탕으로 가상 부품을 생성하여 배선을 실습할 수 있게 함으로써 전기 시퀀스 설계부터 응용까지의 전 과정에 대한 교육이 가능한 전기 시퀀스 제어 시뮬레이션 소프트웨어입니다.

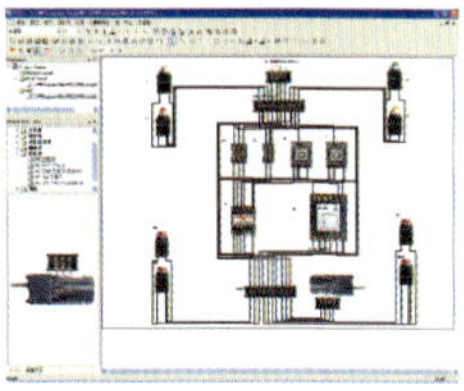